G. Agostinelli (Ed.)

Magnetofluidodinamica

Lectures given at the
Centro Internazionale Matematico Estivo (C.I.M.E.),
held in Varenna (Como), Italy,
September 28-October 6, 1962

 Springer

C.I.M.E. Foundation
c/o Dipartimento di Matematica "U. Dini"
Viale Morgagni n. 67/a
50134 Firenze
Italy
cime@math.unifi.it

ISBN 978-3-642-10997-3   e-ISBN: 978-3-642-10999-7
DOI:10.1007/978-3-642-10999-7
Springer Heidelberg Dordrecht London New York

Printed on acid-free paper

Springer.com

CENTRO INTERNATIONALE MATEMATICO ESTIVO
(C.I.M.E)

Reprint of the 1st ed.- Varenna, Italy, September 28-October 6, 1962

MAGNETOFLUIDODINAMICA

CENTRO INTERNAZIONALE MATEMATICO ESTI

(C. I. M. E.)

C. AGOSTINELLI

PROBLEMI SPECIALI DI MAGNETOFLUIDODIN

ROMA - Istituto Matematico dell'Univers:

PROBLEMI SPECIALI DI MAGNETOFLUIDODINAMICA

C. Agostinelli

SULL'EQUILIBRIO ADIABATICO MAGNETODINAMICO
DI MASSE FLUIDE GASSOSE ELETTRICAMENTE CONDUTTRICI
UNIFORMEMENTE ROTANTI E GRAVITANTI.

1. INTRODUZIONE. In questa lezione ci occuperemo dell'equilibrio adiabatico di una massa gassosa di grande conducibilità elettrica, tale da poter
la ritenere infinita, uniformemente rotante intorno ad un suo asse baricentrale, soggetta alla mutua attrazione newtoniana delle particelle fluide, e
nell'ipotesi che per effetto delle correnti di conduzione si generi in essa un
campo magnetico.

L a questione ha ovviamente interesse per lo studio dell'equilibrio delle masse gassose stellari ad elevatissima temperatura, e quindi
di alta conduttività elettrica, rotanti e gravitanti. Ma la sua considerazione può essere utile non solo in problemi di astrofisica ma anche in tutte quelle applicazioni in cui si ha da trattare con masse fluide rotanti, elettricamente conduttrici, sotto l'azione di campi magnetici.

Nelle ipotesi ammesse vedremo come il campo e gli elementi
del moto devono essere necessariamente simmetrici rispetto all'asse di rotazione e che la questione si riduce all'integrazione di due equazioni differenziali alle derivate parziali in cui sono incognite quella che si può chiamare la funzione del campo e la densità del fluido.

Nel caso particolare in cui è nulla la componente trasversa del
campo magnetico, da quelle equazioni si può eliminare la funzione del campo riducendo la questione alla risoluzione di un'equazione alle derivate parziali del 4° ordine in cui è incognita la sola densità.

Supponendo infine che si tratti di un plasma soggetto a intensi
campi magnetici, in cui le forze di mutua attrazione newtoniana sono tra-

C. Agostinelli

scurabili in confronto delle azioni elettromagnetiche, la questione si riduce all'integrazione di un'equazione differenziale del 2° ordine in cui è ancora incognita la sola densità.

2. EQUAZIONI DEL MOTO E DEL CAMPO.

Ciò premesso, ricordiamo che le equazioni del moto di una massa gassosa elettricamente conduttrice, in cui si generi un campo magnetico, nell'ipotesi che la viscosità sia trascurabile, in forma euleriana sono

$$(1) \qquad \rho \left(\frac{\partial \vec{v}}{\partial t} + \mathrm{rot}\, \vec{v} \wedge \vec{v} + \frac{1}{2}\,\mathrm{grad}\, v^2 \right) = \vec{I} \wedge \vec{B} - \mathrm{grad}\, p + \rho\, \mathrm{grad}\, U$$

$$(2) \qquad \frac{\partial \rho}{\partial t} + \mathrm{div}\,(\rho \vec{v}) = 0,$$

la seconda delle quali è l'equazione di continuità, e dove $\vec{v}$ è il vettore velocità delle particelle fluide, ρ la densità, p la pressione, U il potenziale delle forze newtoniane di mutua attrazione, $\vec{I}$ la corrente di conduzione e $\vec{B}$ il vettore induzione magnetica. Se supponiamo che il gas si evolva adiabaticamente avremo inoltre.

$$(3) \qquad p = C \rho^{\gamma}$$

con C costante e γ pure costante, uguale al rapporto tra il calore specifico a pressione costante e quello a volume costante.

Alle precedenti equazioni vanno associate quelle maxwelliane del campo che nell'ipotesi di conducibilità elettrica infinita, nella metrolo gia gaussiana razionalizzata si scrivono

C. Agostinelli

$$(4) \qquad \mathrm{rot}\ \vec{B} = \vec{I}$$

$$(5) \qquad \frac{\partial \vec{B}}{\partial t} + \mathrm{rot}\,(\vec{B} \wedge \vec{v}) = 0$$

$$(6) \qquad \mathrm{div}\ \vec{B} = 0$$

Trattandosi di una massa fluida uniformemente rotante con velocità angolare costante $\vec{\omega}$, intorno ad un asse baricentrale Oz, in equilibrio relativo magnetico dinamico, gli elementi del moto e del campo saranno indipendenti dal tempo, la velocità $\vec{v}$ di una particella fluida P sarà data da

$$(7) \qquad \vec{v} = \vec{\omega} \wedge (P - O)$$

e le equazioni (1) e (2) si ridurranno alle seguenti

$$(8) \qquad \mathrm{grad}\ p = \mathrm{rot}\ \vec{B} \wedge \vec{B} + \frac{1}{2}\,\omega^2\,\rho\ \mathrm{grad}\ r^2 + \rho\ \mathrm{grad}\ U$$

$$(9) \qquad \mathrm{grad}\ \rho \ \times \vec{k} \wedge (P - O) = 0$$

dove si è indicata con r la distanza di un punto P dall'asse z, e $\vec{k}$
è versore di quest'asse.

Con riferimento a coordinate cilindriche r, φ, z la (9)
equivale alla

$$(9') \qquad \frac{\partial \rho}{\partial \varphi} = 0 \ .$$

Perciò la densità ρ, e quindi anche la pressione p, saranno funzioni di r, z soltanto.

Le equazioni (5) e (6) diventano ora

$$(10) \qquad \mathrm{rot}\,(\vec{B} \wedge \vec{v}) = 0, \qquad (11) \qquad \mathrm{div}\ \vec{B} = 0$$

C. Agostinelli

dalle quali, se indichiamo con B_r , B_φ , B_z le componenti cilindriche del campo magnetico, si deduce che sarà anche

$$\frac{\partial B_r}{\partial \varphi} = 0, \qquad \frac{\partial B_\varphi}{\partial \varphi} = 0, \qquad \frac{\partial B_z}{\partial \varphi} = 0 .$$

Queste relazioni mostrano che il campo è simmetrico rispetto all'asse z. La (11) diventa allora

$$(11') \qquad \frac{1}{r} \frac{\partial}{\partial r} (r B_r) + \frac{\partial B_z}{\partial z} = 0$$

e da questa segue che esisterà una funzione $V(r, z)$ per cui si può porre

$$(12) \qquad B_r = -\frac{1}{r} \frac{\partial V}{\partial z} , \qquad B_z = \frac{1}{r} \frac{\partial V}{\partial r}$$

Avremo perciò

$$(13) \quad \vec{B} = -\frac{1}{r} \frac{\partial V}{\partial z} \operatorname{grad} r + \frac{1}{r} \frac{\partial V}{\partial r} \operatorname{grad} z + r H_\varphi \ \operatorname{grad} \varphi =$$

$$= \operatorname{grad} V \wedge \operatorname{grad} \varphi + r B_\varphi \cdot \operatorname{grad} \varphi$$

$$(14) \qquad \operatorname{rot} \vec{B} = -\frac{\partial H_\varphi}{\partial z} \operatorname{grad} r - \nabla_2 V \operatorname{grad} \varphi + \frac{1}{r} \frac{\partial}{\partial r}(r H_\varphi) \operatorname{grad} z$$

dove per semplicità si è posto

$$(15) \quad \nabla_2 V = r \frac{\partial}{\partial r}(\frac{1}{r} \frac{\partial V}{\partial r}) + \frac{\partial^2 V}{\partial z^2} \equiv \frac{\partial^2 V}{\partial r^2} - \frac{1}{r} \frac{\partial V}{\partial r} + \frac{\partial^2 V}{\partial z^2}$$

essendo ∇_2 l'operatore differenziale del $2°$ ordine associato al Δ_2 di Laplace, nel caso della simmetria assiale.

C. Agostinelli

3. CONDIZIONI DI INTEGRABILITA' E RIDUZIONE DELLA QUESTIONE.

Ciò premesso, consideriamo le condizioni di integrabilità del_
la (8). Prendendo per questo il rotore di ambo i membri si ha

$$(16) \quad \mathrm{rot}\,(\mathrm{rot}\,\vec{B}\wedge\vec{B}) + \frac{1}{2}\,\omega^2\,\mathrm{grad}\,\rho\wedge\mathrm{grad}\,r^2 + \mathrm{grad}\,\rho\wedge\mathrm{grad}\,U = 0,$$

Da questa, essendo anche $U = U(r,z)$, si deduce

$$(17)\quad \mathrm{rot}\,(\mathrm{rot}\,\vec{B}\wedge\vec{B})\times\mathrm{grad}\,r = 0,\qquad \mathrm{rot}\,(\mathrm{rot}\,\vec{B}\wedge\vec{B})\times\mathrm{grad}\,z = 0.$$

Indicando inoltre con $\vec{a}_\varphi = r\,\mathrm{grad}\,\varphi$ il versore secondo
cui cresce l'anomalia φ , si ha

$$(18)\quad \mathrm{rot}\,(\mathrm{rot}\,\vec{B}\wedge\vec{B})\times\vec{a}_\varphi + \omega^2\,r\,\frac{\partial\rho}{\partial z} + \frac{\partial\rho}{\partial z}\,\frac{\partial U}{\partial r} - \frac{\partial\rho}{\partial r}\,\frac{\partial U}{\partial z} = 0.$$

Ora, dalle (13) e (14) si ricava

$$(19)\quad \mathrm{rot}\,\vec{B}\wedge\vec{B} = -\left[\frac{\partial V}{\partial r}\,\frac{\mathbf{\nabla}_2 V}{r^2} + \frac{B_\varphi}{r}\,\frac{\partial}{\partial r}(rB_\varphi)\right]\mathrm{grad}\,r +$$

$$+\frac{1}{r}\left[\frac{\partial V}{\partial r}\,\frac{\partial(rB_\varphi)}{\partial z} - \frac{\partial V}{\partial z}\,\frac{\partial(rB_\varphi)}{\partial r}\right]\mathrm{grad}\,\psi - \left[\frac{\partial V}{\partial z}\cdot\frac{\nabla_2 V}{r^2} + B_\varphi\,\frac{\partial B_\varphi}{\partial z}\right]\mathrm{grad}\,z$$

e quindi le equazioni (17) diventano

$$\frac{\partial}{\partial z}\left\{\frac{1}{r}\left[\frac{\partial V}{\partial r}\,\frac{\partial(rB_\varphi)}{\partial z} - \frac{\partial V}{\partial z}\,\frac{\partial(rB_\varphi)}{\partial r}\right]\right\} = 0$$

$$\frac{\partial}{\partial r}\left\{\frac{1}{r}\left[\frac{\partial V}{\partial r}\,\frac{\partial(rB_\varphi)}{\partial z} - \frac{\partial V}{\partial z}\,\frac{\partial(rB_\varphi)}{\partial r}\right]\right\} = 0$$

C. Agostinelli

da cui segue l'integrale

$$(20) \qquad \frac{1}{r} \left[\frac{\partial V}{\partial r} \frac{\partial (rB_\varphi)}{\partial z} - \frac{\partial V}{\partial z} \frac{\partial (rB_\varphi)}{\partial r} \right] = \text{cost.}$$

Ma dalla (8), moltiplicando ambo i membri scalarmente per $\vec{a}_\varphi$ si ottiene

$$\text{rot } \vec{B} \wedge \vec{B} \times \vec{a}_\varphi = \frac{1}{r^2} \left[\frac{\partial V}{\partial r} \frac{\partial (rB_\varphi)}{\partial z} - \frac{\partial V}{\partial z} \frac{\partial (rB_\varphi)}{\partial r} \right] = 0$$

perciò la costante del secondo membro della (20) deve essere nulla e quindi

$$(20') \qquad \frac{\partial V}{\partial r} \frac{\partial (rB_\varphi)}{\partial z} - \frac{\partial V}{\partial z} \frac{\partial (rB_\varphi)}{\partial r} = 0 \ .$$

Questa mostra che rB_φ sarà funzione di V. Il modo più semplice di soddisfarla si ha ponendo

$$(21) \qquad\qquad\qquad rB_\varphi = kV$$

con k costante. Così facendo la (19) porge

$$\text{rot } \vec{B} \wedge \vec{B} = - \frac{1}{r^2} (\nabla_2 V + k^2 V) \, \text{grad} V.$$

Sostituendo nella (8), dividendo quindi per ρ e tenendo conto della (3), si ottiene

$$(22) \quad \text{grad} \left[\frac{C\gamma}{\gamma-1} \rho^{\gamma-1} - \frac{1}{2} \omega^2 r^2 - U \right] + \frac{1}{r^2 \rho} (\nabla_2 V + k^2 V) \, \text{grad} V = 0$$

Rimane da considerare l'equazione (18), che esplicitata tenendo conto della (21), dopo facili semplificazioni si riduca alla seguente

8

C. Agostinelli

$$(23) \quad \frac{1}{r^2}\left(\frac{\partial V}{\partial z}\frac{\partial \nabla_2 V}{\partial r} - \frac{\partial V}{\partial r}\frac{\partial \nabla_2 V}{\partial z}\right) - \frac{2}{r^3}\frac{\partial V}{\partial z}(\nabla_2 V + k^2 V) +$$

$$+ \omega^2 r \frac{\partial \rho}{\partial z} + \frac{\partial \rho}{\partial z}\frac{\partial U}{\partial r} - \frac{\partial \rho}{\partial r}\frac{\partial U}{\partial z} = 0$$

Osserviamo ora che dalla (8), moltiplicando scalarmente per $\vec{B}$ si deduce

$$\left(\frac{\partial p}{\partial r} - \omega^2 r \rho - \rho\frac{\partial U}{\partial r}\right) B_r + \left(\frac{\partial p}{\partial z} - \rho\frac{\partial U}{\partial z}\right) B_z = 0 \, ,$$

cioè, per le (12)

$$\left(\frac{\partial p}{\partial z} - \rho\frac{\partial U}{\partial z}\right)\frac{\partial V}{\partial r} - \left(\frac{\partial p}{\partial r} - \omega^2 r \rho - \rho\frac{\partial U}{\partial r}\right)\frac{\partial V}{\partial z} = 0$$

Esisterà quindi un fattore integrante $\lambda\,(r,z,)$, per cui

$$\frac{\partial V}{\partial r} = \lambda\left(\frac{\partial p}{\partial r} - \omega^2 r \rho - \rho\frac{\partial U}{\partial r}\right), \quad \frac{\partial V}{\partial z} = \lambda\left(\frac{\partial p}{\partial z} - \rho\frac{\partial U}{\partial z}\right)$$

Poichè per la (3) la pressione p è funzione della densità ρ , prendendo $\lambda = h/\rho$, con h costante arbitraria e tenendo conto della stessa (3), si riconosce subito che le equazioni precedenti sono integrabili e si ottiene, a meno di una costante inessenziale,

$$(24) \qquad V = h\left(\frac{C\gamma}{\gamma-1}\rho^{\gamma-1} - \frac{1}{2}\omega^2 r^2 - U\right).$$

Eliminando quindi dalla (23) il potenziale U, servendosi della (24), si ha

$$(23') \quad \frac{1}{r^2}\left(\frac{\partial V}{\partial z}\frac{\partial \nabla_2 V}{\partial r} - \frac{\partial V}{\partial r}\frac{\partial \nabla_2 V}{\partial z}\right) - \frac{2}{r^3}\frac{\partial V}{\partial z}(\nabla_2 V + k^2 V) + \frac{1}{h}\left(\frac{\partial \rho}{\partial r}\frac{\partial V}{\partial z} - \frac{\partial \rho}{\partial z}\frac{\partial V}{\partial r}\right) = 0$$

C. Agostinelli

Questa è identicamente soddisfatta prendendo

$$(25) \qquad \nabla_2 V + k^2 V = - \frac{1}{h} r^2 \rho$$

e allora la (22) diventa

$$\mathrm{grad}\, \left(\frac{C\gamma}{\gamma-1} \rho^{\gamma-1} - \frac{1}{2} \omega^2 r^2 - U - \frac{1}{h} V \right) = 0$$

che porge l'integrale

$$\frac{C\gamma}{\gamma-1} \rho^{\gamma-1} - \frac{1}{2} \omega^2 r^2 - U - \frac{1}{h} V = \text{cost.}$$

Ma volendo eliminare il potenziale U delle forze di mutua attrazione newtoniana prendiamo il laplaciano di ambo i membri. Tenendo conto dell'equazione di Poisson $\Delta_2 U = -4\pi f \rho$, essendo f la costante di attrazione universale, si ottiene

$$(26) \qquad \Delta_2 V = h \left(\frac{C\gamma}{\gamma-1} \, \Delta_2 \rho^{\gamma-1} + 4\pi f \rho - 2 \omega^2 \right)$$

La questione è così ridotta a determinare la funzione V del campo magnetico e la densità ρ soddisfacenti alle equazioni differenziali (25) e (26) e ad assegnate condizioni ai limiti. Dopo ciò la (12) e la (21) forniscono le componenti del campo magnetico e la (13) dà la pressione p. Ponendo

$$(27) \qquad \gamma = 1 + \frac{1}{\nu} \ , \qquad \rho = u^\nu$$

le equazioni (25) e (26) si possono scrivere anche

$$(25') \qquad \Delta_2 V + k^2 V = - \frac{1}{h} r^2 u^\nu$$

C. Agostinelli

$$(26') \qquad \Delta_2 V = h \left[C (\nu + 1) \, \Delta_2 u + 4 \pi f u^\nu - 2 \omega^2 \right]$$

e si può dimostrare che ci si può ridurre alla determinazione della sola incognita u.

Nel caso particolare in cui si pone $k = 0$, e quindi, per la (21), $B_\varphi = 0$, la (25') diventa

$$(28) \qquad \Delta_2 V = - \frac{1}{h} r^2 u^\nu$$

e tenendo conto dell'identità

$$\Delta_2 (\Delta_2 V - \nabla_2 V) - \frac{2}{r} \frac{\partial}{\partial r} (\nabla_2 V) = 0$$

ci si riduce all'equazione differenziale alle derivate parziali del 4° ordine

$$(29) \qquad \Delta_2 \left[\Delta_2 u + (\alpha^2 + \beta^2 r^2) u^\nu \right] + \frac{2 \beta^2}{r} \frac{\partial}{\partial r} (r^2 u^\nu) = 0$$

in cui è incognita la sola funzione u, e nella quale si è posto

$$(30) \qquad \alpha^2 = \frac{4 \pi f}{C (\gamma + 1)} \quad , \qquad \beta^2 = \frac{1}{h^2 C (\gamma + 1)}$$

Le equazioni ottenute, associate alle condizioni che al contorno sia nulla la densità, sono utili per lo studio dell'equilibrio adiabatico di una massa gassosa stellare in cui per l'alta conducibilità elettrica si generano delle correnti di conduzione e quindi dei campi magnetici. Sotto questo punto di vista esse sono state da me applicate al caso di una massa gassosa sferoidale, uniformemente rotante e gravitante, nell'ipotesi di un campo magnetico sufficientemente debole e con la condizione che la densità si annulli in superficie.

11

C. Agostinelli

Se supponiamo invece che si tratti di un plasma soggetto a intensi campi magnetici, in cui le forze di mutua attrazione sono trascurabili in confronto delle azioni elettromagnetiche, ponendo $U = 0$, l'equazione (23') risulta ancora soddisfatta mediante la posizione (25), che per le (27) assume la forma (25'). Inoltre la (24) si riduce alla

$$(31) \qquad V = h \left[C (\nu + 1) u - \frac{1}{2} \omega^2 r^2 \right]$$

Sostituendo nella (25') si ha

$$(32) \qquad \nabla_2 u + k^2 u + \beta^2 r^2 u^\nu = \frac{\omega^2 k^2}{2C (\nu + 1)} r^2$$

che è l'equazione differenziale alla quale deve soddisfare la funzione $u = \rho^{\frac{1}{\nu}}$ nel caso considerato.

Se più semplicemente si pone $k = 0$, cioè $B_\varphi = 0$, la (32) diventa

$$(33) \qquad \nabla_2 u + \beta^2 r^2 u^\nu = 0$$

che si può considerare una generalizzazione dell'equazione di Emden.

Determinata la u, la (31) fornisce senz'altro la funzione V del campo, la quale, nel caso dell'equilibrio statico $(\omega = 0)$, risulta proporzionale alla u.

4. CASO IN CUI IL CAMPO MAGNETICO E' TUTTO TRASVERSALE.

Se supponiamo che il campo magnetico sia completamente trasversale, tale cioè che

$$B_r = B_z = 0, \qquad B_\varphi \neq 0$$

C. Agostinelli

abbiamo

$$\vec{B} = r\, B_\varphi \ \ \text{grad}\, \varphi \ , \qquad \text{rot}\, \vec{B} = \text{grad}\, (r\, B_\varphi)\wedge \text{grad}\, \varphi$$

$$\text{rot}\, \vec{B} \wedge \vec{B} = -\frac{B_\varphi}{r}\, \text{grad}\,(r\, B_\varphi)$$

e per le equazioni (3), (8) otteniamo

$$(34)\qquad \text{grad}\,(\frac{C\,\gamma}{\gamma-1}\,\rho^{\gamma-1} - U - \frac{1}{2}\,\omega^2\, r^2) + \frac{B_\varphi}{r\rho}\,\text{grad}\,(r\, B_\varphi) = 0.$$

Da questa, prendendo il rotore di ambo i membri, si deduce

$$\text{grad}\,\frac{r\, B_\varphi}{r^2\rho}\ \wedge\ \text{grad}\,(r\, B_\varphi) = 0$$

cioè

$$\text{grad}\,(r^2\rho)\ \wedge\ \text{grad}\,(r\, B_\varphi) = 0$$

Questa mostra che $r\, B_\varphi$ è funzione di $r^2\rho$. Il caso più semplice è quello in cui si assume

$$(35)\qquad r\, B_\varphi = \lambda_0\, r^2\rho\ , \qquad B_\varphi = \lambda_0\, r\rho$$

con λ_0 costante. In tal caso la relazione (34) diventa

$$(36)\qquad \text{grad}\,(\frac{C\,\gamma}{\gamma-1}\,\rho^{\gamma-1} - U - \frac{1}{2}\,\omega^2\, r^2 + \lambda_0^2\, r^2\rho) = 0$$

da cui si ha l'integrale

$$(37)\qquad \frac{C\,\gamma}{\gamma-1}\,\rho^{\gamma-1} - U - \frac{1}{2}\,\omega^2\, r^2 + \lambda_0^2\, r^2\rho = \text{cost.}$$

Prendendo la divergenza di ambo i membri della (36), e consi derando l'equazione di Poisson, otteniamo

C. Agostinelli

$$(38) \qquad \Delta_2 \left[C\,(\nu + 1)\, u + \lambda_o^2\, r^2\, u^\nu - \frac{1}{2}\, \omega^2\, r^2 \right] + 6\,\pi\, f\, u^\nu = 0$$

in cui è incognita la sola funzione u. Quando questa funzione è determina
ta con assegnata condizione in superficie, abbiamo subito

$$(39) \qquad\qquad B_\varphi = \lambda_o\, r\, u^\nu$$

Se le forze non elettromagnetiche sono trascurabili o nulle
(U = 0), la (37) definisce senz'altro la densità ρ , e si ha quindi
$B_\varphi = \lambda_o\, r\, \rho$.

MASSE FLUIDE IN ROTAZIONE NON UNIFORME

5. POSIZIONE DEL PROBLEMA E SIMMETRIA DEL CAMPO.

Poichè nel caso delle masse gassose stellari, come quella del
sole, l'ipotesi della rotazione uniforme non rispecchia esattamente la realtà,
ma, come mostrano le osservazioni, essa varia sia colla latitudine e sia
con la distanza dall'asse, vogliamo ora indagare come nel caso della rotazio
ne non uniforme si modificano le equazioni dell'equilibrio relativo di una mas
sa gassosa nelle stesse condizioni considerate prima.

Supponendo che la velocità angolare di rotazione non dipenda
dall'angolo di rotazione φ , si riconosce anche in questo caso come la distribuzione del campo magnetico, della densità e della pressione è necessariamente a simmetria assiale.

Invero, la velocità $\vec{v}$ delle particelle fluide è ora della forma

$$(40) \qquad\qquad \vec{v} = r^2\, \omega\, \mathrm{grad}\, \varphi$$

C. Agostinelli

dove la velocità angolare $\vec{\omega}$ è da considerare funzione delle coordinate cilindriche r, z. Dalla (40) segue allora div $\vec{v}$ = 0, e pertanto l'equazione di continuità, che si riduce alla div ($\rho\, \vec{v}$) = 0, porge

$$\frac{\partial \rho}{\partial \varphi} = 0 \; ,$$

cioè la densità ρ , e quindi la pressione p, sono indipendenti dall'anomalia φ .

Dall'equazione (10) si ha inoltre che esiste una funzione ϕ tale che

$$(41) \qquad \vec{v} \wedge \vec{B} \equiv r^2 \omega \, \mathrm{grad}\, \varphi \wedge \vec{B} \equiv \mathrm{grad}\, \phi$$

con ϕ necessariamente indipendente da φ (grad ϕ x grad φ = 0). Dalla (41) si ricava

$$(41') \qquad r\,\omega\,B_z = \frac{\partial \phi}{\partial r} \; , \qquad r\,\omega\,B_r = -\frac{\partial \phi}{\partial z}$$

da cui segue che le componenti B_r , B_z del campo magnetico sono anche indipendenti dall'anomalia φ .

Osserviamo che dalla (41) si ha

$$\mathrm{grad}\ \phi \ \ x\,\vec{B} = 0, \qquad \mathrm{grad}\ \phi \ \ x\,\vec{v} = 0$$

e quindi le linee di forza magnetica giacciono sulle superficie ϕ = cost, e queste sono anche le superficie fluide.

Eliminando la funzione ϕ dalle (41') si ottiene

$$(42) \qquad \frac{\partial}{\partial r}\,(r\,\omega\,B_r) + \frac{\partial}{\partial z}\,(r\,\omega\,B_z) = 0$$

C. Agostinelli

mentre dall'equazione $\operatorname{div} \vec{B} = 0$, si ha

$$(43) \qquad \frac{\partial}{\partial r}(r\, B_r) + \frac{\partial}{\partial z}(r\, B_z) + \frac{\partial B_\varphi}{\partial \varphi} = 0$$

Moltiplicando ambo i membri della (43) per ω, e sottraendo quindi dalla (42), si ha ancora

$$(44) \qquad r\, B_r \frac{\partial \omega}{\partial r} + r\, B_z \frac{\partial \omega}{\partial z} - \omega \frac{\partial B_\varphi}{\partial \varphi} = 0$$

Ma ω, B_r, B_z, sono indipendenti da φ, perciò anche la componente B_φ, che dovrà essere una funzione uniforme, sarà indipendente da φ.

6. RISOLUZIONE DEL PROBLEMA.

Le equazioni (43) e (44) si riducono ora alle seguenti

$$(43') \qquad \frac{\partial}{\partial r}(r\, B_r) + \frac{\partial}{\partial z}(r\, B_z) = 0$$

$$(44') \qquad r\, B_r \frac{\partial \omega}{\partial r} + r\, B_z \frac{\partial \omega}{\partial z} = 0$$

Dalla (43') si ha, anche qui, che dovrà esistere una funzione $V\,(r, z)$ tale che

$$(45) \qquad B_r = -\frac{1}{r}\frac{\partial V}{\partial z} , \qquad B_z = \frac{1}{r}\frac{\partial V}{\partial r}$$

e pertanto la (44') diventa

$$\frac{\partial V}{\partial r}\frac{\partial \omega}{\partial z} - \frac{\partial V}{\partial z}\frac{\partial \omega}{\partial r} = 0$$

C. Agostinelli

la quale mostra che la velocità angolare ω sarà funzione di V,

$$(46) \qquad \omega = \omega(V)$$

In base ai risultati ottenuti si ha

$$\vec{B} = -\frac{1}{r}\frac{\partial V}{\partial z}\,\mathrm{grad}\,r + \frac{1}{r}\frac{\partial V}{\partial r}\,\mathrm{grad}\,z + r\,B_\varphi\,\mathrm{grad}\,\varphi$$

$$\mathrm{rot}\,\vec{B} = -\nabla_2 V\,\mathrm{grad}\,\varphi + \mathrm{grad}\,(r\,B_\varphi)\,\wedge\,\mathrm{grad}\,\varphi$$

$$(47) \qquad \mathrm{rot}\,\vec{B}\,\wedge\,\vec{B} = -\frac{\nabla_2 V}{r^2}\,\mathrm{grad}\,V - \frac{1}{2r^2}\,\mathrm{grad}\,(r\,B_\varphi)^2 -$$

$$- \frac{1}{r}\left[\frac{\partial(r\,B_\varphi)}{\partial r}\cdot\frac{\partial V}{\partial z} - \frac{\partial(r\,B_\varphi)}{\partial z}\frac{\partial V}{\partial r}\right]\mathrm{grad}\,\varphi$$

dove $\nabla_2 V$ ha l'espressione (15).

Ora l'equazione del moto assume ancora la forma (8). Sostituendo in questa la (47), ed osservando che p ed U sono indipendenti dall'anomalia φ, si deduce che deve essere

$$\frac{\partial(r\,B_\varphi)}{\partial r}\frac{\partial V}{\partial z} - \frac{\partial(r\,B_\varphi)}{\partial z}\frac{\partial V}{\partial r} = 0$$

e quindi $r\,B_\varphi$, così come ω, sarà funzione di V:

$$(48) \qquad r\,B_\varphi = F(V)$$

Dividendo allora per ρ ambo i membri della (8), e tenendo conto della (3), si ottiene

$$(49) \qquad \mathrm{grad}\left(\frac{C\gamma}{\gamma-1}\,\rho^{\gamma-1} - U\right) = -\frac{1}{r^2\rho}\left(\nabla_2 V + \frac{1}{2}\frac{d\,F^2}{dV}\right)\mathrm{grad}\,V + r\,\omega^2\,\mathrm{grad}\,r$$

C. Agostinelli

Essendo ω funzione di V si può scrivere anche

$$(49') \quad \mathrm{grad}\,\left(\frac{C\,\gamma}{\gamma-1}\,\rho^{\gamma-1} - U - \frac{1}{2}\,\omega^2 r^2\right) = -\left[\frac{1}{r^2\rho}\left(\nabla_2 V + \frac{1}{2}\,\frac{d F^2}{dV}\right) + \frac{1}{2}\,r^2\,\frac{d\omega^2}{dV}\right]\mathrm{grad}\,V$$

e questa è integrabile se la quantità fra parentesi quadra è una funzione di V, che indichiamo con dG/dV, cioè

$$(50) \quad \frac{1}{r^2\rho}\left(\nabla_2 V + \frac{1}{2}\,\frac{dF^2}{dV}\right) + \frac{1}{2}\,r^2\,\frac{d\omega^2}{dV} = \frac{dG}{dV}$$

In questo caso dalla $(49')$ si ottiene l'integrale

$$(51) \quad \frac{C\,\gamma}{\gamma-1}\,\rho^{\gamma-1} - U - \frac{1}{2}\,\omega^2 r^2 + G\,(V) = \text{cost.}$$

Se U è il potenziale delle forze di mutua attrazione newtoniana delle particelle fluide, applicando il Δ_2 di Laplace ad ambo i membri della (51) e ricordando l'equazione di Poisson, si ha

$$(52) \quad \Delta_2\left[\frac{C\,\gamma}{\gamma-1}\,\rho^{\gamma-1} - \frac{1}{2}\,\omega^2 r^2 + G\,(V)\right] + 4\,\pi\,f\,\rho = 0$$

Fissate opportunamente le funzioni $\omega\,(V)$, $F\,(V)$, $G\,(V)$, le (50) e (52) risulteranno due equazioni differenziali alle derivate parziali del 2° ordine in cui sono incognite la funzione V del campo magnetico e la densità ρ .

Nel caso particolarmente importante in cui ω ed rH si suppongono funzioni lineari di V, e così pure la $G\,(V)$, ponendo

$$\omega = \omega_0\,(1 + \alpha_0\,V)$$

$$F \equiv r\,B_\varphi = kV, \quad G = \beta_0\,V$$

C. Agostinelli

con ω_0, α_0, k, β_0, costanti, la (50) e la (52) diventano

$$(53) \qquad \nabla_2 V + k^2 V + r^2 \rho \left[\omega_0^2 \, \alpha_0 \, r^2 (1 + \alpha_0 V) - \beta_0 \right] = 0$$

$$(54) \qquad \Delta_2 \left[\frac{C \gamma}{\gamma - 1} \rho^{\gamma - 1} - \frac{1}{2} \omega_0^2 r^2 (1 + \alpha_0 V)^2 + \beta_0 V \right] + 4 \pi f \rho = 0$$

le quali, per $\alpha_0 = 0$, cioè per $\omega = \omega_0$ (rotazione uniforme) e scriven-do $- \frac{1}{h}$ al posto di β_0, si riducono alle equazioni (25) e (26) ottenu-te precedentemente.

7. CASO IN CUI IL CAMPO MAGNETICO E' DIRETTO TRASVER-SALMENTE.

Consideriamo ora il caso in cui il campo magnetico è diretto trasversalmente rispetto all'asse di rotazione, sia cioè $B_r = B_z = 0$, e quindi

$$(55) \qquad \vec{B} = r B_\varphi \, \text{grad} \, \varphi \, .$$

Segue
$$\text{rot} \vec{B} = \text{grad} (r B_\varphi) \wedge \text{grad} \, \varphi$$
$$\text{rot} \vec{B} \wedge \vec{B} = - \frac{1}{2 r^2} \text{grad} (r B_\varphi)^2$$

e l'equazione del moto porge

$$(56) \qquad \text{grad} \left(\frac{C \gamma}{\gamma - 1} \rho^{\gamma - 1} - U \right) = - \frac{1}{2 r^2 \rho} \text{grad} (r B_\varphi)^2 + \frac{1}{2} \omega^2 \text{grad} r^2$$

dalla quale seguono le due equazioni scalari

$$(57) \qquad \frac{\partial}{\partial r} \left(\frac{C \gamma}{\gamma - 1} \rho^{\gamma - 1} - U \right) = - \frac{1}{2 r^2 \rho} \frac{\partial (r B_\varphi)^2}{\partial r} + r \omega^2$$

C. Agostinelli

$$(57) \qquad \frac{\partial}{\partial z}\left(\frac{C\,\gamma}{\gamma-1}\,\rho^{\gamma-1} - U\right) = -\frac{1}{2r^2\rho}\,\frac{\partial(rB_\varphi)^2}{\partial z}$$

Per l'integrabilità di questa equazione deve essere verificata la condizione

$$(58) \qquad \frac{1}{2}\left\{\frac{\partial}{\partial r}\left(\frac{1}{r^2\rho}\right)\cdot\frac{\partial(rB_\varphi)^2}{\partial z} - \frac{\partial}{\partial z}\left(\frac{1}{r^2\rho}\right)\frac{\partial(rB_\varphi)^2}{\partial r}\right\} + r\,\frac{\partial\,\omega^2}{\partial z} = 0$$

Nel caso in cui ω è funzione di r soltanto, oppure costante, questa condizione richiede che rB_φ sia una funzione di $r^2\rho$.

Per ω non costante porremo

$$(59) \qquad rB_\varphi = F(r^2\rho)\cdot g(r) + h(r).$$

con F funzione per ora arbitraria di $r^2\rho$, e g, h funzioni pure arbitrarie della sola r. Sostituendo nella (58) si ha

$$(60) \qquad \frac{1}{2(r^2\rho)^2}\,\frac{\partial(r^2\rho)}{\partial z}\left[F^2\,\frac{dg^2}{dr} + 2F\,\frac{d(gh)}{dr} + \frac{dh^2}{dr}\right] + r\,\frac{\partial\,\omega^2}{\partial z} = 0$$

Se per semplicità si pone

$$(61) \qquad \phi(r^2\rho) = \int_0^{r^2\rho} F^2(\xi)\,\frac{d\xi}{\xi^2} \;,\quad \psi(r^2\rho) = \int_0^{r^2\rho} F(\xi)\,\frac{d\xi}{\xi^2}$$

la (60) si può scrivere

$$\frac{1}{2}\,\frac{\partial}{\partial z}\left[\phi\,\frac{dg^2}{dr} + 2\psi\,\frac{d(gh)}{dr} - \frac{1}{r^2\rho}\,\frac{dh^2}{dr}\right] + r\,\frac{\partial\,\omega^2}{\partial z} = 0$$

da cui si ricava

$$(62) \qquad \omega^2 = \chi(r) - \frac{1}{2r}\left[\phi\,\frac{dg^2}{dr} + 2\psi\,\frac{d(gh)}{dr} - \frac{1}{r^2\rho}\,\frac{dh^2}{dr}\right]$$

C. Agostinelli

essendo $\chi(r)$ un'altra funzione arbitraria di r.

Sostituendo nelle (57) in luogo di rB_φ e di ω^2, rispettivamente i valori espressi dalle (59) e (62), e ponendo ancora

$$(63) \qquad M(r^2\rho) = \frac{F^2}{r^2\rho} + \Phi , \qquad N(r^2\rho) = \frac{F}{r^2\rho} + \Psi ,$$

esse diventano

$$\frac{\partial}{\partial r}\left[\frac{C\gamma}{\gamma-1}\rho^{\gamma-1} - U + \frac{1}{2}(Mg^2 + 2Ngh) - \int_0^r r\chi(r)\,dr \right] = 0$$

$$\frac{\partial}{\partial z}\left[\frac{C\gamma}{\gamma-1}\rho^{\gamma-1} - U + \frac{1}{2}(Mg^2 + 2Ngh) \right] = 0$$

dalle quali segue l'integrale

$$(64) \qquad \frac{C\gamma}{\gamma-1}\rho^{\gamma-1} - U + \frac{1}{8}(Mg^2 + 2Ngh) - \int_0^r r\chi(r)\,dr = \text{cost.}$$

Prendendo al solito il Δ_2 di Laplace di ambo i membri si può eliminare il potenziale U e ridursi a un'equazione in cui è incognita la sola densità ρ ; cioè

$$(65) \qquad \Delta_2\left[\frac{C\gamma}{\gamma-1}\rho^{\gamma-1} + \frac{1}{2}(Mg^2 + 2Ngh) - \int_0^r r\chi(r)\,dr \right] + 4\pi f\rho = 0$$

Se in particolare poniamo

$$h = 0, \qquad F = r^2\rho$$

si ha

$$(66) \qquad rB_\varphi = r^2\rho\, g(r), \qquad \omega^2 = \chi(r) - r\rho\, g\, g'$$

C. Agostinelli

e l'equazione (65) in ρ diventa

$$\Delta_2 \left[\frac{C\,\gamma}{\gamma-1} \rho^{\gamma-1} + r^2 \rho\, g^2 - \int_0^r r\,\chi(r)\,dr \right] + 4\,\pi\,f\,\rho = 0$$

che al solito si può trasformare ponendo $\gamma = 1 + 1/\nu$, e $\rho = u^\nu$.

Se più in particolare si pone $g = k$ (costante), ci si riduce al caso in cui la velocità angolare ω è funzione soltanto di r, o addirittura è costante, se anche χ si pone eguale a costante.

C. Agostinelli

SULLA STABILITA' DEI MOTI

MAGNETOFLUIDODINAMICI STAZIONARI

1. Il problema della stabilità in magnetofluidodinamica, che inizialmente attirò l'attenzione dei fisici nucleari in relazione alla questione del conteni mento del plasma ad alta temperatura negli apparecchi termonucleari, successivamente, per la sua importanza anche nelle applicazioni alla dinamica cosmica e a quella stellare, è stato oggetto di numerose ricerche specialmente da parte di Chandrasekhar[1] e dei suoi allievi, che hanno studiato la stabilità di vari casi di equilibrio. Più recentemente, in una memoria scrit ta in collaborazione da J.B. Bernstein, E.A. Friman, M.A. Kruskal, R. M. Kulsrud[2] è stata effettuata una indagine molto estesa della stabilità statica di un plasma altamente conduttore e completamente ionizzato, appli cando il principio di energia secondo l'idea originaria di Lord Rayleigh[3], principio che era già stato utilizzato da Lundquist[4].

Noi in questa lezione ci occuperemo dell'estensione di questo principio al caso della stabilità di un generico moto magnetofluidodinamico, considerando un fluido barotropico di alta conduttività elettrica il quale si muove in un campo limitato da una parete rigida perfettamente conduttrice.

Supposto di conoscere un moto permanente del fluido, soddisfacente alle dovute condizioni in superficie, considereremo un moto perturbato, assumendo come incognita lo spostamento $\vec{\xi}$ che riceve una particella fluida rispetto alla simultanea posizione che occuperebbe se il moto non fosse perturbato, spostamento che deve soddisfare alla condizione di essere tangente in superficie.

Considerando d'altra parte il movimento generale dal punto di

C. Agostinelli

vista lagrangiano, determineremo la densità e la pressione in funzione delle analoghe quantità che si hanno nel moto permanente e dello spostamento $\vec{\xi}$, qualunque sia la grandezza di questo spostamento. Stabiliremo quindi un'equa zione differenziale per il campo magnetico analoga all'equazione di Helmholtz per i vortici. L'integrale di detta equazione, che è conforme all'equazione di Cauchy dell'idrodinamica, fornisce l'intensità del campo magnetico in fun zione dei dati iniziali e quindi in funzione del corrispondente campo magneti- co che si ha nel moto permanente e dello spostamento. $\vec{\xi}$.

Supponendo poi che detto spostamento $\vec{\xi}$ sia infinitesimo e tale da poter trascurare i termini di ordine superiore al primo rispetto ad esso e sue derivate, dedurremo l'equazione differenziale delle piccole oscil lazioni e quindi un'equazione di secondo grado completa nella pulsazione Ω. Osservando che l'esistenza di uno spostamento che rende immaginaria la fre quenza di oscillazione, o la pulsazione, dà luogo ad instabilità, stabiliremo una diseguaglianza che consente di ricavare un limite di instabilità per quel le oscillazioni.

Quella diseguaglianza esprime una generalizzazione del princi pio di energia che si ha nel caso statico, al quale si riduce quando il moto permanente si annulla. Dimostreremo ancora che i valori estremi della pul sazione Ω appartengono all'insieme degli autovalori di essa. Se perciò Ω ammette un massimo o un minimo, ciascuno di questi valori può servire per stabilire un limite di instabilità per le frequenze di oscillazione.

Considereremo infine il caso dei motirotatori uniformi intorno ad un asse, che hanno particolare importanza nella dinamica stellare, nel quale caso, come si sa dovrà sussistere la simmetria assiale[5]. In questo caso la relazione di instabilità potrà consentire di studiare nei vari casi

C. Agostinelli

l'influenza delle azioni centrifughe.

2. Con riferimento ad un fluido di alta conduttività elettrica, come un plasma completamente ionizzato, costituito di elettroni e di ioni positivi, le
equazioni macroscopiche che ne reggono il movimento, scritte nelle unità
gaussiane razionalizzate sono, come sappiamo

$$(1) \qquad \rho \, \frac{d\vec{v}}{dt} = - \operatorname{grad} p + \vec{J} \wedge \vec{B} - \rho \operatorname{grad} \phi$$

$$(2) \qquad \frac{\partial \rho}{\partial t} + \operatorname{div} (\rho \, \vec{v}) = 0$$

$$(3) \qquad p \, \rho^{-\gamma} = \text{cost.}$$

$$(4) \qquad \vec{E} + \vec{v} \wedge \vec{B} = 0$$

$$(5) \qquad \operatorname{rot} \vec{E} = - \frac{\partial \vec{B}}{\partial t}$$

$$(6) \qquad \operatorname{rot} \vec{B} = \vec{J}$$

$$(7) \qquad \operatorname{div} \vec{B} = 0$$

dove ϕ rappresenta l'energia potenziale esterna riferita all'unità di mas
sa.

Nel caso dei moti stazionari, indicando con P la particella
fluida, queste equazioni si riducono alle seguenti:

$$(8) \qquad \rho \frac{d\vec{v}}{dP} \, \vec{v} = - \operatorname{grad} p + \operatorname{rot} \vec{B} \wedge \vec{B} - \rho \operatorname{grad} \phi$$

$$(9) \qquad \operatorname{div} (\rho \, \vec{v}) = 0$$

C. Agostinelli

$$(10) \qquad \rho \, p^{-\gamma} = \text{cost.}$$

$$(11) \qquad \text{rot} \, (\vec{v} \wedge \vec{B}) = 0$$

$$(12) \qquad \text{div} \, \vec{B} = 0$$

Supposta nota una soluzione di queste equazioni, con assegnate condizioni ai limiti, corrispondentè a un dato moto magnetofluidodinamico stazionario, consideriamo un moto perturbato nell'intorno di esso e contras segnamo con un apicᵉ gli elementi del campo e del moto in questo moto perturbato.

Essendo P_o la posizione della particella fluida all'istante iniziale, P quella all'istante t nel moto stazionario considerato, e P' la simultanea posizione della stessa particella nel moto perturbato, poniamo

$$(13) \qquad P' = P + \vec{\xi}$$

dove $\vec{\xi}$ è uno spostamento, funzione di P e di t, che va ritenuto infinitesimo.

Si ricava allora per la velocità $\vec{v}'$ del punto P' il valore

$$(14) \qquad \vec{v}' = \vec{v} + \frac{d\vec{\xi}}{dt} = \vec{v} + \frac{d\vec{\xi}}{dP} \, \vec{v} + \frac{\partial \vec{\xi}}{\partial t} \; .$$

Osserviamo ora che se si considera il moto dal punto di vista lagrangiano e quindi si suppone la posizione P funzione della posizione iniziale P_o, e così pure P' funzione di P_o, introducendo le omografie vettoriali

$$(15) \qquad \alpha = \frac{dP}{dP_o} \, , \qquad \alpha' = \frac{dP'}{dP_o} \, , \qquad \beta = \frac{dP'}{dP} = 1 + \frac{d\vec{\xi}}{dP}$$

C. Agostinelli

si ha

$$(16) \qquad \alpha' = \frac{dP'}{dP} \ \frac{dP}{dP_0} = \beta \alpha \ .$$

Essendo allora $I_3 \alpha'$ l'invariante terzo dell'omografia α' (o se si vuole lò jacobiano delle coordinate x', y', z' di P' rispetto alle coordinate x_0, y_0, z_0 di P_0), dall'equazione lagrangiana di continuità nel moto stazionario e nel moto perturbato, si ha

$$\rho = \rho_0/I_3\alpha \quad , \qquad \rho' = \rho_0/I_3\alpha' \ .$$

Ma $I_3 \alpha' = I_3\alpha \cdot I_3\beta$, ne segue

$$(17) \qquad \rho' = \rho / I_3 \beta = \rho / I_3 (1 + \frac{d\vec{\xi}}{dP})$$

La pressione p' in virtù della (4) sarà data da

$$(18) \qquad p' = C \rho'^{\gamma} = C \rho'^{\gamma} / (I_3 \beta)^{\gamma} = p / (I_3 \beta)^{\gamma}$$

dove C è una costante.

In quanto all'intensità $\vec{B}'$ del campo magnetico, dalle equazioni (3) e (5) si ha

$$\frac{\partial \vec{B}'}{\partial t} + \mathrm{rot}_{P'} (\vec{B}' \wedge \vec{v}') = 0$$

cioè, essendo $\mathrm{div}_{P'} \vec{B}' = 0$, si ha ancora

$$\frac{\partial \vec{B}'}{\partial t} + (\mathrm{div}_{P'} \vec{v}' - \frac{d\vec{v}'}{dP'}) \vec{B}' + \frac{d\vec{B}'}{dP'} \vec{v}' = 0$$

Ma

$$\mathrm{div}_{P'} \vec{v}' = - \frac{1}{\rho'} \frac{d\rho'}{dt} \quad ,$$

C. Agostinelli

sostituendo nell'equazione precedente, e dividendo quindi ambo i membri per ρ', si ottiene facilmente

$$(19) \qquad \frac{d}{dt}\left(\frac{B'}{\rho'}\right) - \frac{d\vec{v}'}{dP'}\,\frac{\vec{B}'}{\rho'} = 0 \ ,$$

che è analoga all'equazione di Helmholtz cui soddisfa il vettore vortice.

Ora risulta

$$\frac{d\vec{v}'}{dP'} = \frac{d\vec{v}'}{dP_0}\,\frac{dP_0}{dP'} = \frac{d}{dt}\left(\frac{dP'}{dP_0}\right)\frac{dP_0}{dP'} = \frac{d\alpha'}{dt}\,\alpha'^{\,-1}$$

Applicando allora a sinistra di ambo i membri della (19) l'omografia $\alpha'^{\,-1}$ e osservando che $\alpha'^{\,-1}\dfrac{d\alpha'}{dt}\,\alpha'^{-1} = -\dfrac{d\alpha'^{-1}}{dt}$, si ricava

$$\frac{d}{dt}\left(\alpha'^{\,-1}\,\frac{\vec{B}'}{\rho'}\right) = 0$$

da cui, integrando e osservando che per $t = 0$ è $\alpha' = 1$, $\vec{B}' = \vec{B}_0$, $\rho' = \rho_0$, si ha

$$(20) \qquad \alpha'^{\,-1}\,\frac{\vec{B}'}{\rho'} = \frac{\vec{B}_0}{\rho_0}$$

che è la corrispondente dell'equazione di Cauchy per il vortice.

Analogamente nel moto stazionario non perturbato dalla (11) si deduce

$$\alpha'^{\,-1}\,\frac{\vec{B}}{\rho} = \frac{\vec{B}_0}{\rho_0}$$

dal confronto con la (20), tenendo conto della (17), segue

$$(21) \qquad \vec{B}' = \beta\,\vec{B}\,/\,I_3\,\beta \ \ .$$

C. Agostinelli

Nell'ipotesi fatta in cui lo spostamento $\vec{\xi}$ sia infinitesimo, trascurando i termini di ordine superiore al primo rispetto a $\vec{\xi}$ e sue derivate, dalle equazioni (17), (18) e (21) si ottiene

$$(22) \qquad \rho' = \rho \, (1 - \operatorname{div} \vec{\xi} \,)$$

$$(23) \qquad p' = p \, (1 - \gamma \operatorname{div} \vec{\xi} \,)$$

$$(24) \qquad \vec{B}' = (1 - \operatorname{div} \vec{\xi} + \frac{d\vec{\xi}}{dP}) \, \vec{B} = \vec{B} + \frac{d\vec{B}}{dP} \, \vec{\xi} + \operatorname{rot} (\vec{\xi} \wedge \vec{B})$$

le quali esprimono la densità, la pressione e l'intensità del campo magnetico nel moto perturbato, in funzione degli analoghi elementi nel dato moto stazionario, e per mezzo dello spostamento $\vec{\xi}$.

L'energia potenziale ϕ ' sarà data infine da

$$\phi' = \phi\,(P') = \phi\,(P + \vec{\xi} \,)$$

e con la stessa approssimazione

$$(25) \qquad \phi' = \phi\,(P) + \operatorname{grad} \phi \times \vec{\xi}.$$

3. Per ricavare ora dalla (1) l'equazione differenziale cui deve soddisfare lo spostamento $\vec{\xi}$ nel moto perturbato occorre calcolare ancora i valori di

$$\operatorname{grad}_{P'} p', \qquad \vec{J}' \wedge \vec{B}' = \operatorname{rot}_{P'} \vec{B}' \wedge \vec{B}', \qquad \operatorname{grad}_{P'} \phi'.$$

Indicando col simbolo K la coniugata (o la trasposta) di una omografia vettoriale, si ha

$$\operatorname{grad}_{P'} p' = K\beta^{-1} \operatorname{grad}_{P} p'$$

e ricordando la (15) e la (23), nell'approssimazione considerata si ha

C. Agostinelli

$$(26) \qquad \text{grad}_{P'}\, p' = \text{grad}\, p - \gamma\, \text{grad}(p\,\text{div}\,\vec{\xi}) - K\,\frac{d\vec{\xi}}{dP}\,\text{grad}\, p \,.$$

Analogamente

$$(27) \qquad \text{grad}_{P'}\, \phi' = \text{grad}\,\phi + \text{grad}\,(\text{grad}\,\phi \times \vec{\xi}) - K\,\frac{d\vec{\xi}}{dP}\,\text{grad}\,\phi =$$

$$= \text{grad}\,\phi + \frac{d\,\text{grad}\,\phi}{dP}\,\vec{\xi}$$

e

$$(27') \qquad \rho'\,\text{grad}_{P'}\,\phi' = (1 - \text{div}\,\vec{\xi})\,\text{grad}\,\phi + \rho\,\frac{d\,\text{grad}\,\phi}{dP}\,\vec{\xi}$$

Poichè $\text{rot}_{P'}\,\vec{B}'$ è uguale al <u>doppio vettore</u>[6] dell'omografia $\dfrac{d\vec{B}'}{dP'} = \dfrac{d\vec{B}'}{dP}\,\beta^{-1}$, tenendo conto della (24) si ricava

$$\text{rot}_{P'}\,\vec{B}' = \text{rot}\,\vec{B} + \text{rot}\,\text{rot}\,(\vec{\xi} \wedge \vec{B}) + \text{rot}\,(\frac{d\vec{B}}{dP}\,\vec{\xi}) - 2V\,(\frac{d\vec{B}}{dP}\,\frac{d\vec{\xi}}{dP})$$

Ma risulta $\left[\text{loco citato in }^{6)},\text{ p. }177\text{ (4'); e p. 213, (31)}\right]$,

$$\text{rot}\,(\frac{d\vec{B}}{dP}\,\vec{\xi}) - 2V\,(\frac{d\vec{B}}{dP}\,\frac{d\vec{\xi}}{dP}) = \frac{d\,\text{rot}\,\vec{B}}{dP}\,\vec{\xi}\,,$$

perciò, nell'approssimazione considerata, si ha

$$(28) \quad \text{rot}_{P'}\vec{B}' \wedge \vec{B}' = \text{rot}\,\vec{B} \wedge \left[\vec{B} + (\frac{d\vec{\xi}}{dP} - \text{div}\,\vec{\xi})\vec{B}\right] + \left[\text{rot}\,\text{rot}(\vec{\xi} \wedge \vec{B}) + \right.$$

$$\left. + \frac{d\,\text{rot}\,\vec{B}}{dP}\,\vec{\xi}\right] \wedge \vec{B}$$

Infine si ha

$$(29)\ \frac{d\vec{v}'}{dt} = \frac{d\vec{v}}{dP}\,\vec{v} + \frac{d^2\vec{\xi}}{dt^2}\,, \quad (29')\ \rho'\,\frac{d\vec{v}'}{dt} = \rho\,(\frac{d\vec{v}}{dP} + \frac{d^2\vec{\xi}}{dt^2}) - \rho\,\frac{d\vec{v}}{dP}\,\vec{v}\cdot\text{div}\,\vec{\xi}$$

Sostituendo nell'equazione del moto

$$(30) \qquad \rho'\,\frac{d\vec{v}'}{dt} = -\,\text{grad}_{P'}p' + \text{rot}_{P'}\vec{B}' \wedge \vec{B}' - \rho'\,\text{grad}_{P'}\,\phi'$$

C. Agostinelli

e tenendo conto che per il moto stazionario è verificata la (8) , si ottiene

l'equazione

$$(31) \quad \frac{d^2 \vec{\xi}}{dt^2} = \gamma \, \mathrm{grad} \, (\mathrm{pdiv} \, \vec{\xi}) - \mathrm{div} \, \vec{\xi} \cdot \mathrm{grad}p + K \frac{d\vec{\xi}}{dP} \, \mathrm{grad}p +$$

$$+ \mathrm{rot}\vec{B} \wedge \frac{d\vec{\xi}}{dP}\vec{B} + \left[\mathrm{rot}\,\mathrm{rot}(\vec{\xi} \wedge \cdot \vec{B}) + \frac{d\mathrm{rot}\cdot\vec{B}}{dP} \, \vec{\xi} \right] \wedge \vec{B} - \rho \frac{d\,\mathrm{grad}\phi}{dP} \, \vec{\xi} \, .$$

La (31) è dunque l'equazione alla quale deve soddisfare lo spostamento nel moto perturbato.

In quanto alle condizioni ai limiti, se ci limitiamo a considera re il caso di un fluido contenuto in un recipiente fisso con parete metallica perfettamente conduttrice, esse sono

$$(32) \quad\quad \vec{B} \, x \, \vec{n} = 0 \, , \quad\quad \vec{v} \, x \, \vec{n} = 0$$

dove $\vec{n}$ è il versore della normale alla superficie. Esse devono essere verificate anche nel moto stazionario e per il moto perturbato dovrà essere

$$(32') \quad\quad\quad\quad \vec{\xi} \, x \, \vec{n} = 0$$

4.   E' utile osservare come in generale il sistema di equazioni (1)-(7) nel caso in cui l'energia potenziale ϕ del campo di forze esterne (non elet- tromagnetiche), non dipende esplicitamente dal tempo, ammette l'integrale dell'energia.

Invero, moltiplicando scalarmente ambo i membri della (1) per il vettore velocità $\vec{v}$, e integrando sopra tutto il volume τ occupa to dal fluido, si ha

C. Agostinelli

$$(33) \qquad \int_{\tau} \rho \, \frac{d\vec{v}}{dt} \times \vec{v} \, d\tau \; + \; \int_{\tau} \mathrm{grad}\; p \times \vec{v} \, d\tau \; -$$

$$- \int_{\tau} \mathrm{rot}\, \vec{B} \wedge \vec{B} \times \vec{v}. d\tau \; + \; \int_{\tau} \rho \, \mathrm{grad}\, \phi \times \vec{v}. d\tau \; = \; 0$$

Ora, tenendo conto dell'equazione di continuità, risulta

$$\rho \frac{d\vec{v}}{dt} \times \vec{v} = \frac{1}{2}\, \rho \, \frac{dv^2}{dt} = \frac{1}{2}\left[\frac{d}{dt}(\rho\, v^2) - \frac{d\rho}{dt}\, v^2\right] = \frac{1}{2}\left[\frac{\partial}{\partial t}(\rho\, v^2) + \right.$$

$$\left. + \mathrm{div}\,(\rho\, v^2.\vec{v})\right]$$

Integrando, applicando il teorema della divergenza e tenendo conto della seconda delle (32), si ha

$$\int_{\tau} \rho \, \frac{d\vec{v}}{dt} \times \vec{v}. d\tau = \frac{1}{2}\int_{\tau} \frac{\partial}{\partial t}(\rho\, v^2)d\tau = \frac{d}{dt}\int_{\tau} \frac{1}{2}\rho\, v^2. d\tau \; .$$

Analogamente, poichè $\mathrm{grad}\, p \times \vec{v} = \mathrm{div}(p\vec{v}) - p\, \mathrm{div}\, \vec{v}$, e

$$- p\, \mathrm{div}\, \vec{v} = \frac{p}{\rho}\,\frac{\partial \rho}{dt} = \frac{1}{\gamma}\,\frac{dp}{dt} = \frac{1}{\gamma}(\frac{\partial p}{\partial t} + \mathrm{grad}\; p \times \vec{v})$$

si ottiene

$$\int_{\tau} \mathrm{grad}\; p \times \vec{v}. d\tau = \frac{1}{\gamma}\left[\int_{\tau} \frac{\partial p}{\partial t}\, d\tau + \int_{\tau} \mathrm{grad}\; p \times \vec{v}. d\tau\right]$$

da cui

$$\int_{\tau} \mathrm{grad}.p \times \vec{v}. d\tau = \frac{d}{dt}\int_{\tau} \frac{p}{\gamma - 1}. d\tau$$

Osserviamo inoltre che per le (3) e (5) si ha

$$\mathrm{rot}\, \vec{B} \wedge \vec{B} \times v = \mathrm{rot}\, \vec{B} \times (\vec{B} \wedge \vec{v}) - \vec{B} \times \left[\mathrm{rot}(\vec{B} \wedge \vec{v}) + \frac{\partial \vec{B}}{\partial t}\right] =$$

$$= \mathrm{div}\left[\vec{B} \wedge (\vec{B} \wedge \vec{v})\right] - \vec{B} \times \frac{\partial \vec{B}}{\partial t} = \mathrm{div}(\vec{B} \times v.\vec{B} - B^2.\vec{v}) - \frac{1}{2}\frac{\partial B^2}{\partial t}$$

e quindi

$$\int_{\tau} \mathrm{rot}\, \vec{B} \wedge \vec{B} \times \vec{v}. d\tau = - \frac{1}{2}\int_{\tau} \frac{\partial B^2}{\partial t}. d\tau = - \frac{d}{dt}\int_{\tau} \frac{1}{2} B^2. d\tau \; .$$

C. Agostinelli

Infine si ha

$$\operatorname{grad}\phi \times \vec{v} = \operatorname{div}(\phi\,\rho\,\vec{v}) - \phi\,\operatorname{div}(\rho\,\vec{v}) = \operatorname{div}(\phi\,\rho\,\vec{v}) + \phi\,\frac{\partial\rho}{\partial t}$$

e se la funzione ϕ non contiene esplicitamente il tempo si ottiene

$$\int_{\tau}\rho\,\operatorname{grad}\phi \times \vec{v}\cdot d\tau = \int_{\tau}\phi\,\frac{\partial\rho}{\partial t}\cdot d\tau = \frac{d}{dt}\int_{\tau}\rho\,\phi\cdot d\tau \ .$$

Sostituendo nella (33) si ottiene subito

$$(34)\qquad \int_{\tau}\left(\frac{1}{2}\rho\,v^2 + \frac{p}{\gamma-1} + \frac{1}{2}B^2 + \rho\,\phi\right)d\tau = \text{cost.}$$

che è il noto integrale dell'energia. Esso sussisterà anche nel moto pertur bato considerato, sempre nell'ipotesi che l'energia potenziale ϕ' non con tenga esplicitamente il tempo.

Essendo $d\tau'$ l'elemento di volume del campo perturbato, in cui si è trasformato l'elemento $d\tau$ del campo stazionario, poichè dall'e- quazione di continuità risulta $\rho'd\tau'=\rho d\tau$, e quindi $d\tau' = I_3\,\beta\cdot d\tau$, ri- cordando le (17), (18), e (21), il corrispondente dell'integrale (34), relati- vo al campo τ', si trasforma nel seguente:

$$(35)\qquad \int_{\tau}\left[\frac{1}{2}\rho\,v'^2 + \frac{p}{(\gamma-1)(I_3\,\beta)^{\gamma-1}} + \frac{1}{2I_3\beta}(\beta\,\vec{B})^2 + \rho\,\phi'\right]d\tau = \text{cost.}$$

5. Ritornando ora all'equazione (31) del moto perturbato, se poniamo

$$(36)\qquad F\{\vec{\xi}\} = \gamma\,\operatorname{grad}(p\,\operatorname{div}\vec{\xi}) + \left(K\frac{d\vec{\xi}}{dP} - \operatorname{div}\vec{\xi}\right)\operatorname{grad}p + \operatorname{rot}\vec{B}\wedge\frac{d\vec{\xi}}{dP}\vec{B} +$$

$$+ \left[\operatorname{rot}\operatorname{rot}(\vec{\xi}\wedge\vec{B}) + \frac{d\operatorname{rot}\vec{B}}{dP}\vec{\xi}\right]\wedge\vec{B} - \rho\,\frac{d\operatorname{grad}\phi}{dP}\vec{\xi} \ ,$$

C. Agostinelli

dove F è un operatore differenziale vettoriale (lineare), essa si può scri<u>ri</u>vere più semplicemente

$$(37) \qquad \frac{d^2 \vec{\xi}}{dt^2} \;=\; F\left\{\vec{\xi}\right\}$$

L'operatore F è come si suol dire <u>autoaggiunto</u>, cioè, se $\vec{\xi}^*$ è un altro spostamento, soddisfacente anch'esso alla condizione $\vec{\xi}^* \times \vec{n} = 0$ sopra la superficie che limita il campo τ occupato dal fluido, sussiste la relazione

$$(38) \qquad \int_{\tau} F\left\{\vec{\xi}\right\} \times \vec{\xi}^* \, d\tau \;=\; \int_{\tau} F\left\{\vec{\xi}^*\right\} \times \vec{\xi} \cdot d\tau \ .$$

Infatti si ha

$$\mathrm{grad}(p \,\mathrm{div}\, \vec{\xi}\,) \times \vec{\xi}^* = \mathrm{div}(p \,\mathrm{div}\, \vec{\xi} \cdot \vec{\xi}^* - p \,\mathrm{div}\, \vec{\xi}^* \cdot \vec{\xi}\,) + \mathrm{grad}(p \,\mathrm{div}\, \vec{\xi}^*) \times \vec{\xi}$$

e quindi

$$(39) \qquad \int_{\tau} \mathrm{grad}(p \,\mathrm{div}\, \vec{\xi}\,) \times \vec{\xi}^* \cdot d\tau \;=\; \int_{\tau} \mathrm{grad}(p \,\mathrm{div}\, \vec{\xi}^*) \times \vec{\xi} \cdot d\tau \;=\;$$

$$= - \int_{\tau} p \,\mathrm{div}\, \vec{\xi} \cdot \mathrm{div}\, \vec{\xi}^* \cdot d\tau \ .$$

Si ha inoltre

$$(K\frac{d\vec{\xi}}{dP} - \mathrm{div}\, \vec{\xi}\,) \,\mathrm{grad}p \times \vec{\xi}^* = \mathrm{grad}p \times (\frac{d\vec{\xi}}{dP} - \mathrm{div}\, \vec{\xi}\,) \vec{\xi}^* \;=\;$$

$$= \mathrm{grad}\, p \times \left[\mathrm{rot}(\vec{\xi} \wedge \vec{\xi}^*) + (\frac{d\vec{\xi}^*}{dP} - \mathrm{div}\, \vec{\xi}^*\,) \vec{\xi} \right] \;=\;$$

$$= \mathrm{div}\left[(\vec{\xi} \wedge \vec{\xi}^*) \wedge \mathrm{grad}p \right] + \mathrm{grad}p \times (\frac{d\vec{\xi}^*}{dP} - \mathrm{div}\, \vec{\xi}^*\,) \vec{\xi}$$

C. Agostinelli

da cui integrando si ottiene

$$(40) \quad \int_{\tau} \left(K\frac{d\vec{\xi}}{dP} - \mathrm{div}\,\vec{\xi} \right) \mathrm{grad}\,p \times \vec{\xi}^{*} d\tau = \int_{\tau} \left(K\frac{d\vec{\xi}^{*}}{dP} - \mathrm{div}\,\vec{\xi}^{*} \right) \mathrm{grad}\,p \times \vec{\xi} \, . \, d\tau \, .$$

Osserviamo ora che sussiste la relazione facile da dimostrare

$$\mathrm{grad}\,(\mathrm{rot}\,\vec{B} \times \vec{B} \wedge \vec{\xi}^{*}) \times \vec{\xi} = \frac{d\,\mathrm{rot}\,\vec{B}}{dP}\,\vec{\xi} \times \vec{B} \wedge \vec{\xi}^{*} + \mathrm{rot}\,\vec{B} \times \frac{d(\vec{B} \wedge \vec{\xi}^{*})}{dP}\,\vec{\xi} \, ,$$

da cui si ha

$$\frac{d\,\mathrm{rot}\,\vec{B}}{dP}\,\vec{\xi} \times \vec{B} \wedge \vec{\xi}^{*} = \mathrm{grad}(\mathrm{rot}\,\vec{B} \times \vec{B} \wedge \vec{\xi}^{*}) \times \vec{\xi} - \mathrm{rot}\,\vec{B} \times \frac{d(\vec{B} \wedge \vec{\xi}^{*})}{dP}\,\vec{\xi} =$$

$$= \mathrm{div}\,(\mathrm{rot}\,\vec{B} \times \vec{B} \wedge \vec{\xi}^{*} . \vec{\xi}) - \mathrm{rot}\,\vec{B} \times \vec{B} \wedge \vec{\xi}^{*} . \,\mathrm{div}\,\vec{\xi} - \mathrm{rot}\,\vec{B} \times \left(\frac{d\vec{B}}{dP}\,\vec{\xi} \wedge \vec{\xi}^{*} + \vec{B} \wedge \frac{d\vec{\xi}^{*}}{dP} . \vec{\xi} \right) .$$

Si ricava quindi

$$\left(\frac{d\,\mathrm{rot}\,\vec{B}}{dP}\,\vec{\xi} \wedge \vec{B} + \mathrm{rot}\,\vec{B} \wedge \frac{d\vec{\xi}}{dP}\,\vec{B} \right) \times \vec{\xi}^{*} = \mathrm{div}\,(\mathrm{rot}\,\vec{B} \times \vec{B} \wedge \vec{\xi}^{*} . \vec{\xi}) +$$

$$+ \mathrm{rot}\,\vec{B} \wedge \left(\frac{d\vec{\xi}}{dP} - \mathrm{div}\,\vec{\xi} \right) \vec{B} \times \vec{\xi}^{*} - \mathrm{rot}\,\vec{B} \times \left(\frac{d\vec{B}}{dP}\,\vec{\xi} \wedge \vec{\xi}^{*} + \vec{B} \wedge \frac{d\vec{\xi}^{*}}{dP}\,\vec{\xi} \right) .$$

Tenendo conto che $\mathrm{div}\,\vec{B} = 0$, e applicando note formule che dànno la divergenza del prodotto vettoriale di due vettori, si ottiene

$$\left(\frac{d\,\mathrm{rot}\,\vec{B}}{dP}\,\vec{\xi} \wedge \vec{B} + \mathrm{rot}\,\vec{B} \wedge \frac{d\vec{\xi}}{dP}\,\vec{B} \right) \times \vec{\xi}^{*} = \mathrm{div}\,(\mathrm{rot}\,\vec{B} \times \vec{B} \wedge \vec{B} . \vec{\xi}) +$$

$$+ \mathrm{div}\left[(\vec{\xi} \wedge \vec{B}) \wedge (\vec{\xi}^{*} \wedge \mathrm{rot}\,\vec{B}) \right] + \frac{d\,\mathrm{rot}\,\vec{B}}{dP}\,\vec{\xi}^{*} \wedge \vec{B} \times \vec{\xi} -$$

$$- \left(\frac{d\vec{\xi}^{*}}{dP} - \mathrm{div}\,\vec{\xi}^{*} \right) \mathrm{rot}\,\vec{B} \wedge \vec{B} \times \vec{\xi} - K\frac{d\vec{\xi}^{*}}{dP}\,(\mathrm{rot}\,\vec{B} \wedge \vec{B}) \times \vec{\xi} \quad .$$

C. Agostinelli

Ma per una nota formula di calcolo vettoriale (loco citato in 6), p. 68), la somma degli ultimi due termini del secondo membro (presi col segno -),

vale $\quad \mathrm{rot}\, \vec{B} \wedge \dfrac{d\vec{\xi}^{*}}{dP}\ \vec{B} \times \vec{\xi}$, perciò integrando si ha

$$(41) \qquad \int_{\tau} \left(\frac{d\,\mathrm{rot}\,\vec{B}}{dP}\ \vec{\xi} \wedge \vec{B} + \mathrm{rot}\vec{B} \wedge \frac{d\vec{\xi}}{dP}\ \vec{B} \right) \times \vec{\xi}^{*}.d\tau \ =$$

$$= \int_{\tau} \left(\frac{d\,\mathrm{rot}\,\vec{B}}{dP}\ \vec{\xi}^{*} \wedge \vec{B} + \mathrm{rot}\vec{B} \wedge \frac{d\vec{\xi}^{*}}{dP}\ \vec{B} \right) \times \vec{\xi} \ .d\tau \quad .$$

Si ha ancora

$$\mathrm{rot}\,\mathrm{rot}\,(\ \vec{\xi} \wedge \vec{B}) \wedge \vec{B} \times \vec{\xi}^{*} = - \mathrm{div}\left[\mathrm{rot}\,(\ \vec{\xi} \wedge \vec{B}) \wedge (\ \vec{\xi}^{*} \wedge \vec{B}) \right] -$$

$$- \mathrm{rot}\,(\ \vec{\xi} \wedge \vec{B}) \times \mathrm{rot}\,(\ \vec{\xi}^{*} \wedge \vec{B})$$

e pertanto

$$(42) \quad \int_{\tau} \mathrm{rot}\,\mathrm{rot}\,(\ \vec{\xi} \wedge \vec{B}) \wedge \vec{B} \times \vec{\xi}^{*}.d\tau \ = - \int_{\tau} \mathrm{rot}\,(\ \vec{\xi} \wedge \vec{B}) \times \mathrm{rot}\,(\ \vec{\xi}^{*} \wedge \vec{B}).d\tau$$

Infine è ovviamente

$$(43) \qquad \int_{\tau} \rho\, \frac{d\,\mathrm{grad}\,\Phi}{dP}\ \vec{\xi} \times \vec{\xi}^{*}.d\tau \ = \int_{\tau} \rho\, \frac{d\,\mathrm{grad}\,\Phi}{dP}\ \vec{\xi}^{*} \times \vec{\xi} \ .d\tau \quad .$$

Le relazioni (39), (40), (41), (42) e (43) dimostrano la proprietà espressa dalla (38), che cioè l'operatore F è autoaggiunto.

6. Passiamo ora a considerare la stabilità del dato moto stazionario. Poichè risulta

$$\frac{d\vec{\xi}}{dt} = \frac{\partial\vec{\xi}}{\partial t} + \frac{d\vec{\xi}}{dP}\ \vec{v};\quad \frac{d^{2}\vec{\xi}}{dt^{2}} = \frac{\partial^{2}\vec{\xi}}{\partial t^{2}} + 2\frac{d}{dP}\left(\frac{\partial\vec{\xi}}{\partial t}\right)\vec{v} + \frac{d}{dP}\left(\frac{d\vec{\xi}}{dP}\ \vec{v}\right)\vec{v}$$

C. Agostinelli

e poichè il tempo non figura esplicitamente nell'equazione (37), possiamo cercare soluzioni della forma

$$(44) \qquad \vec{\xi} = e^{\,i\,\Omega\,t}\;\vec{\eta}\,(P)\;.$$

L'equazione del moto (37) porge allora

$$(45) \qquad \rho\left[-\Omega^2\,\vec{\xi} + 2i\,\Omega\,\frac{d\vec{\xi}}{dP}\,\vec{v} + \frac{d}{dP}\left(\frac{d\vec{\xi}}{dP}\,\vec{v}\right)\vec{v}\right] = F\left\{\vec{\xi}\right\}$$

Questa equazione, dove $\vec{\xi}$ è un vettore complesso della forma $\vec{\xi} = \vec{\xi}_1 + i\,\vec{\xi}_2$, equivale ad un sistema di sei equazioni differenziali scalari fra quantità reali, in cui la pulsazione Ω figura come un parametro. La natura fisica del problema fa prevedere l'esistenza di auto- valori del parametro Ω e di autosoluzioni $\vec{\xi}$ dell'equazione (45), soddisfacenti alla condizione $\vec{\xi} \times \vec{n} = 0$ sopra la superficie limite. Ad autovalori reali di Ω corrisponderanno oscillazioni stabili, mentre autovalori complessi daranno luogo ad instabilità.

Per avere ora una condizione che assicuri la stabilità, moltiplichiamo scalarmente ambo i membri della (45) per il vettore $\vec{\bar{\xi}} = \vec{\xi}_1 - i\,\vec{\xi}_2$, coniugato di $\vec{\xi}$ e integriamo rispetto al volume τ occupato dal fluido.

Ponendo

$$(46) \quad A = \int_\tau \rho\,\vec{\xi} \times \vec{\bar{\xi}}\,d\tau\;;\quad B = -i\int_\tau \rho\,\frac{d\vec{\xi}}{dP}\,\vec{v} \times \vec{\bar{\xi}}\,d\tau\;;$$

$$C = -\int_\tau \rho\,\frac{d}{dP}\left(\frac{d\vec{\xi}}{dP}\,\vec{v}\right)\vec{v} \times \vec{\bar{\xi}}\,d\tau\;.$$

si ottiene

$$(47) \qquad -A\,\Omega^2 - 2\,B\,\Omega - C = \int_\tau F\left\{\vec{\xi}\right\} \times \vec{\bar{\xi}}\,d\tau\;.$$

C. Agostinelli

Il coefficiente A è evidentemente reale e positivo; così pure sono reali B e C. Invero, prendendo il coniugato $\hat{B}$ di B, e facendo la differenza, si ha

$$B - \hat{B} = - i \int_{\tau} \rho \left(\frac{d\vec{\xi}}{dP} \vec{v} \times \vec{\xi} + \frac{d\vec{\xi}}{dP} \vec{v} \times \vec{\xi} \right) d\tau = - i \int_{\tau} \rho \, \mathrm{grad}\,(\vec{\xi} \times \vec{\xi}) \times \vec{v} . \, d\tau =$$

$$= - i \int_{\tau} \left[\mathrm{div}\,(\vec{\xi} \times \vec{\xi} \cdot \rho \vec{v}) - \vec{\xi} \times \vec{\xi} \cdot \mathrm{div}\,(\rho \vec{v}) \right] d\tau \quad .$$

Ma $\mathrm{div}\,(\rho \vec{v}) = 0$, e l' $\int_{\tau} \mathrm{div}\,(\vec{\xi} \times \vec{\hat{\xi}} \cdot \rho \vec{v}) \, d\tau$, è nullo, poichè in superficie è $\vec{v} \times \vec{n} = 0$, ne segue che è $B = \hat{B}$, e quin_di B è reale.

Analogamente, in virtù dell'identità

$$\frac{d}{dP} \left(\frac{d\vec{\xi}}{dP} \vec{v} \right) \vec{v} \times \vec{\xi} = \mathrm{grad}\,\left(\frac{d\vec{\xi}}{dP} \vec{v} \times \vec{\xi} \right) \times \vec{v} - \frac{d\vec{\xi}}{dP} \vec{v} \times \frac{d\vec{\xi}}{dP} \vec{v} ,$$

si ottiene

$$(48) \qquad C = - \int_{\tau} \rho \, \frac{d}{dP} \left(\frac{d\vec{\xi}}{dP} \vec{v} \right) \vec{v} \times \vec{\xi} \, . d\tau = \int_{\tau} \rho \, \frac{d\vec{\xi}}{dP} \vec{v} \times \frac{d\vec{\xi}}{dP} \vec{v} . d\tau$$

e quindi il coefficiente C è reale e positivo.

Il secondo membro della (47) è pure reale, come si riconosce subito ricordando che l'operatore F è autoaggiunto e quindi

$$\int_{\tau} F\{\vec{\xi}\} \times \vec{\xi} \, d\tau = \int_{\tau} F\{\vec{\xi}\} \times \vec{\xi} . d\tau = \frac{1}{2} \int_{\tau} \left[F\{\vec{\xi}\} \times \vec{\hat{\xi}} + F\{\vec{\hat{\xi}}\} \times \vec{\xi} \right] d\tau \quad .$$

Se perciò poniamo ancora

$$(49) \qquad\qquad D = \int_{\tau} F\{\vec{\xi}\} \times \vec{\xi} \, . d\tau \quad ,$$

si ha

C. Agostinelli

$$(50) \qquad A\,\Omega^2 + 2B\,\Omega + C + D = 0,$$

ed Ω risulterà reale se

$$(51) \qquad B^2 - A\,(C+D) > 0 \quad \text{cioè} \quad \frac{1}{2}\frac{B^2}{A} - \frac{1}{2}(C+D) > 0$$

Dunque se esiste uno spostamento $\vec{\xi}$ soddisfacente all'equazione (45) e alla condizione in superficie $\vec{\xi} \times \vec{n} = 0$, per cui il primo membro delle (51) è negativo, allora il moto stazionario considerato è in stabile.

Osserviamo che dalla (14) si ha che $\vec{v} + \dfrac{d\vec{\xi}}{dP}\,\vec{v}$ rappresenta la velocità di trascinamento che si ha nel punto $P' = P + \vec{\xi}$, all'istante t, per effetto del moto permanente, e che $\dfrac{\partial\vec{\xi}}{\partial t}$ rappresenta invece la velocità relativa dovuta alla perturbazione. Segue allora dalla (37) che la variazione nell'unità di tempo dell'energia potenziale in detto moto relativo, vale

$$-\frac{1}{2}\int_\tau \left[F\{\vec{\xi}\} \times \frac{\partial\vec{\xi}}{\partial t} + F\{\vec{\xi}\} \times \frac{\partial\vec{\xi}}{\partial t} \right] d\tau = -\frac{1}{2}\int_\tau \left[F\{\vec{\xi}\} \times \frac{\partial\vec{\xi}}{\partial t} + \right.$$

$$\left. + F\left\{\frac{\partial\vec{\xi}}{\partial t}\right\} \times \vec{\xi} \right] d\tau = -\frac{1}{2}\int_\tau \frac{\partial}{\partial t}\left[F\{\vec{\xi}\} \times \vec{\xi} \right] d\tau = -\frac{1}{2}\frac{d}{dt}\int_\tau F\{\vec{\xi}\} \times \vec{\xi}\, d\tau \ .$$

e quindi

$$(52) \qquad \delta W = -\frac{1}{2}\,D = -\frac{1}{2}\int_\tau F\{\vec{\xi}\} \times \vec{\xi}\,.d\tau \ .$$

rappresenta l'energia potenziale nel moto perturbato relativo.

La quantità

$$-\frac{1}{2}\,C = -\frac{1}{2}\int_\tau \rho\,\frac{d\vec{\xi}}{dP}\,\vec{v} \times \frac{d\vec{\xi}}{dP}\,\vec{v}\, d\tau$$

C. Agostinelli

si può dire invece che rappresenta l'energia di deformazione nel moto di trascinamento. Il rapporto $\frac{1}{2}\frac{B^2}{A}$, che è positivo, rappresenta anche una energia dipendente pure dal moto di trascinamento o se si vuole dalle forze di Coriolis.

La (51) mostra allora che affinchè vi sia instabilità, la somma algebrica $-\frac{1}{2}(C + D)$ dell'energia di deformazione e dell'energia potenziale deve essere necessariamente negativa.

Il teorema inverso evidentemente non è vero, poichè la (51) può essere verificata anche con $-(C + D) < 0$, se B^2 è sufficientemente grande.

Nel caso in cui si parte da una configurazione di equilibrio statico, poichè allora è $\vec{v} = 0$, e quindi $B = 0$, $C = 0$, la condizione di instabilità si riduce a quella ben nota $\left[\text{cfr. Memoria citata in (2)}\right]$

$$-\frac{1}{2} D = \delta W < 0,$$

che cioè la variazione di energia potenziale sia negativa, e questa condizione in tal caso è necessaria e sufficiente.

7. Vogliamo ora far vedere, applicando i noti metodi del calcolo delle variazioni, come i valori estremi di Ω sono autovalori dell'equazione (45).

Infatti, sia $\delta\vec{\xi}$ un incremento arbitrario dello spostamento $\vec{\xi}$, assoggettato alla sola condizione di essere tangente alla superficie limite $\mathcal{G}$ del campo $\mathcal{t}$ occupato dal fluido, e indichiamo con $\delta\vec{\xi}$ il suo coniugato. Prendendo allora la variazione di ambo i membri della (50), e ponendo quindi $\delta\Omega = 0$, si ottiene

$$(55) \qquad \Omega^2 \, \delta A + 2\,\Omega \, \delta B + \delta C + \delta D = 0$$

C. Agostinelli

Ora risulta

$$\delta A = \int_\tau \rho \left(\delta\vec{\xi} \times \dot{\vec{\hat{\xi}}} + \vec{\hat{\xi}} \times \delta\dot{\vec{\hat{\xi}}} \right) d\tau$$

$$\delta B = -i \int_\tau \rho \left[\delta\left(\frac{d\vec{\xi}}{dP}\,\vec{v}\right) \times \vec{\hat{\xi}} + \frac{d\vec{\xi}}{dP}\,\vec{v} \times \delta\vec{\hat{\xi}} \right] d\tau \ .$$

Ma

$$\int_\tau \rho\, \delta\left(\frac{d\vec{\hat{\xi}}}{dP}\,\vec{v}\right) \times \vec{\hat{\xi}}\, d\tau = \int_\tau \rho \left(\frac{d\,\delta\vec{\hat{\xi}}}{dP}\,\vec{v}\right) \times \vec{\hat{\xi}}\, d\tau =$$

$$= \int_\tau \rho\, \mathrm{grad}\left(\delta\vec{\xi} \times \vec{\hat{\xi}} \right) \times \vec{v}.d\tau - \int_\tau \rho\left(\frac{d\vec{\hat{\xi}}}{dP}\,\vec{v}\right) \times \delta\vec{\xi}\,.d\tau = - \int_\tau \rho\left(\frac{d\vec{\hat{\xi}}}{dP}\,\vec{v}\right) \times \delta\vec{\xi}\,.$$

poichè per il teorema della divergenza e per l'equazione di continuità il pri

mo integrale del terzo membro è nullo, ne segue

$$\delta B = -i\int_\tau \rho \left(\frac{d\vec{\xi}}{dP}\,\vec{v} \times \delta\vec{\hat{\xi}} - \frac{d\vec{\hat{\xi}}}{dP}\,\vec{v} \times \delta\vec{\xi} \right) d\tau \ .$$

Analogamente dalla (48) si ha

$$\delta C = \int_\tau \rho \left(\frac{d\,\delta\vec{\xi}}{dP}\,\vec{v} \times \frac{d\vec{\hat{\xi}}}{dP}\,\vec{v} + \frac{d\vec{\xi}}{dP}\,\vec{v} \times \frac{d\,\delta\vec{\hat{\xi}}}{dP}\,\vec{v} \right) d\tau =$$

$$= \int_\tau \rho \left[\mathrm{grad}\left(\delta\vec{\xi} \times \frac{d\vec{\xi}}{dP}\,\vec{v}\right) \times \vec{v} + \mathrm{grad}\left(\delta\vec{\xi} \times \frac{d\vec{\xi}}{dP}\,\vec{v}\right) \times \vec{v} \right] d\tau -$$

$$- \int_\tau \rho \left[\frac{d}{dP}\left(\frac{d\vec{\xi}}{dP}\,\vec{v}\right)\vec{v} \times \delta\vec{\xi} + \frac{d}{dP}\left(\frac{d\vec{\xi}}{dP}\,\vec{v}\right)\vec{v} \times \delta\vec{\hat{\xi}} \right] d\tau \ .$$

Ma anche qui il primo integrale del secondo membro è nullo,

perciò

$$\delta C = - \int_\tau \rho \left[\frac{d}{dP}\left(\frac{d\vec{\xi}}{dP}\,\vec{v}\right)\vec{v} \times \delta\vec{\xi} + \frac{d}{dP}\left(\frac{d\vec{\xi}}{dP}\,\vec{v}\right)\vec{v} \times \delta\vec{\hat{\xi}} \right] d\tau \ .$$

Infine per la proprietà autoaggiunta dell'operatore F, si ha

C. Agostinelli

$$\delta D = \int_{\tau} \left[F\{\delta \vec{\xi}\} \times \vec{\hat{\xi}} + F\{\vec{\xi}\} \times \delta \vec{\hat{\xi}} \right] d\tau = \int_{\tau} \left[F\{\vec{\hat{\xi}}\} \times \delta \vec{\xi} + F\{\vec{\xi}\} \times \delta \vec{\hat{\xi}} \right] d\tau$$

Sostituendo nella (53) in luogo di $\delta A, \delta B, \delta C, \delta D$, i valori trovati, per l'arbitrarietà di $\delta \vec{\xi}$ e del suo coniugato $\delta \vec{\hat{\xi}}$, si deduce proprio l'equazione (45) e quella che si ha prendendo i coniugati di ambo i membri. Ne segue che se esiste uno spostamento $\vec{\xi}$ che rende minimo (o massimo) il valore di Ω definito dalla (50), questo valore minimo (o massimo) rappresenterà un limite di instabilità per la frequenza di oscillazione.

8. Osserviamo infine come nel caso particolarmente importante in cui il moto permanente si riduce a una rotazione intorno a un asse z con velocità angolare costante $\vec{\omega}$, indicando con φ l'angolo di rotazione, l'equazione (45) diventa

$$(54) \qquad \rho \left(\Omega^2 \vec{\xi} + 2i\omega\Omega \frac{\partial \vec{\xi}}{\partial \varphi} + \omega^2 \frac{\partial^2 \vec{\xi}}{\partial \varphi^2} \right) = F\{\vec{\xi}\}$$

In questo caso, posto

$$B_1 = - i \int_{\tau} \rho \frac{\partial \vec{\xi}}{\partial \varphi} \times \vec{\xi} \cdot d\tau \ , \qquad C_1 = \int_{\tau} \rho \frac{\partial \vec{\xi}}{\partial \varphi} \times \frac{\partial \vec{\hat{\xi}}}{\partial \varphi} d\tau$$

si ha

$$B = \omega B_1 \qquad , \qquad C = \omega^2 C_1$$

e la condizione di stabilità (51) porge

$$\omega^2 (B_1 - A C_1) - A D > 0$$

C. Agostinelli

da cùi si può dedurre l'influenza che le azioni centrifughe hanno sulla stabilità.

Considerando uno spostamento $\vec{\xi}$ della forma

$$(55) \qquad \vec{\xi} = e^{\,i(\Omega t - n\varphi)}\,\vec{\eta}\,(r,z)$$

con n intero ed $\vec{\eta}$ vettore le cui componenti cilindriche $\eta_r,\ \eta_\varphi,\ \eta_z$ dipendono soltanto da r e da z, e indicando con $\vec{k}$ il versore dell'asse z, si ha

$$\frac{\partial\vec{\xi}}{\partial\varphi} = - in\,\vec{\xi} + \vec{k}\wedge\vec{\xi}\,; \qquad \frac{\partial^2\vec{\xi}}{\partial\varphi^2} = - n^2\,\vec{\xi} - 2in\,\vec{k}\wedge\vec{\xi} + (\vec{k}\wedge\,)^2\vec{\xi}$$

La (54) porge allora

$$(56) \qquad \rho\left[-(\Omega - n\omega)^2\,\vec{\xi} + 2i\omega(\Omega - n\omega)\,\vec{k}\wedge\vec{\xi} + \omega^2(k\wedge\,)^2\,\vec{\xi}\right] = F\{\vec{\xi}\}$$

e se indichiamo con $\xi_r,\ \xi_\varphi,\ \xi_z$ le componenti cilindriche dello spostamento $\vec{\xi}$, risulta

$$\vec{k}\wedge\vec{\xi}\ \times\ \vec{\hat{\xi}} = \xi_r\,\hat{\xi}_\varphi - \hat{\xi}_r\,\xi_\varphi\,; \qquad (k\wedge\,)^2\,\vec{\xi}\ \times\ \vec{\hat{\xi}} = -(\xi_r\,\hat{\xi}_r + \xi_\varphi\,\hat{\xi}_\varphi).$$

Dimodochè se la componente trasversale ξ_φ dello spostamento $\vec{\xi}$ è nulla, moltiplicando ambo i membri della (56) scalarmente per $\vec{\hat{\xi}}$, e integrando rispetto al campo τ, si deduce

$$(\Omega - n\omega)^2\int_\tau \rho\,\vec{\xi}\times\vec{\hat{\xi}}\,d\tau = -\omega^2\int_\tau \rho\,\xi_r\,\hat{\xi}_r\,d\tau - \int_\tau F\{\vec{\xi}\}\times\vec{\hat{\xi}}\,d\tau\,.$$

In questo caso se

$$\omega^2\int_\tau \rho\,\xi_r\,\hat{\xi}_r\,d\tau + \int_\tau F\{\vec{\xi}\}\times\vec{\hat{\xi}}\,.d\tau < 0$$

C. Agostinelli

si avranno autovalori positivi di $(\Omega - n\,\omega)^2$ e le corrispondenti oscillazioni saranno stabili. Il limite di instabilità in questo caso si otterrà mini mizzando l'espressione di $(\Omega - n\,\omega)^2$ che si ricava dalla (57).

Giova osservare come in quest'ultimo caso considerato due au tosoluzioni distinte $\vec{\xi}$, $\vec{\xi}^{\,*}$, dell'equazione (56) soddisfano alla condizione di ortogonalità

$$\int_{\tau} \rho\,\vec{\xi} \times \vec{\xi}^{\,*}\,d\tau \;=\; 0.$$

C. Agostinelli

RIFERIMENTI

1) S. Chandrasekhar, On the inhibition of connection by a magnetic fluid, "Phil. Mag ." 7 , 43, 501-32 (1952); Idem, The stability of viscous flow between rotating cylinders in the presence of a magnetic field, "Proc. Roy. Soc.", A 216, 293-309 (1953); Idem, The instability of a Layer of fluid heated below and subject to Coriolis forces, "Proc. Roy. Soc." A 257, 3d-27 (1953). Idem, The gravitational instability of an infinite homogeneous medium when Coriolis force is acting and a magnetic field is present, " A-strophys. J." 119, 7-9 (1954). Idem, Hydrodinamic and Hydromagnetic Stability, "Oxford at the Claredon Presse", 1961.

2) J. B. Bernstein, E. A. Frieman, M. D. Kruskal and R. M. Kulsrud, An energy principle for hydromagnetic stability problems, "Proc. Roy. Soc. London", A 244, 14-40 (1958).

3) Lord Rayleigh, The theorie of sound, 1877.

4) S. Lundquist On the stability of magneto-hydrostatic fields, "Phys. Rev." $\left[2\right]$, 83, 307-311 (1951).

5) C. Agostinelli, Sulle equazioni dell'equilibrio adiabatico magneto-dinami co di una massa gassosa uniformemente rotante e gravitante, "Rendiconti dell'Accad. Naz. dei Lincei", serie VIII, vol. XXVI, fasc. 5, Maggio 1959; Idem, Sull'equilibrio adiabatico magnetodinamico di una massa fluida gasso-sa gravitante, in rotazione non uniforme, ibidem, serie VIII, vol. XXVIII, fasc. 3, Marzo 1960.

6) C. Burali-Forti e R. Marcolango, Analisi vettoriale generale, Trasfor-mazioni lineari, Cap. II, § 2 (Zanichelli, Bologna 1929).

C. Agostinelli

SUL MOTO DI UN FLUIDO ELETTRICAMENTE CONDUTTORE
PER DATE CONDIZIONI DI DISTRIBUZIONE
DELLE CORRENTI DI CONDUZIONE E DEI VORTICI.

1. INTRODUZIONE. Uno dei modi con cui può essere affrontato il problema del moto di una massa fluida elettricamente conduttrice, in cui si genera
un campo magnetico, è quello di supporre assegnato in ogni punto del campo in cui si muove il fluido, e in ogni istante, la densità di corrente di conduzione e il vettore vortice. Questo modo di saggiare i problemi magneto
fluidodinamici è stato da me recentemente considerato in alcuni lavori[1],
suggerito dal problema classico della determinazione del moto di un fluido
essendo data la distribuzione dei vortici.

Senonchè qui la questione diventa più complicata per l'interazione tra il moto del fluido e il campo magnetico e la presenza delle correnti di conduzione.

In ogni modo, limitandomi per ora a considerare il fluido come
incompressibile, mobile in un recipiente qualsiasi, semplicemente connesso,
nell'ipotesi che sia assegnata la componente normale del campo magnetico
in superficie, dimostro come la questione si riduce alla risoluzione di problemi di Neumann per le funzioni armoniche e che inoltre il problema idromagnetico si può ricondurre alle quadrature quando il vortice e la corrente
di conduzione verificano due condizioni che consistono in due equazioni differenziali vettoriali alle derivate parziali e che derivano, l'una dalle equazioni maxwelliane del campo, l'altra dall'equazione euleriana del moto.

La corrente di conduzione e il vortice, che sono stati supposti
assegnati, vanno dunque determinati a posteriori in modo da soddisfare le

C. Agostinelli

dette condizioni e in ciò consiste la parte più difficile del problema.

Un caso particolare, di notevole interesse, è quello in cui le linee di corrente e le linee vorticose sono sempre rette, in generale non pa rallele, nel quale la corrente di conduzione e il vortice dipendano solo dal tempo e non dal punto.

In questo caso, supposto che il recipiente in cui si muove il fluido sia un ellissoide a tre assi, mobile di moto traslatorio, e che i valori assegnati in superficie della componente normale del campo magnetico siano gli stessi di quelli che determinerebbe un dipolo magnetico posto nel centro, dimostro come il problema si risolve con quadrature, mettendo in evidenza il seguente notevole teorema di equivalenza:

Esiste un movimento magnetoidrodinamico di un fluido elettricamente conduttore incomprimibile, in un recipiente ellissoïdale, dotato di moto traslatorio in cui le linee di corrente e le linee vorticose sono rette; questo movimento, che si determina con quadrature, è equivalente, dal punto di vista analitico, a quello di un solido con un punto fisso, le cui molecole sono attratte da un piano fisso con forze proporzionali alla distanza (Problema di De Brun[2]).

Particolarmente importante è il caso in cui l'ellissoide si riduce ad una sfera nel quale il vortice è anche costante rispetto al tempo e il moto interno della massa fluida si riduce ad una rotazione rigida uniforme. In tal caso si hanno per le componenti della corrente di conduzione valori variabili periodicamente col tempo, con lo stesso periodo di rotazione della massa fluida, mentre le componenti del momento magnetico del dipolo equi valente al campo interno, risultano funzioni oscillanti del tempo, in genera le non periodiche.

C. Agostinelli

Ma se la traslazione d'insieme è uniforme e non è ortogonale all'asse di rotazione della massa fluida, si presenta la circostanza notevole di un fenomeno di risonanza in cui l'ampiezza delle oscillazioni del momento magnetico del dipolo va crescendo indefinitamente col tempo. Ne segue che una traslazione molto prossima al moto uniforme darà luogo ad un momento magnetico del dipolo quasi periodico rispetto al tempo, ma di ampiezza molto grande. Questo risultato può spiegare come risulta dalle osservazioni, l'esistenza di stelle con campi magnetici variabili e di forte intensità.

Se poi la velocità di traslazione, oltre ad essere costante, è ortogonale all'asse di rotazione, o nulla, il momento magnetico del dipolo equivalente è pure costante in grandezza e direzione.

2. POSIZIONE DEL PROBLEMA E UNICITA' DELLA SOLUZIONE.

Se ci riferiamo a un fluido elettricamente conduttore, che si comporti come incomprimibile, e supponiamo che si possa trascurare la corrente di spostamento in confronto della corrente di conduzione, le equazioni idromagnetiche da considerare, col solito significato dei simboli, sono:

$$(1)\ \mathrm{rot}\ \vec{B} = \vec{I}$$

$$(2)\ \mathrm{rot}\ \vec{E} = -\frac{\partial \vec{B}}{\partial t}$$

$$(3)\ \vec{I} = \sigma\,(\vec{E} + \vec{v} \wedge \vec{B})$$

$$(4)\ \mathrm{div}\ \vec{B} = 0\ ,$$

$$(5)\ \frac{\partial \vec{v}}{\partial t} + \mathrm{rot}\ \vec{v} \wedge \vec{v} = \frac{1}{\rho}\ \vec{I} \wedge \vec{B} - \mathrm{grad}\,(\frac{1}{\rho}p - U + \frac{1}{2}v^2)$$

$$(6)\ \mathrm{div}\ \vec{v} = 0.$$

Supposto inoltre che il fluido si muova in un recipiente che occupa un volu-

C. Agostinelli

me semplicemente connesso τ , dotato di moto di traslazione con velocità $\vec{v}_0$ e che sulla superficie sia assegnata la componente normale B_n del campo magnetico, le condizioni ai limiti sono

$$(7) \quad \vec{B} \times \vec{n} = B_n \ , \qquad\qquad (8) \quad (\vec{v} - \vec{v}_0) \times \vec{n} = 0 \ ,$$

dove $\vec{n}$ è il versore della normale (interna) alla parete Σ del recipeinte.

Il problema considerato consiste nel determinare il vettore $\vec{B}$ del campo magnetico in ogni punto interno e in ogni istante, essendo asasegnata la corrente di conduzione $\vec{I}$ in ogni punto del campo e in ogni istante in modo che sulla superficie limite Σ sia verificata la (7). Si tratterà inoltre di determinare la velocità $\vec{v}$ delle particelle fluide essendo data la distribuzione del vortice $\vec{\omega}$, tale cioè che sia

$$(9) \qquad\qquad\qquad \mathrm{rot}\ \vec{v} = 2\ \vec{\omega}$$

e che sulla superficie limite Σ sia verificata la condizione (8).

I vettori $\vec{I}$ ed $\vec{\omega}$, in virtù della (1) e della (9), devono ovviamente verificare le condizioni

$$(10) \quad \mathrm{div}\ \vec{I} = 0 \ , \qquad\qquad (10') \quad \mathrm{div}\ \vec{\omega} = 0 \ .$$

Si riconosce facilmente, coi soliti procedimenti, che il problema non può ammettere che una sola soluzione. Infatti, se esistessero due soluzioni $(\vec{B}_1, \vec{v}_1)$, $(\vec{B}_2, \vec{v}_2)$, per le (1) e (9) si avrebbe

$$\mathrm{rot}\ (\vec{B}_1 - \vec{B}_2) = 0 \ , \qquad \mathrm{rot}\ (\vec{v}_1 - \vec{v}_2) = 0 \ ,$$

e così pure, per le (4) e (6),

$$\mathrm{div}\ (\vec{B}_1 - \vec{B}_2) = 0 \ , \qquad \mathrm{div}\ (\vec{v}_1 - \vec{v}_2) = 0.$$

C. Agostinelli

In conseguenza dovrebbero esistere due funzioni armoniche φ , ψ , per cui

$$\vec{B}_1 - \vec{B}_2 = \text{grad } \varphi \quad , \quad \vec{v}_1 - \vec{v}_2 = \text{grad } \psi \; .$$

Sulla superficie Σ si avrebbe allora

$$(\vec{B}_1 - \vec{B}_2) \times \vec{n} \equiv \frac{d\varphi}{d n} = 0, \qquad (\vec{v}_1 - \vec{v}_2) \times \vec{n} \equiv \frac{d\psi}{d n} = 0.$$

Ne segue che le funzioni φ e ψ non possono essere che costanti e quindi le due soluzioni devono coincidere.

3. CONDIZIONI PER L'ESISTENZA DELLA SOLUZIONE.

Osserviamo che la corrente di conduzione $\vec{I}$ e il vortice $\vec{\omega}$ non possono essere assegnati del tutto ad arbitrio, pur tenendo conto delle condizioni (10) e (10'); ma devono essere verificate ancora delle ulteriori condizioni che seguano dalle equazioni di Maxwell e di Eulero che reggono il fenomeno idromagnetico.

Invero, prendendo il rotore di ambo i membri della (3), ed eliminando il $\text{rot } \vec{E}$ per mezzo della (2), si ha l'equazione di condizione

$$(11) \qquad \frac{\partial \vec{B}}{\partial t} + \text{rot } (\vec{B} \wedge \vec{v}) + \text{rot } \frac{\vec{I}}{6} = 0 \; .$$

Inoltre, prendendo il rotore di ambo i membri dell'equazione euleriana (5) del moto, e ponendo $\text{rot } \vec{v} = 2 \vec{\omega}$, si ha ancora

$$(12) \qquad \frac{\partial \vec{\omega}}{\partial t} + \text{rot } (\vec{\omega} \wedge \vec{v}) = \frac{1}{2\rho} \text{rot } (\vec{I} \wedge \vec{B}).$$

I vettori $\vec{B}$, $\vec{v}$, che saranno determinati in funzione di $\vec{I}$ e di $\vec{\omega}$, dovran

C. Agostinelli

no dunque alla fine soddisfare alle equazioni (11) e (12).

4. DETERMINAZIONE DEL CAMPO MAGNETICO.

Per determinare il campo magnetico $\vec{B}$ incominciamo a considerare una funzione armonica ϕ entro il volume τ la cui derivata normale assuma sulla superficie Σ i valori di $\vec{I} \times \vec{n}$, tale cioè che

$$(13) \qquad \Delta_2 \phi = 0, \quad \text{in } \tau \quad ; \qquad (13') \quad \frac{d\phi}{dn} = \vec{I} \times \vec{n}, \quad \text{sopra } \Sigma .$$

Questa funzione ϕ si determina, come si sa, risolvendo un problema di Neumann, e la condizione $\int_{\Sigma} \frac{d\phi}{dn} d\Sigma = 0$, risulta verificata, poichè in virtù del teorema della divergenza e della (10) si ha

$$\int_{\Sigma} \frac{d\phi}{dn} d\Sigma = \int_{\Sigma} \vec{I} \times \vec{n}. d\Sigma = - \int_{\tau} \text{div} \vec{I}. d\tau \equiv 0 .$$

Dopo ciò consideriamo un vettore $\vec{B}_1$ tale che

$$(14) \qquad \text{rot } \vec{B}_1 = \text{grad } \phi$$

Di vettori $\vec{B}_1$ che soddisfino alla (14) ne esistono ovviamente infiniti, e si può sempre fare in modo che sia

$$(15) \qquad \text{div } \vec{B}_1 = 0 \quad .$$

Supposto di averne determinato uno, per la (13') risulterà

$$\text{rot } \vec{B}_1 \times \vec{n} = \vec{I} \times \vec{n}, \qquad \text{sopra } \Sigma .$$

Se allora poniamo

$$(16) \qquad \vec{J} = \vec{I} - \text{rot } \vec{B}_1 = \vec{I} - \text{grad } \phi \quad ,$$

C. Agostinelli

con $\vec{J}$ vettore che possiamo ritenere noto, abbiamo

$$(17) \quad \operatorname{div}\vec{J} = 0, \quad \text{in } \tau \; ; \qquad (17') \quad \vec{J} \times \vec{n} = 0, \quad \text{sopra } \Sigma \; .$$

Ponendo inoltre

$$(18) \qquad\qquad \vec{B} = \vec{B}_1 + \vec{B}^*$$

risulta

$$\operatorname{div}\vec{B}^* = \operatorname{div}\vec{B} - \operatorname{div}\vec{B}_1 = 0$$

$$\operatorname{rot}\vec{B}^* = \operatorname{rot}\vec{B} - \operatorname{rot}\vec{B}_1 = \vec{I} - \operatorname{rot}\vec{B}_1 = \vec{J}$$

e per la (7)

$$\vec{B}^* \times \vec{n} = \vec{B} \times \vec{n} - \vec{B}_1 \times \vec{n} = B_n - \vec{B}_1 \times \vec{n}, \quad \text{sopra } \Sigma \; .$$

La questione è in tal modo ridotta a determinare il vettore $\vec{B}^*$ soddisfacente alle condizioni

$$(19) \quad \operatorname{rot}\vec{B}^* = \vec{J}, \quad \text{in } \tau \; ; \qquad (19') \quad \vec{B}^* \times \vec{n} = B_n - \vec{B}_1 \times \vec{n}, \text{ sopra } \Sigma \; ,$$

essendo $\vec{J} \times \vec{n} = 0$ sopra Σ . Per questo poniamo ancora

$$(20) \qquad\qquad \vec{B}^* = \operatorname{rot}\vec{S} + \operatorname{grad} F$$

con F funzione incognita ed $\vec{S}$ vettore da determinare con la condizione

$$(21) \qquad\qquad \operatorname{div}\vec{S} = 0 \; .$$

Sostituendo nella (19) si ha $\operatorname{rot}\operatorname{rot}\vec{S} = \vec{J}$, e quindi per la (21),

$$\Delta_2 \vec{S} = -\vec{J} \; .$$

C. Agostinelli

Allora, se r è la distanza del punto P in cui si considera il vettore $\vec{S}$, da un punto M variabile nel volume τ , per noti risultati della teoria del potenziale newtoniano, si deduce

$$(22) \qquad \vec{S} = \frac{1}{4\pi} \int_{\tau} \frac{\vec{J}(M)}{r}\, d\tau = \frac{1}{4\pi} \int_{\tau} \frac{1}{r}(\vec{I} - \operatorname{rot} \vec{B}_1)\, d\tau \quad ,$$

e si riconosce facilmente che è verificata la (21).

Invero si ha successivamente

$$\operatorname{div}_P \vec{S} = \frac{1}{4\pi} \int_{\tau} \operatorname{grad}_P \frac{1}{r} \times \vec{J}(M).\, d\tau = -\frac{1}{4\pi} \int_{\tau} \operatorname{grad}_M \frac{1}{r} \times \vec{J}(M)\, d\tau =$$

$$= -\frac{1}{4\pi} \int_{\tau} \operatorname{div}_M \frac{\vec{J}(M)}{r}\, d\tau + \frac{1}{4\pi} \int_{\tau} \frac{1}{r} \operatorname{div}_M \vec{J}(M)\, d\tau =$$

$$= \frac{1}{4\pi} \int_{\Sigma} \frac{1}{r} \vec{J}(M) \times \vec{n}.\, d\Sigma + \frac{1}{4\pi} \int_{\tau} \frac{1}{r} \operatorname{div}_M \vec{J}(M)\, d\tau \quad ,$$

il cui ultimo membro è identicamente nullo in virtù delle (17) e (17'). Per determinare ora la funzione F , prendiamo la divergenza di ambo i membri della (20); si ha così

$$(23) \qquad\qquad\qquad \Delta_2 F = 0 \ .$$

Inoltre sulla superficie Σ si ha

$$(23') \quad \frac{dF}{dn} = \operatorname{grad} F \times \vec{n} = (\vec{B}^{*} - \operatorname{rot} \vec{S}) \times \vec{n} = B_n - \vec{B}_1 \times \vec{n} - \operatorname{rot} \vec{S} \times \vec{n} \quad .$$

La questione è dunque in definitiva ridotta a determinare la funzione F , armonica nel volume τ , della quale sono noti i valori della derivata normale sulla superficie limite Σ . Essa si ottiene risolvendo, con uno dei metodi noti, un nuovo problema di Neumann. Dopo ciò, per la (18) e la (20), si ha

C. Agostinelli

$$(24) \qquad \vec{B} = \vec{B}_1 + \operatorname{rot} \vec{S} + \operatorname{grad} F$$

con $\vec{S}$ dato dalla (22).

E' opportuno osservare come dalla (22) si ricava

$$\operatorname{rot}_P \vec{S} = \frac{1}{4\pi} \int_\tau \operatorname{grad}_P \frac{1}{r} \wedge (\vec{I} - \operatorname{rot} \vec{B}_1)_M \, d\tau =$$

$$= -\frac{1}{4\pi} \int_\tau \operatorname{grad}_{M\cdot} \frac{1}{r} \wedge (\vec{I} - \operatorname{rot} \vec{B}_1)_M \, d\tau =$$

$$= -\frac{1}{4\pi} \int_\tau \operatorname{rot}_M \frac{\vec{I} - \operatorname{rot} \vec{B}_1}{r} \, d\tau + \frac{1}{4\pi} \int_\tau \frac{1}{r} \operatorname{rot}(\vec{I} - \operatorname{rot} \vec{B}_1) \, d\tau \ ,$$

cioè

$$\operatorname{rot}_P \vec{S} = \frac{1}{4\pi} \int_\Sigma \frac{\vec{n} \wedge (\vec{I} - \operatorname{rot} \vec{B}_1)}{r} \, d\Sigma + \frac{1}{4\pi} \int_\tau \frac{\operatorname{rot} \vec{I}}{r} \, d\tau \ ,$$

Il cui secondo membro è la somma di un potenziale vettore di strato semplice e di un potenziale vettore di volume.

L'espressione trovata del vettore $\vec{B}$ non dipende che dai valori supposti assegnati della densità di corrente $\vec{I}$, dalla forma del volume τ, e dai dati in superficie; essa soddisfa a tutte le condizioni richieste dal problema, e sebbene vi figura il vettore $\vec{B}_1$ che non è univocamente determinato, ma contiene degli elementi arbitrari, poichè la soluzione del problema è unica, si può disporre dell'arbitrarietà del vettore $\vec{B}_1$ per rendere più semplici i calcoli.

Una maggiore semplificazione si può ottenere se della (1) conosciamo una soluzione particolare che indichiamo con $\vec{b}$, tale cioè che

$$\operatorname{rot} \vec{b} = \vec{I} \ .$$

C. Agostinelli

Avremo allora

$$\operatorname{rot} (\vec{B} - \vec{b}\,) = 0 \;, \qquad \vec{B} = \vec{b} + \operatorname{grad} F \;, \qquad \Delta_2 F = -\operatorname{div} \vec{b} \;,$$

e sulla superficie

$$\frac{dF}{dn} = B_n - \vec{b} \times \vec{n} \;.$$

Dunque, ogni qualvolta della (1) si conosce una soluzione particolare $\vec{b}$, la determinazione del vettore $\vec{B}$ del campo magnetico si riduce alla determinazione della funzione F tale

$$\Delta_2 F = -\operatorname{div} \vec{b} \;, \quad \text{in } \tau \;; \qquad \frac{dF}{dn} = B_n - \vec{b} \times \vec{n} \;, \quad \text{sopra } \Sigma \;.$$

5. DETERMINAZIONE DELLA VELOCITA'.

Con procedimento analogo a quello del n° precedente, se φ è una funzione armonica, la cui derivata normale assume sulla superficie Σ i valori di $2\vec{\omega} \times \vec{n}$, essendo $\vec{\omega}$ il vettore vortice, tale cioè che

$$(25) \qquad \Delta_2 \varphi = 0 \;, \quad \text{in } \tau \;; \qquad \operatorname{grad} \varphi \times \vec{n} = 2\vec{\omega} \times \vec{n} \;, \quad \text{sopra } \Sigma \;,$$

e determiniamo un vettore $\vec{v}_1$ per cui

$$(26) \qquad \operatorname{rot} \vec{v}_1 = \operatorname{grad} \varphi \;; \qquad \operatorname{div} \vec{v}_1 = 0$$

si ha per la velocità un'espressione della forma

$$(27) \qquad \vec{v} = \vec{v}_0 + \vec{v}_1 + \operatorname{rot} \vec{s} + \operatorname{grad} f \;,$$

con

$$(28) \qquad \vec{s} = \frac{1}{4\pi} \int_\tau \frac{1}{r} \left(2\vec{\omega} - \operatorname{rot} \vec{v}_1 \right) d\tau \;,$$

C. Agostinelli

ed f funzione armonica la cui derivata normale assume sulla superficie

Σ i valori

$$\text{(29)} \qquad \frac{d f}{d n} = - (\vec{v}_1 + \text{rot}\,\vec{s}) \times \vec{n}$$

Anche qui è da osservare che dalla (28) si ricava che è $\text{div}\,\vec{s} = 0$, e si deduce inoltre

$$\text{rot}\,\vec{s} = \frac{1}{4\pi} \int_{\tau} \text{grad}_P \frac{1}{r} \wedge (2\vec{\omega} - \text{rot}\,\vec{v}_1)_M . d\tau =$$

$$= \frac{1}{4\pi} \int_{\Sigma} \frac{\vec{n} \wedge (2\vec{\omega} - \text{rot}\,\vec{v}_1)}{r} d\Sigma + \frac{1}{2\pi} \int_{\tau} \frac{\text{rot}\,\vec{\omega}}{r} d\tau .$$

Concludendo, una volta determinata l'intensità $\vec{B}$ del campo magnetico in funzione della corrente di conduzione $\vec{I}$ e la velocità $\vec{v}$ delle particelle fluide in funzione del vortice $\vec{\omega}$, con le condizioni assegnate in superficie, il problema considerato di moto magnetoidradinamico risulterà risolto se i vettori $\vec{I}$ ed $\vec{\omega}$ verificano le condizioni (11) e (12).

Dopo ciò la (3), risoluta rispetto ad $\vec{E}$, fornirà senz'altro il campo elettrico, e dalla (5) si avrà la pressione con quadrature.

6. CASO IN CUI LE LINEE DI CORRENTE E LE LINEE VORTICO-
    SE SONO RETTE.

Nel caso particolare in cui le linee di corrente e le linee vorticose sono sempre rette, in generale non parallele, si ha che la corrente di conduzione $\vec{I}$ e il vortice $\vec{\omega}$ devono essere funzioni soltanto del tempo.

Infatti, l'equazione differenziale delle linee di corrente, sotto forma vettoriale risulta

$$\vec{I} \wedge d P = 0 .$$

C. Agostinelli

Affinchè si abbiano delle rette essa deve essere soddisfatta assumendo $P = 0 + m \vec{a}$, essendo 0 un punto fisso, $\vec{a}$ un vettore costante arbitrario, ed m un parametro qualunque. Segue che sarà $\vec{I} \wedge \vec{a} = 0$, e quindi $\vec{I} = n \vec{a}$ con $\vec{n}$ numero reale funzione di P e di t. Ma la condizione $\operatorname{div} \vec{I} = 0$, porge $\operatorname{grad} n \times \vec{a} = 0$, che deve essere verificata qualunque sia il vettore $\vec{a}$; perciò sarà $\operatorname{grad} n = 0$, e quindi n sarà indipendente dal punto P, e così pure $\vec{I}$.

Nello stesso modo si dimostra che il vortice $\vec{\omega}$ sarà indipendente dal punto e dipenderà solo dal tempo.

Ciò premesso, osserviamo che, nel caso considerato, dell'equazione (1) abbiamo la soluzione particolare

$$(30) \qquad \vec{B}_1 = \frac{1}{2} \vec{I} \wedge (P - 0)$$

che verifica la condizione $\operatorname{div} \vec{B}_1 = 0$.

Ponendo allora

$$(31) \qquad \vec{B} = \vec{B}_1 + \operatorname{grad} F = \frac{1}{2} \vec{I} \wedge (P - 0) + \operatorname{grad} F$$

si ricava

$$\operatorname{div} \vec{B} = \operatorname{div} \operatorname{grad} F \equiv \Delta_2 F$$

e quindi per la (4) si ha

$$(32) \qquad \Delta_2 F = 0$$

Sul contorno Σ deve essere per la (7)

$$\vec{B} \times \vec{n} = \frac{1}{2} \vec{I} \wedge (P - 0) \times \vec{n} + \operatorname{grad} F \times \vec{n} = B_n$$

C. Agostinelli

e quindi

$$(33) \qquad \frac{dF}{dn} = B_n - \frac{1}{2}\vec{I} \wedge (P - 0) \times \vec{n} .$$

La F è dunque una funzione armonica la cui derivata normale ha sulla superficie limite i valori definiti dalla (33). Determinata la funzione F, la (31) dà senz'altro il vettore $\vec{B}$ del campo.

In modo analogo si determina la velocità $\vec{v}$ delle particelle fluide. Essendo $\text{rot}\,\vec{v} = 2\,\vec{\omega}$, si ha

$$(34) \qquad \vec{v} = \vec{v}_0 + \vec{\omega} \wedge (P - 0) + \text{grad}\, f$$

con

$$(35) \qquad \Delta_2 f = 0 , \quad \text{in } \tau ,$$

e

$$(35') \qquad \frac{df}{dn} = - \omega \wedge (P - 0) \times \vec{n} , \quad \text{sopra } \Sigma .$$

Nel caso in esame le condizioni (11) e (12) si riducono alle seguenti

$$(36) \qquad \frac{\partial \vec{B}}{\partial t} + \frac{d\vec{B}}{dP}\,\vec{v} - \frac{d\vec{v}}{dP}\,\vec{B} = 0$$

$$(37) \qquad \frac{\partial \vec{\omega}}{\partial t} - \frac{d\vec{v}}{dP}\,\vec{\omega} + \frac{1}{2\rho}\,\frac{d\vec{B}}{dP}\,\vec{I} = 0 ,$$

e perciò i vettori $\vec{I}$ ed $\vec{\omega}$ devono essere fissati in funzione del tempo in modo che siano verificate identicamente le condizioni (36) e (37).

7. MOTO MAGNETOIDRODINAMICO IN UN ELLISSOIDE A TRE ASSI.

Come applicazione dei risultati del n° precedente supponiamo che l'involucro in cui si muove il fluido conduttore sia di forma ellissoidale di semiassi   a, b, c (a > b > c).

C. Agostinelli

L'equazione del contorno, con riferimento agli assi dell'ellissoide, è dunque

$$\varphi\,(x, y, z) \equiv \frac{x^2}{a^2} + \frac{y^2}{b^2} + \frac{z^2}{c^2} - 1 = 0$$

e, se indichiamo con $\vec{i}, \vec{j}, \vec{k}$ i versori degli assi, si ha

$$\text{grad}\,\varphi = 2\,(\frac{x}{a^2}\vec{i} + \frac{y}{b^2}\vec{j} + \frac{z}{c^2}\vec{k}); \quad \text{mod grad}\,\varphi = 2\,\Delta$$

con

$$\Delta = \sqrt{\frac{x^2}{a^4} + \frac{y^2}{b^4} + \frac{z^2}{c^4}}\; .$$

Inoltre il versore $\vec{n}$ della normale all'ellissoide risulta

$$(38) \qquad \vec{n} = \text{grad}\,\varphi \,/\text{mod grad}\,\varphi = \frac{1}{\Delta}\,(\frac{x}{a^2}\vec{i} + \frac{y}{b^2}\vec{j} + \frac{z}{c^2}\vec{k})$$

Supponiamo che la componente normale B_n del campo magnetico, assegnata in superficie, sia della forma

$$(39) \qquad B_n = \frac{1}{\Delta}\,(K_1\,x + K_2 y + K_3\,z)\,.$$

Come ho mostrato in una nota lincea [1] questi valori corrispondono a quelli che determinerebbe un dipolo magnetico posto nel centro dell'ellissoide il cui momento magnetico ha componenti proporzionali a K_1, K_2, K_3.

Il caso in esame ha quindi importanza per spiegare l'esistenza del campo magnetico terrestre e quello generale delle stelle, in cui un nucleo centrale di forma ellissoidale, o sferica, è nelle condizioni che qui consideriamo.

In base alla (31) il campo magnetico in un punto interno all'ellissoide sarà della forma

C. Agostinelli

$$(40) \qquad \vec{B} = \frac{1}{2}\vec{I}(\,t\,) \wedge (P - 0) + \operatorname{grad} F \,,$$

con F funzione armonica la cui derivata normale dovrà assumere al contorno i valori

$$(41) \qquad \frac{d F}{d n} = B_n - \frac{1}{2}\vec{I} \wedge (P - 0) \times \vec{n} \,.$$

Poichè

$$\frac{d F}{d n} = \operatorname{grad} F \times \vec{n} = \frac{1}{\Delta}\left(\frac{x}{a^2}\frac{\partial F}{\partial x} + \frac{y}{b^2}\frac{\partial F}{\partial y} + \frac{z}{c^2}\frac{\partial F}{\partial z}\right)$$

e

$$\frac{1}{2}\vec{I} \wedge (P-0) \times \vec{n} = \frac{1}{2\Delta}\left[\left(\frac{1}{c^2}-\frac{1}{b^2}\right)I_1 \cdot yz + \left(\frac{1}{a^2}-\frac{1}{c^2}\right)I_2 \cdot zx + \left(\frac{1}{b^2}-\frac{1}{a^2}\right)I_3 \cdot xy \right] \,,$$

dove I_1, I_2, I_3 sono le componenti del vettore $\vec{I}$, sostituendo nella
(41), la condizione al contorno diventa:

$$(41') \qquad \frac{x}{a^2}\frac{\partial F}{\partial x} + \frac{y}{b^2}\frac{\partial F}{\partial y} + \frac{z}{c^2}\frac{\partial F}{\partial z} = K_1 x + K_2 y + K_3 z -$$

$$- \frac{1}{2}\left[\left(\frac{1}{c^2}-\frac{1}{b^2}\right)I_1 \cdot yz + \left(\frac{1}{a^2}-\frac{1}{c^2}\right)I_2 \cdot zx + \left(\frac{1}{b^2}-\frac{1}{a^2}\right)I_3 \cdot xy \right] \,.$$

Se proviamo a porre la funzione armonica F uguale a una funzione di 2°
grado in x, y, z, della forma

$$F = A\,yz + B\,zx + C\,xy + D\,z + E\,x + G\,y \,,$$

sostituendo nella (41') si ha

$$\frac{x}{a^2}(B\,z + C\,y + E) + \frac{y}{b^2}(A\,z + C\,x + G) + \frac{z}{c^2}(A\,y + B\,x + D) =$$

$$= K_1 x + K_2 y + K_3 z - \frac{1}{2}\left[\left(\frac{1}{c^2}-\frac{1}{b^2}\right)I_1 \cdot yz + \left(\frac{1}{a^2}-\frac{1}{c^2}\right)I_2 \cdot zx + \left(\frac{1}{b^2}-\frac{1}{a^2}\right)I_3 \cdot xy \right] \,.$$

C. Agostinelli

Questa risulta identicamente verificata, al variare del punto sulla superficie Σ dell'ellissoide, per

$$A = -\frac{1}{2}\,\frac{b^2 - c^2}{b^2 + c^2}I_1 \ , \qquad B = -\frac{1}{2}\,\frac{c^2 - a^2}{c^2 + a^2}I_2 \ , \qquad C = -\frac{1}{2}\,\frac{a^2 - b^2}{a^2 + b^2}\,I_3$$

$$E = K_1\,a^2 \ , \qquad G = K_2\,b^2 \ , \qquad D = K_3\,c^2 \ .$$

Si ha pertanto

$$(42) \qquad F = -\frac{1}{2}\left(\frac{b^2 - c^2}{b^2 + c^2}\,I_1 \cdot yz + \frac{c^2 - a^2}{c^2 + a^2}\,I_2 \cdot zx + \frac{a^2 - b^2}{a^2 + b^2}\,I_3 \cdot xy\right) +$$

$$+ K_1\,a^2\,x + K_2\,b^2\,y + K_3\,c^2\,z \ ,$$

e per la (40) le componenti B_1, B_2, B_3 del campo magnetico, secondo gli assi dell'ellissoide, risultano

$$B_1 = a^2\left(\frac{I_2}{c^2 + a^2}\,z - \frac{I_3}{a^2 + b^2}\,y + K_1\right)$$

$$(43) \qquad B_2 = b^2\left(\frac{I_3}{a^2 + b^2}\,x - \frac{I_1}{b^2 + c^2}\,z + K_2\right)$$

$$B_3 = c^2\left(\frac{I_1}{b^2 + c^2}\,y - \frac{I_2}{c^2 + a^2}\,x + K_3\right) \ .$$

Analogamente, essendo $\vec{\omega}(t)$ il vettore vortice, il vettore della velocità $\vec{v}$ delle particelle fluide sarà della forma

$$(44) \qquad \vec{v} = \vec{v}_0 + \vec{\omega} \wedge (P - 0) + \operatorname{grad} f,$$

con f funzione armonica. Sulla superficie Σ che limita l'involucro ellissoidale sarà nulla la componente normale della velocità relativa $\vec{v} - \vec{v}_0$.

C. Agostinelli

Si deduce che in superficie deve essere verificata la relazione

$$\frac{df}{dn} = - \vec{\omega} \wedge (P - 0) \times \vec{n} ,$$

cioè

$$\frac{\partial f}{\partial x}\frac{x}{a^2} + \frac{\partial f}{\partial y}\frac{y}{b^2} + \frac{\partial f}{\partial z}\frac{z}{c^2} = - \left[(\omega_2 z - \omega_3 y)\frac{x}{a^2} + (\omega_3 x - \omega_1 z)\frac{y}{b^2} + (\omega_1 y - \omega_2 x)\frac{z}{c^2} \right]$$

Ponendo f uguale a una funzione armonica di 2° grado in x, y, z, con calcolo analogo a quello con cui si è determinata la funzione F, si trova

$$f = - \left(\frac{b^2 - c^2}{b^2 + c^2}\omega_1 \cdot yz + \frac{c^2 - a^2}{c^2 + a^2}\omega_2 \cdot zx + \frac{a^2 - b^2}{a^2 + b^2}\omega_3 \cdot xy \right),$$

e quindi, in virtù della (44), le componenti v_1, v_2, v_3 della velocità di una particella fluida risultano

$$
\begin{aligned}
v_1 &= v_{01} + 2a^2 \left(\frac{\omega_2}{c^2 + a^2} z - \frac{\omega_3}{a^2 + b^2} y \right) \\[2mm]
v_2 &= v_{02} + 2b^2 \left(\frac{\omega_3}{a^2 + b^2} x - \frac{\omega_1}{b^2 + c^2} z \right) \\[2mm]
v_3 &= v_{03} + 2c^2 \left(\frac{\omega_1}{b^2 + c^2} y - \frac{\omega_2}{c^2 + a^2} x \right) ,
\end{aligned}
\tag{45}
$$

dove v_{01}, v_{02}, v_{03} sono le componenti della traslazione $\vec{v}_0$.

Dobbiamo ora considerare le condizioni (36) e (37), le quali dànno luogo alle seguenti equazioni scalari

$$
(46) \quad \frac{\partial B_h}{\partial t} + v_1 \frac{\partial B_h}{\partial x} + v_2 \frac{\partial B_h}{\partial y} + v_3 \frac{\partial B_h}{\partial z} - \left(B_1 \frac{\partial v_h}{\partial x} + B_2 \frac{\partial v_h}{\partial y} + \right.
$$

$$
\left. + B_3 \frac{\partial v_h}{\partial z} \right) = 0 ,
$$

C. Agostinelli

$$(47) \quad \frac{d\,\omega_h}{dt} - \left(\omega_1 \frac{\partial v_h}{\partial x} + \omega_2 \frac{\partial v_h}{\partial y} + \omega_3 \frac{\partial v_h}{\partial z}\right) + \frac{1}{2\rho}\left(I_1 \frac{\partial B_h}{\partial x} + I_2 \frac{\partial B_h}{\partial y} + I_3 \frac{\partial B_h}{\partial z}\right) = 0, \quad (h = 1, 2, 3).$$

Sostituendo nelle (46) in luogo delle B_h e v_h i valori espressi dalle (43) e (45), si ottengono delle equazioni lineari in x, y, z. Poichè esse devono essere verificate identicamente, uguagliando a zero i coefficienti si hanno le seguenti equazioni

$$(48) \qquad \begin{aligned} I'_1 &= \alpha_1^2 (\omega_2 I_3 - \omega_3 I_2) \\[2mm] I'_2 &= \alpha_2^2 (\omega_3 I_1 - \omega_1 I_3) \\[2mm] I'_3 &= \alpha_3^2 (\omega_1 I_2 - \omega_2 I_1), \end{aligned}$$

nelle quali gli apici indicano derivazione rispetto al tempo, e dove per semplicità si è posto

$$\alpha_1^2 = \frac{2a^2(b^2 + c^2)}{(c^2 + a^2)(a^2 + b^2)} \quad , \quad \alpha_2^2 = \frac{2b^2(c^2 + a^2)}{(a^2 + b^2)(b^2 + c^2)} \quad , \quad \alpha_3^2 = \frac{2c^2(a^2 + b^2)}{(b^2 + c^2)(c^2 + a^2)}$$

e si ha inoltre

C. Agostinelli

$$K_1' + \frac{v_{03} I_2}{c^2 + a^2} - \frac{v_{02} I_3}{a^2 + b^2} + 2 \left(\frac{b^2}{a^2 + b^2} \omega_3 K_2 - \frac{c^2}{c^2 + a^2} \omega_2 K_3 \right) = 0$$

$$(49) \qquad K_2' + \frac{v_{01} I_3}{a^2 + b^2} - \frac{v_{03} I_1}{b^2 + c^2} + 2 \left(\frac{c^2}{b^2 + c^2} \omega_1 K_3 - \frac{a^2}{a^2 + b^2} \omega_3 K_1 \right) = 0$$

$$K_3' + \frac{v_{02} I_1}{b^2 + c^2} - \frac{v_{01} I_2}{c^2 + a^2} + 2 \left(\frac{a^2}{c^2 + a^2} \omega_2 K_1 - \frac{b^2}{b^2 + c^2} \omega_1 K_2 \right) = 0 \ .$$

Analogamente dalle (47) si deducano le seguenti equazioni

$$\omega_1' + \alpha_1^2 \frac{c^2 - b^2}{c^2 + b^2} \left(\omega_2 \omega_3 - \frac{1}{4\rho} I_2 I_3 \right) = 0$$

$$(50) \qquad \omega_2' + \alpha_2^2 \frac{a^2 - c^2}{a^2 + c^2} \left(\omega_3 \omega_1 - \frac{1}{4\rho} I_3 I_1 \right) = 0$$

$$\omega_2' + \alpha_3^2 \frac{b^2 - a^2}{b^2 + a^2} \left(\omega_1 \omega_2 - \frac{1}{4\rho} I_1 I_2 \right) = 0 \ .$$

Le equazioni dei due sistemi (48) e (50), che definiscono le componenti I_1, I_2, I_3 del vettore corrente di conduzione $\vec{I}$ e le componenti ω_1, ω_2, ω_3 del vortice $\vec{\omega}$ in funzione del tempo, ammettono i seguenti quattro integrali primi quadratici fra loro indipendenti:

$$(51) \qquad \frac{I_1^2}{\alpha_1^2} + \frac{I_2^2}{\alpha_2^2} + \frac{I_3^2}{\alpha_3^2} = \text{cost.}$$

$$(52) \qquad \frac{b^2 + c^2}{\alpha_1^2} \omega_1^2 + \frac{c^2 + a^2}{\alpha_2^2} \omega_2^2 + \frac{a^2 + b^2}{\alpha_3^2} \omega_3^2 - \frac{1}{4\rho} \left(\frac{a^2}{\alpha_1^2} I_1^2 + \frac{b^2}{\alpha_2^2} I_2^2 + \frac{c^2}{\alpha_3^2} I_3^2 \right) = \text{cost.}$$

$$(53) \qquad \frac{b^2 + c^2}{\alpha_1^2} I_1 \omega_1 + \frac{c^2 + a^2}{\alpha_2^2} I_2 \omega_2 + \frac{a^2 + b^2}{\alpha_3^2} I_3 \omega_3 = \text{cost.}$$

C. Agostinelli

$$(54)\quad \frac{(b^2+c^2)^2}{\alpha_1^2}\,\omega_1^2 + \frac{(c^2+a^2)^2}{\alpha_2^2}\,\omega_2^2 + \frac{(a^2+b^2)^2}{\alpha_3^2}\,\omega_3^2 - \frac{1}{4\rho}\left(\frac{a^4}{\alpha_1^2}I_1^2 + \frac{b^4}{\alpha_2^2}I_2^2 + \frac{c^4}{\alpha_3^2}I_3^2\right) = \text{cost.}$$

Essi si ottengono facilmente nel modo seguente:

Il primo si ricava dalla (48) moltiplicandone ambo i membri rispettivamen‑
te per I_1/α_1^2, I_2/α_2^2, I_3/α_3^2, e sommando quindi membro a mem‑
bro.

Per ricavare il secondo moltiplichiamo ambo i membri di cia‑
scuna delle equazioni (50), rispettivamente per

$$(b^2+c^2)\,\omega_1/\alpha_1^2\,,\quad (c^2+a^2)\,\omega_2/\alpha_2^2\,,\quad (a^2+b^2)\,\omega_3/\alpha_3^2\,,$$

e sommiamo membro a membro; si ha così

$$\frac{b^2+c^2}{\alpha_1^2}\,\omega_1\,\omega_1' + \frac{c^2+a^2}{\alpha_2^2}\,\omega_2\,\omega_2' + \frac{a^2+b^2}{\alpha_3^2}\,\omega_3\,\omega_3' -$$

$$-\frac{1}{4\rho}\left[a^2 I_1(I_3\,\omega_2 - I_2\,\omega_3) + b^2 I_2(I_1\,\omega_3 - I_3\,\omega_1) + c^2 I_3(I_2\,\omega_1 - I_1\,\omega_2)\right] = 0\,,$$

cioè, tenendo conto delle (48), si ha ancora

$$\frac{b^2+c^2}{\alpha_1^2}\,\omega_1\,\omega_1' + \frac{c^2+a^2}{\alpha_2^2}\,\omega_2\,\omega_2' + \frac{a^2+b^2}{\alpha_3^2}\,\omega_3\,\omega_3' - \frac{1}{4\rho}\left(\frac{a^2}{\alpha_1^2}I_1 I_1' + \frac{b^2}{\alpha_2^2}I_2 I_2' + \frac{c^2}{\alpha_3^2}I_3 I_3'\right) = 0\,,$$

da cui segue subito l'integrale (52).

Moltiplicando invece ambo i membri di ciascuna delle (48)
rispettivamente per $(b^2+c^2)\,\omega_1/\alpha_1^2$, $(c^2+a^2)\,\omega_2/\alpha_2^2$, $(a^2+b^2)\cdot$
$\omega_3/.\,\alpha_3^2$; ambo i membri di ciascuna delle (50) rispettivamente per

C. Agostinelli

$(b^2 + c^2) I_1 / \alpha_1^2, \quad (c^2 + a^2) I_2 / \alpha_2^2, \quad (a^2 + b^2) I_3 / \alpha_3^2, \quad$ e sommando, si ha

$$\frac{b^2+c^2}{\alpha_1^2}(I_1' \, \omega_1 + I_1 \, \omega_1') + \frac{c^2+a^2}{\alpha_2^2}(I_2' \, \omega_2 + I_2 \, \omega_2') + \frac{a^2+b^2}{\alpha_3^2}(I_3' \, \omega_3 + I_3 \, \omega_3') = 0 \, ,$$

che fornisce l'integrale (53).

Il quarto integrale si ottiene infine moltiplicando le equazioni (50) rispettivamente per

$$(b^2 + c^2)^2 \, \omega_1 / \alpha_1^2, \quad (c^2 + a^2)^2 \, \omega_2 / \alpha_2^2, \quad (a^2 + b^2)^2 \, \omega_3 / \alpha_3^2 \, ,$$

e sommando; si ha così

$$\frac{(b^2+c^2)^2}{\alpha_1^2} \, \omega_1 \, \omega_1' + \frac{(c^2+a^2)^2}{\alpha_2^2} \, \omega_2 \, \omega_2' + \frac{(a^2+b^2)^2}{\alpha_3^2} \, \omega_3 \, \omega_3' \, -$$

$$- \frac{1}{4\rho} \left[a^4 I_1 (I_3 \, \omega_2 - I_2 \, \omega_3) + b^4 I_2 (I_1 \, \omega_3 - I_3 \, \omega_1) + c^4 I_3 (I_2 \, \omega_1 - I_1 \, \omega_2) \right] = 0 \, ,$$

e, avendo riguardo alle (48), si ha senz'altro l'integrale (54).

Si riconosce facilmente come i quattro integrali trovati sono sufficienti per ridurre alle quadrature l'integrazione del sistema di equazioni (48) e (50). Invero, ponendo

$$A = b^2 + c^2, \qquad B = c^2 + a^2, \qquad C = a^2 + b^2$$

$$\omega_1 = - \alpha_1 \, p, \qquad \omega_2 = - \alpha_2 \, q, \qquad \omega_3 = - \alpha_3 \, r$$

(55)

$$I_1 = I_0 \, \alpha_1 \, \gamma_1, \qquad I_2 = I_0 \, \alpha_2 \, \gamma_2, \qquad I_3 = I_0 \, \alpha_3 \, \gamma_3$$

$$\tau = \alpha_1 \, \alpha_2 \, \alpha_3 \, t \, ,$$

C. Agostinelli

dove I_0^2 è la costante del secondo membro dell'integrale (51), le equazioni (48) e (50) diventano

$$\frac{d\gamma_1}{d\tau} = \gamma_2 r - \gamma_3 q, \qquad A\frac{dp}{d\tau} + (C-B)(qr - \frac{I_0^2}{4\rho}\gamma_2\gamma_3) = 0 ,$$

$$(48') \quad \frac{d\gamma_2}{d\tau} = \gamma_3 p - \gamma_1 r, \quad (50') \quad B\frac{dq}{d\tau} + (A-C)(rp - \frac{I_0^2}{4\rho}\gamma_3\gamma_1) = 0 ,$$

$$\frac{d\gamma_3}{d\tau} = \gamma_1 q - \gamma_2 p; \qquad C\frac{dr}{d\tau} + (B-A)(pq - \frac{I_0^2}{4\rho}\gamma_1\gamma_2) = 0$$

che sono le equazioni di Poisson e di Eulero relative al moto di un corpo rigido intorno a un punto fisso 0, le cui molecole sono attratte da un piano fisso con forze proporzionali alle distanze da questo piano (Problema di De Brun). In esse γ_1, γ_2, γ_3 sono i coseni direttori della normale condotta dal punto fisso al piano attirante, mentre p, q, r sono le componenti del vettore velocità angolare di rotazione secondo gli assi principali d'inerzia relativi al punto fisso, ed A, B, C rappresentano i momenti principali d'inerzia relativi allo stesso punto.

Il problema di moto magnetoidrodinamico considerato è dunque, dal punto di vista analitico, equivalente al problema meccanico di De Brun. Ma questo problema si risolve come si sa mediante quadrature, perciò altrettanto avviene del problema magnetoidrodinamico considerato, almeno per quanto riguarda la determinazione del vettore vortice $\vec{\omega}$ e del vettore densità di corrente $\vec{I}$, in funzione del tempo.

In virtù delle posizioni (55) i quattro integrali primi, precedentemente ottenuti, diventano

$$(51') \qquad \gamma_1^2 + \gamma_2^2 + \gamma_3^2 = 1$$

C. Agostinelli

$$(52') \qquad Ap^2 + Bq^2 + Cr^2 + \frac{I_0^2}{4\rho}(A\,\gamma_1^2 + B\,\gamma_2^2 + C\,\gamma_3^2) = h \ (\text{cost.})$$

$$(53') \qquad Ap\,\gamma_1 + Bq\,\gamma_2 + Cr\,\gamma_3 = K_0 \quad (\text{cost.})$$

$$(54') \qquad A^2p^2 + B^2q^2 + C^2r^2 - \frac{I_0^2}{4\rho}(BC\,\gamma_1^2 + CA\,\gamma_2^2 + AB\,\gamma_3^2) = \ell \ (\text{cost.}),$$

il primo dei quali è l'integrale dei coseni direttori, il secondo l'integrale dell'energia, il terzo l'integrale del momento della quantità di moto. L'esistenza del quarto integrale consente, com'è noto, di integrare il sistema (48'), (50') mediante quadrature, e quindi anche il sistema (48), (50).

Determinati così in funzione del tempo le componenti dei vettori $\vec{I}$ ed $\vec{\omega}$, rimangono da considerare le equazioni (49), in cui sono da ritenere assegnate in funzione del tempo le componenti v_{o1}, v_{o2}, v_{o3} della velocità di traslazione dell'ellissoide. Esse costituiscono allora un sistema di tre equazioni differenziali ordinarie, lineari, del primo ordine e non omogenee, che definiscono in funzione del tempo le quantità K_1, K_2, K_3 da cui dipende il campo magnetico in superficie.

Risulta così dimostrata l'esistenza nell'interno dell'ellissoide di un moto magnetoidrodinamico vorticoso che dà luogo ad un campo magnetico la cui componente normale in superficie assume gli stessi valori di quella che determinerebbe un dipolo magnetico posto nel centro.

E' opportuno osservare come le equazioni (49) ammettano un integrale primo che si ottiene facilmente moltiplicandole rispettivamente per

$$(a^2 + b^2)(c^2 + a^2)\,I_1, \qquad (b^2 + c^2)(a^2 + b^2)\,I_2, \qquad (c^2 + a^2)(b^2 + c^2)\,I_3,$$

sommandole quindi membro a membro e tenendo conto delle (48). Si ottiene così

C. Agostinelli

$$(56) \quad (a^2 + b^2)(c^2 + a^2)I_1 K_1 + (b^2 + c^2)(a^2 + b^2)I_2 K_2 + (c^2 + a^2)(b^2 + c^2)I_3 K_3 = \text{cost.},$$

che è l'integrale richiesto.

Se la traslazione è nulla le equazioni (49) ammettono la soluzione

$$(57) \quad K_1 = K_0 \frac{b^2 + c^2}{\alpha_1^2} I_1 , \quad K_2 = K_0 \frac{c^2 + a^2}{\alpha_2^2} I_2 , \quad K_3 = K_0 \frac{a^2 + b^2}{\alpha_3^2} I_3 ,$$

essendo K_0 una costante arbitraria, come si verifica facilmente avendo riguardo alle (48).

Giova osservare ancora che dividendo le equazioni (49) rispettivamente per α_1, α_2, α_3, tenendo conto delle posizioni (55), e ponendo ancora

$$w_1 = \frac{I_0}{BC\,\alpha_1} v_{01} , \qquad w_2 = \frac{I_0}{CA\,\alpha_2} v_{02} , \qquad w_3 = \frac{I_0}{AB\,\alpha_3} v_{03}$$

$$H_1 = \frac{\alpha_1}{A} K_1 , \qquad H_2 = \frac{\alpha_2}{B} K_2 , \qquad H_3 = \frac{\alpha_3}{C} K_3 ,$$

il detto sistema assume la forma più semplice

$$\frac{dH_1}{d\tau} + H_3 q - H_2 r = w_2 \gamma_3 - w_3 \gamma_2$$

$$(49') \qquad \frac{dH_2}{d\tau} + H_1 r - H_3 p = w_3 \gamma_1 - w_1 \gamma_3$$

$$\frac{dH_3}{d\tau} + H_2 p - H_1 q = w_1 \gamma_2 - w_2 \gamma_1$$

e l'integrale (56) diventa

$$(56') \qquad H_1 \gamma_1 + H_2 \gamma_2 + H_3 \gamma_3 = \text{cost.}$$

C. Agostinelli

ché si ottiene facilmente dalle (49').

8. CASO SFERICO.

Nel caso in cui l'ellissoide si riduce ad una sfera, e quindi
$a = b = c$, le equazioni (50) mostrano subito che le componenti ω_1, ω_2, ω_3 del vortice sono anche costanti rispetto al tempo e il moto interno della massa fluida si riduce ad una rotazione rigida uniforme di periodo $T = 2\pi/\omega$, essendo ω l'intensità costante del vortice.

In questo caso le equazioni (48) diventano più semplicemente

$$(58) \quad \begin{aligned} I_1' &= \omega_2 I_3 - \omega_3 I_2 \\ I_2' &= \omega_3 I_1 - \omega_1 I_3 \\ I_3' &= \omega_1 I_2 - \omega_2 I_1 \end{aligned}$$

che equivalgono all'equazione vettoriale

$$(58') \qquad \frac{d\vec{I}}{dt} = \vec{\omega} \wedge \vec{I}.$$

Sussistono in questo caso gli integrali

$$I_1^2 + I_2^2 + I_3^2 = I_0^2 \quad (\text{cost.}),$$

$$\vec{\omega} \times \vec{I} = \omega_1 I_1 + \omega_2 I_2 + \omega_3 I_3 = \omega J_0 \quad (\text{cost.}),$$

dai quali risulta che il vettore densità di corrente $\vec{I}$ ha modulo costante I_0 e forma un angolo costante con la direzione del vortice. La costante J_0 rappresenta la proiezione di $\vec{I}$ nella direzione di $\vec{\omega}$. Il vettore $\vec{I}$ ha dunque un moto di rotazione uniforme intorno alla direzione del vettore costante $\vec{\omega}$.

Derivando ambo i membri della prima delle (58) rispetto al

C. Agostinelli

tempo ed eliminando I'_2, I'_3, servendosi delle altre due, si ottiene facilmente, per l'incognita I_1, l'equazione

$$I''_1 + \omega^2 I_1 = \omega_1 \, \omega \, J_0$$

e analogamente per I_2 e I_3. Si deducano allora facilmente per I_1, I_2,
I_3 i seguenti valori

$$I_1 = \frac{\omega_1}{\omega} J_0 + C_1 \cos \omega t + C_2 \, \text{sen} \, \omega t$$

$$(59) \quad I_2 = \frac{\omega_2}{\omega} J_0 + \frac{1}{\omega_2^2 + \omega_3^2} \left[-(\omega_1 \omega_2 C_1 + \omega_3 \omega C_2) \cos \omega t + (\omega \omega_3 C_1 - \omega_1 \omega_2 C_2) \, \text{sen} \, \omega t \right]$$

$$I_3 = \frac{\omega_3}{\omega} J_0 - \frac{1}{\omega_2^2 + \omega_3^2} \left[(\omega_1 \omega_3 C_1 - \omega \omega_2 C_2) \cos \omega t + (\omega \omega_2 C_1 + \omega_1 \omega_3 C_2) \, \text{sen} \, \omega t \right]$$

dove C_1, C_2 sono altre due costanti arbitrarie oltre J_0 .

Le equazioni (49) diventano ora

$$K'_1 + \omega_3 K_2 - \omega_2 K_3 = \frac{1}{2a^2} (v_{02} I_3 - v_{03} I_2)$$

$$(60) \qquad K'_2 + \omega_1 K_3 - \omega_3 K_1 = \frac{1}{2a^2} (v_{03} I_1 - v_{01} I_3)$$

$$K'_3 + \omega_2 K_1 - \omega_1 K_2 = \frac{1}{2a^2} (v_{01} I_2 - v_{02} I_1) \, ,$$

i cui secondi membri sono noti, mentre i primi, uguagliati a zero, dànno
delle equazioni identiche alle (58), di cui conosciamo gli integrali. I secondi membri svaniscono se è nulla la velocità di traslazione $\vec{v}_0$.

Indicando con $\vec{K}$ il vettore di componenti K_1, K_2, K_3,

C. Agostinelli

le (60) si sintetizzano nell'equazione vettoriale

$$(60')\qquad \frac{d\vec{K}}{dt} - \vec{\omega} \wedge \vec{K} = \frac{1}{2a^2}\,\vec{v}_0 \wedge \vec{I}.$$

Da questa, moltiplicando ambo i membri scalarmente per $\vec{I}$, e tenendo con‌to della (58'), si deduce l'integrale

$$(61)\qquad \vec{K} \times \vec{I} \equiv K_1 I_1 + K_2 I_2 + K_3 I_3 = \text{costante},$$

che non è altro che l'integrale (56) per $a = b = c$.

Analogamente, moltiplicando ambo i membri della (60') sca‌larmente per $\vec{\omega}$, si ricava l'altro integrale

$$(62)\qquad \vec{K} \times \vec{\omega} + \frac{1}{2a^2}\left[\vec{v}_0(t) \times \vec{I} - \int_0^t \vec{v}'(t) \times \vec{I}.dt\right] = \omega K_0 \quad \text{(costante)}.$$

Per integrare ora il sistema (60), i cui secondi membri li supponiamo non tutti nulli, e quindi non nulla la velocità di traslazione $\vec{v}_0$, riferiamoci al‌l'equazione vettoriale (60'). Derivando ambo i membri rispetto al tempo e tenendo conto della (58') e dell'integrale (62), si deduce facilmente l'e‌quazione

$$(63)\qquad \frac{d^2\vec{K}}{dt^2} + \omega^2 \vec{K} = \vec{\phi}(t),$$

dove con $\vec{\phi}(t)$ si è indicato il vettore definito dalla relazione

$$(64)\qquad \vec{\phi}(t) = \omega K_0 \vec{\omega} + \frac{1}{2a^2}\omega J_0 . \vec{v}_0 - \frac{1}{a^2}\vec{v}_0 \times \vec{\omega}.I + \frac{1}{2a^2}\vec{v}_0' \wedge \vec{I} +$$

$$+ \frac{1}{2a^2}\int_0^t \vec{v}_0'(t) \times \vec{I}\,dt.\vec{\omega}.$$

C. Agostinelli

Prescindendo allora dall'integrale generale dell'equazione omogenea associa
ta alla (63), le cui componenti sono della forma delle (59), si ha infine

$$(65) \quad \vec{K}(t) = -\frac{1}{\omega}\cos\omega t. \ \int \vec{\phi}(t)\,\mathrm{sen}\,\omega t.\,dt + \frac{1}{\omega}\,\mathrm{sen}\,\omega t. \int \vec{\phi}(t)\cos\omega t.\,dt,$$

che fornisce in funzione del tempo il vettore $\vec{K}$ da cui dipende la componente normale del campo magnetico in superficie, nonchè il momento magnetico del dipolo equivalente.

Se la velocità di traslazione $\vec{v}_0$ è periodica (come nel caso
in cui il centro della sfera si muove di moto circolare uniforme), di periodo
diverso di quello di rotazione della massa fluida, si riconosce facilmente
che il vettore $\vec{\phi}(t)$, e quindi anche il vettore $\vec{K}$, risulta una funzione o-
scillante del tempo che si mantiene sempre finita.

Un caso particolare notevole si ha quando la traslazione è uniforme e quindi la velocità $\vec{v}_0$ è costante. In questo caso si ha dalla (64)

$$(66) \qquad \vec{\phi}(t) = \omega K_0\,\vec{\omega} + \frac{1}{2a^2}\,\omega\,J_0\,.\,\vec{v}_0 - \frac{1}{a^2}\,\vec{v}_0\times\vec{\omega}.\vec{I}$$

il cui secondo membro è in generale periodico di pulsazione ω, e pertanto
la (65) dà luogo ad integrali oscillanti di ampiezza crescente indefinitamen
te col tempo. Si ha cioè un fenomeno di risonanza in cui le ampiezze delle
oscillazioni del momento magnetico del dipolo equivalente vanno esaltandosi
col tempo.

Una traslazione molto prossima al moto uniforme darà allora
luogo ad oscillazioni di ampiezza molto grande. Questo risultato può spiega
re, come risulta dalle osservazioni, l'esistenza di stelle con campi magneti
ci variabili di forte intensità.

Se infine la velocità di traslazione $\vec{v}_0$, oltre ad essere costan

C. Agostinelli

te, è ortogonale alla rotazione $\vec{\omega}$ della massa fluida, il vettore $\vec{\phi}$ risulta costante:

$$(67) \qquad \vec{\phi} = \omega K_0 \vec{\omega} + \frac{1}{2a^2}\, \omega J \cdot \vec{v}_0$$

e dalla (65) si ha che il vettore $\vec{K}$, che definisce il momento magnetico del dipolo equivalente è pure costante e parallelo a $\vec{\phi}$. Esso ha allora una componente secondo l'asse di rotazione ed una nel senso della traslazione.

Se la velocità di traslazione è piccola in confronto della velocità angolare di rotazione, l'asse del dipolo equivalente sarà di poco inclinato all'asse di rotazione. E' quello che avviene appunto nel caso della Terra e del Sole.

C. Agostinelli

RIFERIMENTI

1) C. Agostinelli, Sul moto magnetoidrodinamico di un fluido elettricamente conduttore contenuto in un recipiente fisso a pareti conduttrici,
essendo assegnata la distribuzione della corrente di conduzione e dei
vortici (In corso di pubblicazione nell' "International Journal of En-
gineering Science".)

Idem, Su un notevole teorema di equivalenza in magnetoidrodinamica
("Bollettino della Unione Matematica Italiana", marzo 1962).

Idem, Su una spiegazione magnetoidrodinamica dell'esistenza del campo magnetico terrestre e di quello generale delle stelle ("Rendiconti
dell'Accademia Nazionale dei Lincei", ferie estive 1962).

2) P. Appell, Traité de Mécanique Rationnelle, T. II, Chap. XXV,
n° 499 (Paris, Gauthier - Villars, 1931).

CENTRO INTERNAZIONALE MATEMATICO ESTIVO

(C. I. M. E.)

79

GIOVANNI CARINI

SUL CONCETTO DI PRESSIONE IN MAGNETOFLUIDODINAMICA E NEL CASO DI UN FLUIDO DIELETTRICO IN PRESENZA DI UN CAMPO ELETTRICO

ROMA - Istituto Matematico dell'Università

SUL CONCETTO DI PRESSIONE IN MAGNETOFLUIDODINAMICA
E NEL CASO DI UN FLUIDO DIELETTRICO IN PRESENZA DI
UN CAMPO ELETTRICO

Giovanni   Carini

Nella ordinaria magnetofluidodinamica la forza unitaria di volume che interviene nell'equazione indefinita del moto si pensa decomposta in varie parti, di cui una ha origine elettromagnetica.

Come hanno rilevato il Prof. Ferraro; nella sua bella introduzione dei principi di Magneto-fluidodinamica, nel terzo ciclo di lezioni organizzato dal C. I. M. E - Varenna - 1962, ed altri Autori, quali ad es. Alfvén, Cowling, codesta forza elettromagnetica, la cui espressione è

$$\underline{I} \wedge \mu \underline{H}$$

può essere espressa, in parte, come gradiente di una pressione conformemente alla formula

$$(1) \qquad \underline{I} \wedge \mu \underline{H} = -\mathrm{grad}\left(\frac{H^2}{8\pi}\right) + \mathrm{div}\left(\frac{\mu \underline{H}\,\underline{H}}{4\pi}\right) ,$$

essendo $\underline{I}$ la densità di corrente elettrica, $\underline{H}$ l'intensità del campo magnetico, μ la permeabilità magnetica del mezzo (supposta costante) e indicando l'ultimo termine del secondo membro della (1) la divergenza di un diade.

Se si esce dalla magnetofluidodinamica pura e si considera un fluido conduttore mobile in un campo impresso elettromagnetico generale, nasce la questione di ricercare un'espressione completa per la pressione totale.

G. Carini

Per quanto io sappia, tale questione è stato oggetto di ricerca da parte di uno studioso cinese BOA-TEH-CHU. Questi ha proposto, in un lavoro inserito in "The Physics of Fluids" (1959), alcuni principi termodinamici per il trattamento di problemi relativi al caso generale.

La teoria proposta è fondata sulla seguente espressione della pressione totale

$$(2) \qquad p = p^{(m)} + \frac{1}{8\pi} (\underline{ED} + \underline{HB}) - \frac{1}{8\pi} \rho E^2 \frac{\partial \varepsilon}{\partial \rho} - \frac{1}{8\pi} \rho H^2 \frac{\partial \mu}{\partial \rho}$$

di cui l'Autore non dà sufficiente giustificazione. Nella (2) $\underline{E}$ è l'intensità elettrica del campo, $\underline{D}$ l'induzione elettrica, $\varepsilon = \varepsilon (\rho, T)$ è la costante dielettrica del mezzo, dipendente (in generale) dalla densità di massa ρ e dalla temperatura assoluta T, $\underline{B}$ è l'induzione magnetica, $\mu = \mu (\rho, T)$ è la permeabilità magnetica del mezzo.
Poiché sono fuori discussione le relazioni su cui si deve fondare la termodinamica di un fluido dielettrico immerso in un campo elettrostatico, come risulta dal volume di Landau-Lifschitz " Electrodynamics of Continuous Media ", ho particolarizzato la (2) nella

$$(2') \qquad p = p^{(m)} + \frac{1}{8\pi} \underline{ED} - \frac{1}{8\pi} \rho E^2 \frac{\partial \varepsilon}{\partial \rho}$$

ed ho rilevato che tale espressione non conduce alle suddette relazioni riportate nel volume di Landau-Lifschitz.

A tali relazioni si giunge agevolmente se si completa la (2') con un termine di pressione di origine elettrica.

G. Carini

Per vedere come nasce questo nuovo termine di pressione, consideriamo un fluido dielettrico in equilibrio rispetto ad un sistema inerziale di riferimento K e sia $\underline{F}$ la densità di forza non elettrica agente sul fluido. Com'è noto, gli sforzi di origine maccanica sono normali agli elementi superficiali su cui agiscono; hanno carattere di pressione e possiedono, nel generico punto P del mezzo, la stessa intensità $p^{(m)}$, qualunque sia l'orientazione dell'elemento superficiale per P.

Questa intensità $p^{(m)}$, che rappresenta la forza per unità di superficie, viene chiamata la pressione idrostatica in P.

Se il fluido è immerso in un campo elettrostatico, in generale, non uniforme, si devono considerare, accanto agli sforzi di origine meccanica, gli sforzi di origine elettrica.

Ricordiamo, che secondo la teoria di campo di Faraday-Maxwell, non esistono azioni a distanza. Se una superficie qualunque σ divide in due parti V e V', un sistema in equilibrio elettrico, Faraday concepisce che la forza totale che V' esercita su V deve attraversare σ . Maxwell completa la concezione di Faraday mostrando che la forza totale di origine elettrica che si esercita su V può rappresentarsi con un sistema di forze superficiali distribuite su σ .

Nasce così il concetto di sforzo elettrico $\underline{\phi}_{n}^{(e)}$ dσ relativo al generico punto P e all'elemento σ per P; $\underline{p}_{n}$ è lo sforzo specifico di origine elettrica, dipendente dall'intensità del campo in P e dall'orientazione di dσ rispetto alla direzione del campo, mentre n è la normale dσ, esterna all'elemento fluido che subisce l'azione.

G. Carini

Lo sforzo $\phi_n^{(e)}$ si calcola mediante il tensore $T^{(e)}$ di Maxwell con le seguenti formule:

$$(3) \qquad \phi_{ni}^{(e)} = \sum_1^3 {}_k \; T_{ik}^{(e)} \, \alpha_k \qquad\qquad (i = 1, \, 2, \, 3),$$

essendo

$$T_{ik}^{(e)} = - \xi \, \mathcal{E}_{ik} + \frac{1}{4\pi} \, E_i \, D_k = - \xi \, \delta_{ik} + \tau_{ik}; \quad \left(\delta_{ik} = \begin{cases} 0 & \text{per } i \neq k \\ 1 & i = k \end{cases}\right)$$

$$\tau_{ik} = \frac{1}{4\pi} \, E_i \, D_k \; ; \qquad\qquad \xi = \frac{E^2}{8\pi} \left[\mathcal{E} - \rho \left(\frac{\partial \mathcal{E}}{\partial \rho} \right)_T \right] \; ;$$

$$\alpha_1, \quad \alpha_2, \quad \alpha_3, \quad \text{i coseni direttori di } n \; .$$

Si può constatare con le (3) che lo sforzo di origine elettrica, relativo all'elemento superficiale $d\sigma$, non è in generale normale a $d\sigma$; esso può essere decomposto nel componente normale e nel componente tangenziale a $d\sigma$. Così se nel generico punto P, si considerano i tre sforzi specifici $\phi_1^{(e)}$, $\phi_2^{(e)}$, $\phi_3^{(e)}$ relativi alle direzioni per P, parallele agli assi coordinati Ox_1, Ox_2, Ox_3 si rileva che i tre sforzi normali $\phi_{11}^{(e)}$, $\phi_{22}^{(e)}$, $\phi_{33}^{(e)}$ in generale non sono uguali fra loro.

G. Carini

Dunque non possiamo parlare di pressione o trazione di origine elettrica, come si è fatto nel caso degli sforzi di origine meccanica in cui abbiamo potuto introdurre il concetto di pressione idraulica.

Ma l'equazione di stato e le altre equazioni termodinamiche richiedono l'esistenza di una pressione totale p, eguale per tutte le direzioni spiccate dal generico punto P del mezzo. Tale pressione totale è da pensarsi come composta della pressione di origine meccanica $p^{(m)}$ e di una pressione o trazione di origine elettrica.

Ma, come si può introdurre quest'ultima grandezza? Ritengo che si possa giungere allo scopo osservando che il tensore di Maxwell $T_{ik}^{(e)}$ è la somma del tensore isotropo $-\xi \delta_{ik}$ e del tensore τ_{ik} e che le due quantità

$$- \xi (\delta_{11} + \delta_{22} + \delta_{33}) = -3\xi \; ; \quad \tau_{11} + \tau_{22} + \tau_{33} = \frac{E\,D}{4\pi}$$

sono invarianti rispetto alle rotazioni degli assi coordinati per P .

Quindi la pressione (o trazione) di origine elettrica dev'essere legata alle due suddette quantità .

Per stabilire tale legame e per calcolare, quindi, la pressione totale p consideriamo dapprima la forza unitaria di volume di origine elettrica.

Essa è :

$$(4) \qquad \underline{F}^{(e)} = \mathrm{div}\, T^{(e)} = - \mathrm{grad}\, \xi + \mathrm{div}\, \tau \; .$$

G. Carini

Dalla (4) si deduce che ζ contribuisce alla pressione di origine elettrica; mostriamo ora che un altro termine di pressione (trazione) proverrà da div ζ .

Infatti, essendo $E_1 D_1 = \underline{E}\,\underline{D} - E_2 D_2 - E_3 D_3$ per la componente di div ζ secondo l'asse x_i , si ha:

$$(5) \qquad 4\pi\,(\text{div }\zeta)_1 = \sum_1^3 {}_i\; \frac{\partial}{\partial x_1}\,(E_1 D_i) = \frac{\partial}{\partial x_1}\,(\underline{E}\,\underline{D}) + E_1\,\text{div }\underline{D} -$$

$$- (E_1 \frac{\partial D_1}{\partial x_1'} + E_2 \frac{\partial D_2}{\partial x_1} + E_3 \frac{\partial D_3}{\partial x_1'}) + D_2\,(\frac{\partial E_1}{\partial x_2} - \frac{\partial E_2}{\partial x_1}) +$$

$$+ D_3\,(\frac{\partial E_1}{\partial x_3} - \frac{\partial E_3}{\partial x_1})\;.$$

Ma, se si tiene conto che i vettori elettrici $\underline{E}$, $\underline{D}$ nel dielettrico soddisfano alle equazioni

$$(6) \qquad \begin{aligned} \text{rot }\;\underline{E} &= o \\[4pt] \text{div }\;\underline{D} &= o \end{aligned}$$

dalla (5) si ricava

$$(\text{div }\zeta)_1 = \frac{1}{4\pi}\,\Big[\,\text{grad }(\underline{E}\,\underline{D})\Big]_1 - \frac{1}{4\pi}\,\underline{E}\cdot\frac{\partial \underline{D}}{\partial \bar{x}_1}$$

Dopo ciò, tenendo conto che espressioni analoghe valgono per le altre due componenti di div ζ , la (4) si scrive nella forma;

G. Carini

$$(4') \qquad \underline{F}^{(e)} = - \text{grad} \left(\xi - \frac{\underline{E}\,\underline{D}}{4\pi} \right) - \frac{1}{4\pi} \sum_{1}^{3}{}_{k} \left(\underline{E} \cdot \frac{\partial \underline{D}}{\partial x_{k}} \right) \underline{i}_{k}$$

dove $\underline{i}_{k}$ è il versore dell'asse Ox_{k}.

Allora l'equazione indefinita dell'equilibrio del fluido rispetto a K è

$$(7) \qquad \rho\,\underline{F} - \text{grad}\,(p^{(m)} + \rho - \frac{\underline{E}\,\underline{D}}{4\pi}) - \frac{1}{4\pi} \sum_{1}^{3}{}_{k} \left(\underline{E} \cdot \frac{\partial \underline{D}}{\partial x_{k}} \right) \underline{i}_{k} = 0$$

da cui si deduce, essendo $D = \varepsilon\,E$, che la pressione totale è

$$(8) \qquad p = p^{(m)} + \xi - \frac{ED}{4\pi} = p^{(m)} - \frac{E^{2}}{8\pi} \left(\varepsilon + \rho\,\frac{\partial \varepsilon}{\partial \rho} \right).$$

A me sembra allora, che la (8) mostri che la (2') dev'essere completata

con un termine di pressione di origine elettrica, ed in ciò sono confortato

dalla circostanza che la (8), come rilevo in un lavoro in corso di pubbli-

cazione, conduce alle relazioni su cui dev'essere fondata la termodinami-

ca di un fluido dielettrico immerso in un campo elettrico.

CENTRO INTERNAZIONALE MATEMATICO ESTIVO

(.C. I. M. E.)

V. C. A. FERRARO

MAGNETO-IDRODINAMICA

ROMA - Istituto Matematico dell'Università

MAGNETO - IDRODINAMICA

di V. C. A. Ferraro

1. - <u>Cenno storico</u>

Le origini della magneto-idrodinamica possono essere rintracciate nelle speculazioni di certi scienziati sul magnetismo dei corpi celesti, in certi studi teorici sul moto di un gas ionizzato immerso in un campo magnetico, eseguiti per formulare una teoria delle tempeste magnetiche.

Così Bigelow nel 1899 suggeriva che il sole è una grande calamita dalla somiglianza delle piume coronali, viste durante un eclisse totale, co<u>l</u> le linee di forza di una sfera uniformemente magnetizzata.

Schuster supponeva che ogni corpo celeste in rotazione doveva essere una grande calamita e le ricerche di Hale nel campo magnetico solare furono ispirate da queste prime speculazioni.

Nel 1908 Hale scoprì , per mezzo dell'effetto Zeeman, che le ma<u>c</u> chie solari possedevano campi magnetici dell'ordine di migliaia di gauss. Questa scoperta aprì un nuovo campo nello studio dell'astrofisica e fu indirettamente responsabile dello sviluppo della magneto-idrodinamica; poichè, per quanto i principi fisici necessari per tale nuova scienza erano conosci<u>u</u> ti già dal tempo di Maxwell, è da rilevare che i fenomeni della magneto-idrodinamica non si manifestano che quando si tratta di un fenomeno a gra<u>n</u> de scala, come quelli dei corpi celesti. Questi nuovi fenomeni si possono solo riprodurre in laboratorio con grande difficoltà.

Nel 1919 Larmor propose una teoria del sostegno del campo magnetico delle macchie solari nella quale lui supponeva che il moto dei gas ionizzati solari in un debole campo magnetico l'avrebbe amplificato e sostenuto, come avviene in una dinamo montata da sè. Le circostanze previste da Larmor riguardavano la simmetria intorno all'asse della macchia. Ma

V. Ferraro

Cowling nel teorema"anti-dinamo" dimostrava che un campo magnetico aven
do simmetria intorno ad un asse, non poteva essere sostenuto da un moto
con simmetria intorno allo stesso asse.

Cowling aggiunse alla sua critica della teoria di Larmor l'ipotesi
che i campi magnetici delle macchie potrebbero risultare dalla convezione
di un campo magnetico profondo prodotta da correnti verticali e che una cop
pia di macchie apparirebbe ogni qual volta questo campo rompesse la super
ficie solare. Nell'ipotesi del Cowling si aveva per la prima volta l'importante concetto di un campo magnetico "accollato" ad un gas ionizzato ad alta conducibilità. Kiepenheuer nel 1935, in una teoria della corona solare,
proponeva che i gas espulsi dalla corona potrebbero trasportare con loro
dei pezzi dei campi magnetici superficiali del sole. Due anni dopo dimostrai
che in una stella in rotazione non uniforme, la velocità angolare doveva essere costante sulla superficie tracciata da una linea di forza girando intorno all'asse della stella. Se questa così detta "legge di isorotazione" non ve-
nisse soddisfatta, le linee di forza sarebbero trascinate longitudinalmente
secondo il principio dell'accollamento.

Nel 1942 Alfvén affermava per la prima volta il teorema che porta
il suo nome, cioè che in un gas ionizzato o in un liquido di alta conducibilità
elettrica, ogni moto perpendicolare al campo magnetico è proibito, cosicchè
la materia del gas o del liquido è accollata alle linee di forza.

Questo teorema si deriva immediatamente applicando la legge di Faraday, ad un fluido di infinita conducibilità, cioè che la forza elettromotri-
ce in un circuito chiuso che si muove con il fluido è evanescente, altrimenti ne risulterebbero correnti infinite.

Nella stessa memoria in cui egli annunciava il suo teorema, Alfvén

V. Ferraro

diede anche un esempio dell'effetto di accoppiamento tra le forze meccaniche in un fluido di grande conducibilità e le forze magnetiche. Alfvén dimostrò che questa interazione dava luogo ad una nuova specie di onda, detta onda magnetoidrodinamica. Difatti, essendo la materia accollata alle linee di forza, e poichè esse si trovano sotto tensione, ogni linea di forza si comporta come una corda tesa; cosìcchè quando l'equilibrio è perturbato, le linee di forza vibrano in senso trasversale, come avviene per una corda di violino quando essa è pizzicata. Le onde si propagano lungo le linee di forza con una velocità che è direttamente proporzionale all'intensità del campo magnetico e, inversamente proporzionale alla radice quadrata della densità del fluido.

Alfvén introdusse importanti innovazioni nel trattamento di moto di una partícella elettrizzata in un campo magnetico. Nel 1940 introdusse il concetto del "centro guidato" per discutere il moto di una particella che gira in un campo magnetico. Questo concetto, che ha avuto importanti applicazioni nella cintura di Van Allen, ha introdotto grandi semplificazioni nel calcolo del moto generale delle particelle elettrizzate. Ad esempio, questo calcolo dimostra che una tale particella, girando intorno ad una linea di forza, ha tendenza ad una repulsione delle regioni di campo magnetico crescente, - cosiddette "punti specchi".

Nel 1949 Alfvén raccolse ed amplificò le sue memorie in un libro che pubblicò col titolo di "Cosmical Electrodynamics". Dappoi l'interesse nello studio della magneidrodinamica è cresciuto rapidamente e molti lavori sono stati pubblicati.

E' difficile prevedere il futuro sviluppo della magnetoidrodinamica.

V. Ferraro

I risultati ottenuti con i razzi Russi ed Americani hanno già posto diversi nuovi problemi, ed hanno anche portato a molte conclusioni inaspettate. Nel campo dell'ingegneria nucleare i problemi si moltiplicano sempre, e sembra che siamo ancora al principio di questa nuova scienza.

V. Ferraro

PRINCIPI FONDAMENTALI

2. - Le equazioni della magnetoidrodinamica

La magnetoidrodinamica, oppure la idromagnetica, è basata sulle
equazioni di Maxwell per il campo elettromagnetico, sulle equazioni dell'i-
drodinamica, nelle quali si includono le forze elettromagnetiche, sull'equazione di continuità e l'equazione del calore.

Perciò i problemi della magnetoidrodinamica sono molto complessi
e si avranno tutti i fenomeni associati con la non-linearità delle equazioni
dell'idrodinamica, cioè turbolenze, onde d'urto, ecc.

L'accoppiamento tra le forze elettromagnetiche e quelle meccaniche
ha due rapporti; il moto del flusso attraverso il campo magnetico genera
delle correnti elettriche e perciò anche un campo magnetico. Questo a sua
volta reagisce a mezzo delle forze elettromagnetiche, sul moto del fluido
e lo influenza. Le grandi dimensioni dei corpi celesti rendono importante
l'effetto dell'induzione elettromagnetica di Self, e si ha lo stato vero idromagnetico.

Discuteremo prima le equazioni di Maxwell in vari sistemi di riferimento in moto, e le approssimazioni adatte all'idromagnetica.

In un dato sistema di riferimento le equazioni di Maxwell sono:

$$\nabla \cdot \underline{E} = 4\pi\nu \quad , \qquad \nabla \cdot \underline{H} = 0 \tag{1}$$

$$\nabla \times \underline{E} = -\frac{1}{c}\frac{\partial \underline{H}}{\partial t} , \qquad \nabla \times \underline{H} = \frac{4\pi}{c}\underline{j} + \frac{1}{c}\frac{\partial \underline{E}}{\partial t} \tag{2}$$

ove sono indicati con $\underline{E}$ e $\underline{H}$ l'intensità del campo elettrico e del campo magnetico, con ν la densità della carica elettrica, con $\underline{j}$ la densità di corrente elettrica.

V. Ferraro

Come è ben noto, queste equazioni si trasformano in un sistema di riferimento avente una velocità $\underline{v}$ relativa al primo sistema, se si scrive

$$\underline{E}' = \beta \ (\underline{E} + \frac{1}{c} \underline{v} \times \underline{H}) \tag{3}$$

$$\underline{H}' = \beta \ (\underline{H} - \frac{1}{c} \underline{v} \times \underline{E}) \tag{4}$$

$$\nu' = \beta \ (\nu - \frac{\underline{v} \cdot \underline{j}}{c^2}) \tag{5}$$

$$\underline{j}' = \beta \ (\underline{j} - \nu \, \underline{v}) \tag{6}$$

$$\beta = (1 - \frac{v^2}{c^2})^{-\frac{1}{2}} \tag{7}$$

dove $\underline{E}'$, H', ν', $\underline{j}'$ denotano l'intensità elettrica e magnetica, la densità della carica elettrica e la densità di corrente nel sistema "in moto".

Siccome non si avranno da considerare velocità che si avvicinano alla velocità della luce, si potranno trascurare i termini dell'ordine $\frac{v^2}{c^2}$.

Cosicchè si può scrivere approssimativamente $\beta = 1$.

Inoltre anticiperemo un risultato fondamentale, cioè, che il campo elettrico in un sistema di riferimento in moto è quasi nullo, cosìcchè si può scrivere:

$$\underline{E}' = \underline{E} + \frac{1}{c} \underline{v} \times \underline{H} \simeq 0 \tag{8}$$

Qui $\underline{v}$ può essere considerata come la velocità dell'elemento del fluido; tenendo conto di questa relazione approssimata, il valore di $\frac{\underline{v} \times \underline{E}}{c}$ nella (4) è dell'ordine di $\frac{v^2 H}{c^2}$ e perciò trascurabile in confronto ad H, e dunque

$$\underline{H}' \simeq \underline{H} \tag{9}$$

e si può parlare di un campo magnetico senza esservi bisogno di specifica-

V. Ferraro

re il sistema di riferimento. Ma il campo elettrico non è invariato, e si trasforma secondo la (8), approssimativamente.

Sia L una lunghezza caratteristica della scala di variazione delle grandezze, si ha allora dall'equazione (1) e dalla (8):

$$\nu \simeq - \nabla \cdot \frac{\underline{v} \times \underline{H}}{4 \pi c} \simeq \frac{v}{c} \frac{H}{4 \pi L}$$

La corrente elettrica di convezione, dovuta a questa densità di cari ca, ha una densità

$$\left| \nu \underline{v} \right| \simeq \left(\frac{v}{c}\right)^2 \frac{c H}{4 \pi L}$$

e poichè $\left| \nabla \times \underline{H} \right| \sim \dfrac{H}{L}$ questa relazione si può anche scrivere:

$$\left| \nu \underline{v} \right| \simeq \frac{v^2}{c^2} \left| \frac{c \, \nabla \times \underline{H}}{4 \pi} \right|$$

Ciò vuol dire che nella (6) si può trascurare la corrente di convezione nel calcolo della corrente elettrica, e si può anche trascurare la cor rente di spostamento di Maxwell; la corrente è quasi interamente una corrente di conduzione prodotta dal moto degli elettroni.

Si può allora scrivere:

$$4 \pi \, \underline{j} = c \, \nabla \times \underline{H} \tag{10}$$

Nel caso dei gas ionizzati, se si denota con   n   la densità degli elettroni e con   e   la carica di uno di essi, si ha:

$$\frac{\nu}{n e} \simeq \frac{\frac{v H}{c}}{4 \pi n e L} \simeq \frac{v}{c^2} \frac{j}{n e} = \frac{v}{c} \cdot \frac{V}{c}$$

V. Ferraro

dove V denota la velocità degli elettroni relativa al gas. Poichè tanto

v come V sono inferiori alla c, si ha $\dfrac{v}{n\,e} \ll 1$ cioè, nel caso non

relativistico, si può trascurare lo spostamento relativo alle cariche di se-

gno opposto.

Infine consideriamo la condizione necessaria per trascurare la cor-

rente di spostamento. Sia T un periodo di tempo caratteristico delle va

riazioni temporali delle grandezze; si avrà:

$$\frac{1}{c}\left|\frac{\partial \underline{E}}{\partial t}\right| \simeq \frac{|\underline{E}|}{c\,T}$$

La (8) ci dà immediatamente:

$$T \gg \frac{v}{c}\,\frac{L}{c} \tag{11}$$

Perchè si possa trascurare la corrente di spostamento, è necessa-

tio che T sia maggiore dell'intervallo di tempo nel quale un'onda elettro

magnetica descriva la lunghezza L; la (11) è certamente soddisfatta se

si tratta di frequenze piccole in confronto alla frequenza delle onde lumino

se.

Le equazioni di Maxwell approssimate della teoria sono dunque le

seguenti:

$$\nabla \cdot \underline{E} = 4\pi\nu \tag{12}$$

$$\nabla \cdot \underline{H} = 0 \tag{13}$$

$$\nabla \times \underline{H} = \frac{4\pi\,\underline{j}}{c} \tag{14}$$

$$\nabla \times \underline{E} = -\frac{1}{c}\,\frac{\partial \underline{H}}{\partial t} \tag{15}$$

e queste sono invarianti nella trasformazione Galileiana.

V. Ferraro

$$\underline{v}' = \underline{v} - \underline{v}\, t \, , \quad t' = t \tag{16}$$

purchè $\underline{E}$ e $\underline{H}$ si trasformino secondo le equazioni:

$$\underline{E}' = \underline{E} + \frac{1}{c}\, \underline{v} \times \underline{H} \quad , \quad \underline{H}' = \underline{H} \tag{17}$$

e, dalla (5) e (6)

$$\gamma' = \gamma \; - \frac{\underline{j}' \cdot \underline{v}}{c^2} \quad , \quad \underline{j}' = \underline{j} \tag{18}$$

Si ha da notare, in particolare, che generalmente non si può trascurare il termine $\dfrac{\underline{v} \cdot \underline{j}}{c^2}$ nella (18), che è dello stesso ordine di grandezza di γ . Questo è tutto ciò che ci rimane delle teorie relativistiche nell'approssimazione newtoniana.

3. - La legge di Ohm

In un conduttore a riposo, si ha la leggè di Ohm

$$\underline{j} = \sigma\, \underline{E} \tag{19}$$

per determinare la corrente rispetto al campo elettrico in un conduttore in movimento, la conducibilità σ deve riferirsi ad un sistema locale cioè uno che ha la velocità totale del fluido.

Si avrà allora: $\quad \underline{j}' = \sigma\, \underline{E}' \quad$ e, dalla (18)

$$\sigma\, \underline{E}' = \underline{j}' \simeq \underline{j} = \sigma\, (\underline{E} + \frac{1}{c}\, \underline{v} \times \underline{H}) \tag{20}$$

Le equazioni (15) e (20) ci fanno notare che $\underline{H}$ è determinata da $\underline{E}$ per la prima delle equazioni (2), ad un dato istante la corrente è poi determinata dall'equazione di Ampère $\quad 4\pi\, \underline{j} = c\; \nabla \times \underline{H}$. Si vede che $\underline{H}$ determina $\underline{j}$ e non $\underline{j}$ determina $\underline{H}$ nel regime magnetico idrodinamico (perchè in realtà $\underline{E}' \simeq 0$).

V. Ferraro

4. - L'accoppiamento della Legge di Ohm e delle equazioni di Maxwell.

Se si elimina il campo elettrico tra la (14), (15) e (20) si ha

$$\frac{c^2}{4\pi\sigma}\ \nabla\times(\nabla\times\underline{H}) = -\frac{\partial\underline{H}}{\partial t} + \nabla\times(\underline{v}\times\underline{H}) \tag{21}$$

oppure, tenendo conto dell'equazione $\quad\nabla\cdot\underline{H}=0\ $,

$$\frac{\partial\underline{H}}{\partial t} = \nabla\times(\underline{v}\times\underline{H}) + \frac{c^2}{4\pi\sigma}\ \nabla^2\underline{H} \tag{22}$$

dove si suppone che σ sia una costante; sia

$$\eta = \frac{c^2}{4\pi\sigma} \tag{23}$$

e L una lunghezza caratteristica della scala della variazione delle variabili e V una velocità caratteristica.

L'ordine di grandezza del primo e secondo termine a destra della
(22) è $\dfrac{VH}{L}$ e $\dfrac{\eta H}{L^2}$.

Il loro rapporto $\dfrac{VL}{\eta}$ si dice <u>numero magnetico di Rey-
nolds</u> R_m, per analogia col numero di Reynolds comune.

Se questo numero è piccolo in confronto all'unità, il primo termine
a destra della (22) può essere trascurato, e si ha approssimativamente

$$\frac{\partial\underline{H}}{\partial t} = \eta\ \nabla^2\underline{H} \tag{24}$$

Questa è l'equazione della diffusione del campo magnetico in un conduttore a riposo; essa dà inoltre lo smorzamento del campo.

E' chiaro, da considerazioni dimensionali, che il periodo di declino
del campo è dell'ordine di $\dfrac{L^2}{\eta}$, cioè $\dfrac{4\pi\sigma L^2}{c^2}$.

Se R_m è grande in confronto all'unità, il primo termine a destra
dell'equazione (22) predomina, e l'equazione si riduce effettivamente a:

V. Ferraro

$$-\frac{\partial H}{\partial t} = \nabla \times (\underline{v} \times \underline{H}) \qquad (25)$$

Quest'equazione, come è ben noto, implica che le linee di forza siano accollate al fluido, benchè il fluido può scorrere senza effetti elettrodinamici lungo le linee di forza. Una prova indipendente del teorema è la seguente:

5. - Teorema di Alfvén

Se si ha un fluido di conducibilità elettrica infinita in moto in un campo magnetico qualsiasi, il flusso magnetico attraverso una superficie composta di particelle del fluido è costante.

Difatti, sia Σ una superficie e C il suo contorno, ambedue composte di particelle del fluido. Il flusso F di $\underline{H}$ attraverso la superficie Σ è

$$F = \int_{\Sigma} \underline{H} \cdot \underline{dS}$$

dove $\underline{dS}$ è un elemento orientato della Σ . La variazione $\dfrac{dF}{dt}$ della F nell'unità di tempo dovuta al movimento della superficie Σ e del suo contorno è la somma di due parti, cioè, la parte locale della variazione, $\dfrac{\partial F}{\partial t}$, e la variazione di F dovuta al moto del contorno C. In un intervallo di tempo δt, un elemento $\underline{ds}$ del contorno C subisce uno spostamento $\underline{v}\,\delta t$, e descrive la superficie $\underline{ds} \times \underline{v}\,\delta t$.

Il flusso di $\underline{H}$ attraverso questo elemento di superficie è $-\underline{H} \cdot \underline{ds} \times \underline{v}\,\delta t$, e la variazione nell'unità di tempo è perciò

$$-\underline{H} \cdot (\underline{ds} \times \underline{v}) = -(\underline{v} \times \underline{H}) \cdot \underline{ds}.$$

Facendo l'integrazione intorno a C si ha che la variazione del flusso di $\underline{H}$ attraverso Σ è dovuto al moto di C è $-\oint_{C}(\underline{v} \times \underline{H}) \cdot \underline{ds} =$

V. Ferraro

$$= - \int_{\Sigma} \nabla \times (\underline{v} \times \underline{H}) \cdot \underline{dS} \quad \text{per il teorema di Stokes. Cosìcchè:}$$

$$\frac{dF}{dt} = \frac{\partial F}{\partial t} - \int_{\Sigma} \nabla \times (\underline{v} \times \underline{H}) \cdot \underline{dS} = \int_{\Sigma} \left(\frac{\partial H}{\partial t} - \nabla \times (\underline{v} \times \underline{H}) \cdot \underline{dS} \right)$$

e perciò, tenendo conto della (25) , si ha $\dfrac{dF}{dt} = 0$ e ne segue che F

è una costante.

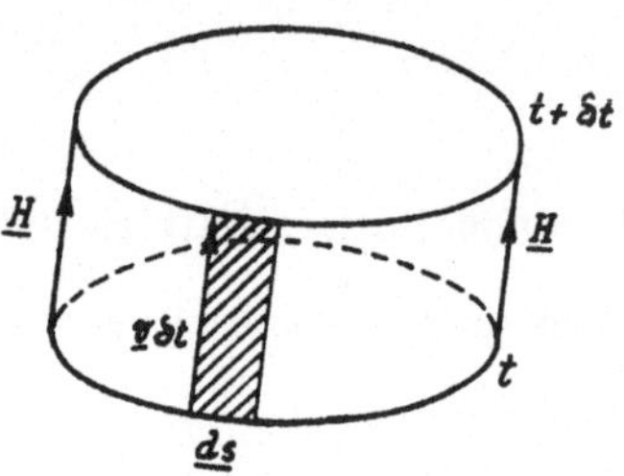

Questo teorema ci fa notare che il fluido può scorrere liberamente lungo le linee di forza ma il moto perpendicolare al campo di forza trascina le linee di forza con esso.

Lo stesso teorema è valido se il campo elettrico è un campo di polarizzazione.

Un'interessante conseguenza del teorema di Alfvèn, notato da Walén, è che in un fluido l'intensità del campo magnetico può essere aumentata per un movimento del fluido tale che le linee di forza siano allungate.

Difatti, si considera un tubo di forza la cui sezione normale ha una superficie dS e consideriamo un tronco del tubo di lunghezza dl . Il teorema di Alfvén richiede che HdS sia costante durante il moto del tronco e poiché questo è composto di particelle del fluido si ha anche che la massa del tronco ρ dSdl è costante (ρ essendo la densità del fluido). Dunque il rapporto $\dfrac{H}{\rho\, dl}$ è costante e se ρ è anche costante (come nel caso di un liquido) avremo $H \propto dl$, ciò che dimostra il risultato di Walén.

V. Ferraro

6. - Energia magnetica

L'energia totale del campo magnetico, W_m, è

$$W_m = \frac{1}{8\pi} \int H^2 d\tau \qquad (26)$$

ove l'integrazione si fa per il volume occupato dal campo magnetico $\underline{H}$.

Ora

$$\frac{\partial W_m}{\partial t} = \frac{1}{4\pi} \int \underline{H} \cdot \frac{\partial \underline{H}}{\partial t} d\tau$$

e adoperando la (22) si ha

$$\frac{\partial W_m}{\partial t} = \frac{1}{4\pi} \int \left\{ \underline{H} \cdot \nabla \times (\underline{v} \times \underline{H}) + \eta\, \underline{H} \cdot \nabla^2 \underline{H} \right\} d\tau \qquad (27)$$

Consideriamo i due termini a destra separatamente, si ha:

$$\frac{1}{4\pi} \int \eta\, \underline{H} \cdot \nabla^2 \underline{H}\, d\tau = - \eta \int \underline{H} \cdot \nabla \times \underline{j}\, d\tau = \qquad \text{poichè } \nabla \cdot \underline{H} = 0$$

$$= - \eta \int \left\{ \nabla \cdot (\underline{j} \times \underline{H}) + (\nabla \times \underline{H}) \cdot \underline{j} \right\} d\tau = \qquad (28)$$

$$= - c^2 \int \frac{j^2}{\sigma}\, d\tau$$

essendo il primo termine a destra della (28) nullo, il che risulta evidente quando si trasforma questo integrale in un integrale di superficie per mezzo del teorema di Green.

Cosìcchè il secondo termine a destra della (27) rappresenta la conversione di parte dell'energia magnetica in forma di calore Joule, nel rapporto di $\dfrac{j^2}{\sigma}$ per l'unità di volume.

Il primo termine a destra della (27) ci dà:

$$\frac{1}{4\pi} \int \left[\nabla \cdot \left\{ (\underline{v} \times \underline{H}) \times \underline{H} \right\} + (\underline{v} \times \underline{H}) \cdot \nabla \times \underline{H} \right] d\tau = - \int \underline{v} \cdot (\underline{j} \times \underline{H})\, d\tau$$

V. Ferraro

perchè il primo termine a sinistra è nullo, come è evidente dopo una trasformazione dell'integrale di volume per la formula di Green. Dunque il primo termine rappresenta il lavoro fatto dal fluido contro la forza magnetica $\underline{J} \times \underline{H}$ durante il moto.

7. - Gli effetti meccanici - Tensioni magnetiche.

L'equazione meccanica del flusso di densità ρ si può scrivere:

$$\rho \frac{dv}{dt} = - \nabla p + \rho \, \underline{g} + \underline{j} \times \underline{H} + \frac{1}{3} \rho \nu \, \nabla \nabla \cdot \underline{v} + \rho \nu \nabla^2 \underline{v} \qquad (29)$$

dove abbiamo trascurata la corrente di convezione $\nu \underline{v}$; $\underline{g}$ è l'accelerazione dovuta a forze di gravitazione, ν la viscosità cinematica, e p la pressione. A quest'equazione bisogna aggiungere l'equazione di continuità:

$$\frac{d\rho}{dt} + \rho \nabla \cdot \underline{v} = 0 \qquad (30)$$

Poichè la corrente $\underline{j}$ è determinata dal campo magnetico, la (29) si può scrivere:

$$\rho \frac{dv}{dt} = - \nabla p + \rho \, \underline{g} + \frac{1}{4\pi} (\nabla \times \underline{H}) \times \underline{H} + \frac{1}{3} \nabla \nabla \cdot \underline{v} + \rho \nu \nabla^2 \underline{v} \qquad (31)$$

Il terzo termine a destra di quest'equazione rappresenta la forza meccanica magnetica. Essa si può esprimere anche per mezzo delle tensioni di Maxwell. Difatti si ha:

$$(\nabla \times \underline{H}) \times \underline{H} = - \nabla \frac{1}{2} H^2 + \nabla \cdot \underline{H} \underline{H} . \qquad (32)$$

L'ultimo termine di quest'equazione è la divergenza del tensore del secondo

V. Ferraro

ordine H_α H_β . Dunque la forza magnetica per unità di volume equivale ad una tensione $\dfrac{H^2}{4\pi}$ lungo le linee di forza e ad una pressione idrostatica uguale a $\dfrac{H^2}{8\pi}$.

Queste tensioni equivalgono alle tensioni di Maxwell cioè una tensione $\dfrac{H^2}{8\pi}$ lungo le linee di forza ed una pressione uguale ad essa diretta normalmente alle linee di forza. Ma la prima interpretazione è più utile alla magnetoidrodinamica, perchè si può bilanciare la pressione magnetica $\dfrac{H^2}{8\pi}$ per mezzo della pressione idrostatica.

Poichè l'ordine di grandezza delle forze d'inerzia $\rho\dfrac{dv}{dt}$ è $\rho\dfrac{v^2}{L}$, il rapporto fra le forze magnetiche e quelle d'inerzia è uguale a

$$ S = \frac{H^2}{4\pi\rho v^2} \tag{33} $$

Questo è anche il rapporto tra l'energia magnetica e l'energia cinematica, ed è perciò un indice dell'importanza relativa del campo magnetico quando esso è accollato alle linee di forza.

Come per l'idrodinamica, l'importanza relativa delle forze d'inerzia e delle forze viscose è dato dal numero di Reynolds, cioè $R = \dfrac{VL}{\nu}$, mentre il rapporto tra le forze magnetiche e quelle viscose è $\dfrac{H^2L}{4\pi\rho\nu V} = RS$. Nell'Astrofisica questo rapporto è molto superiore all'unità e perciò le forze dovute alla viscosità del fluido si possono trascurare in confronto a quelle magnetiche.

Torniamo ora a considerare il caso in cui la resistenza è importante. In questo caso la corrente elettrica non è più determinata dall'equazione (14) ma dalla (20). Perciò si ha per la forza meccanica dovuta all'azione del campo magnetico sulla corrente,

V. Ferraro

$$\frac{1}{c}\, \underline{j} \times \underline{H} = \frac{\sigma}{c}\, (\underline{E} + \frac{\underline{v} \times \underline{H}}{c}) \times \underline{H} = \frac{\sigma}{c}\, \underline{E}_t \times \underline{H} - \frac{\sigma}{c^2}\, H^2 \underline{v}_t$$

dove $\underline{E}_t$ e $\underline{v}_t$ denotano le componenti di $\underline{E}$ e $\underline{v}$ perpendicolari al campo magnetico. L'equazione del moto sarà quindi:

$$\rho\, \frac{d\underline{v}}{dt} = \underline{P} + \frac{\sigma}{c}\, \underline{E}_t \times \underline{H} - \frac{\sigma}{c^2}\, H^2 \underline{v}_t \tag{33a}$$

dove $\underline{P}$ rappresenta la somma delle altre forze per unità di volume. Nel caso in cui $\underline{P}$ e $\underline{E}_t$ sono trascurabili l'equazione (33a) dimostra che il moto perpendicolare al campo magnetico è diminuito, a causa degli effetti d'induzione, in un periodo uguale a:

$$\tau = \frac{\rho\, c^2}{\sigma\, H^2} \tag{33b}$$

Questo periodo di tempo può essere brevissimo anche per esperimenti di laboratorio, cosìcchè la resistenza dovuta all'induzione può considerarsi come una "viscosità" che tende a distuggere il moto.

Considerando le dimensioni delle forze viscose magnetiche ed idrodinamiche, le prime sono dell'ordine di $\frac{\sigma}{c^2}\, H^2 V$ e le seconde dell'ordine di $\frac{\rho\, \nu\, V}{L^2}$ dove H, V sono quantità che rappresentano l'ordine di grandezza delle variazioni di $\underline{H}$ e $\underline{v}_t$ ed L l'ordine della lunghezza delle loro variazioni spaziali. Le forze viscose magnetiche domineranno il regime se il rapporto $M = HL\, (\frac{\sigma}{\rho\, \nu\, c^2})^{1/2}$ è grande in confronto all'unità. Questo è il numero di Hartmann.

Nel caso in cui $\underline{P}$ ed $\underline{E}_t$ non sono trascurabili, la discussione dell'equazione (33a) è più semplicemente fatta se si introduce la "velocità

V. Ferraro

delle linee di forza". Questo concetto è esatto solo nel caso in cui le linee di forza sono accollate al fluido, cioè di infinita conducibilità elettrica, quando si ha:

$$\underline{E} + \frac{\underline{v} \times \underline{H}}{c} = 0 \qquad (33c)$$

e perciò $\underline{E} = \underline{E}_t$. Si può generalizzare quest'equazione con la definizione della velocità delle linee di forza $\underline{w}$ perpendicolare al campo $\underline{H}$ e tale che

$$\underline{E} + \frac{\underline{W} \times \underline{H}}{c} = 0$$

cioè

$$\underline{w} = \frac{c\underline{E}_t \times \underline{H}}{H^2} \qquad (33d)$$

Se si ha $\underline{P} = 0$, la (33a) dimostra che in un periodo di tempo uguale a τ della (33b), la velocità $\underline{v}$ si avvicina al valore $\underline{w}$ della (33d); cioè, gli effetti meccanici tendono sempre a distruggere il moto trasversale del fluido relativo alle linee di forza. Ora, benchè la velocità si muterà sensibilemte in un periodo di tempo uguale a $\dfrac{L}{V}$ e persino il moto relativo alle linee di forza persisterà se $N = \dfrac{L}{V\tau} = \dfrac{L\,\sigma\,H^2}{V\rho\,c^2}$ è inferiore all'unità.

Se $\underline{P} \neq 0$, il moto relativo attraverso le linee di forza non è distrutto, ma tende al valore:

$$\underline{V}_t - \underline{w} = \frac{\underline{P}_t\,c^2}{\sigma\,H^2}$$

V. Ferraro

MAGNETOIDROSTATICA E MOTI STAZIONARI

8. - In certi casi le forze magnetiche o si annullano oppure si possono bilanciare con la pressione del fluidò, cosìcchè il fluido è in equilibrio. Consideriamo le condizioni necessarie per questo equilibrio e la stabilità delle configurazioni d'equilibrio.

9. - Le equazioni dell'idrostatica.

In un fluido a riposo si ha $\underline{v} = 0$ e le equazioni si riducono a:

$$\nabla \cdot \underline{H} = 0, \qquad \frac{\partial \underline{H}}{\partial t} = \eta \nabla^2 \underline{H} \qquad (34)$$

$$\nabla p = \rho \underline{g} + \frac{1}{4\pi} (\nabla \times \underline{H}) \times \underline{H} \qquad (35)$$

Il secondo membro della (35) rappresenta le forze magnetiche ed i problemi della magnetoidrostatica si possono dividere in due classi, secondo che questa forza magnetica si annulla o non si annulla. Il primo caso è di interesse speciale, perchè in questo caso l'equilibrio statico è lo stesso che nel caso quando non ci sono campi magnetici. La condizione che le forze magnetiche si annullano è che

$$(\nabla \times \underline{H}) \times \underline{H} = 0 \qquad (36)$$

e a meno che $\nabla \times \underline{H}$, cioè $\underline{j}$, sia nulla (e allora non vi saranno correnti elettriche nel fluido), la condizione (36) implica che la corrente scorre parallelamente al campo magnetico.

Tali campi magnetici si dicono "privi di forza" (force-free).

Se la forza magnetica non si annulla si ha il caso delle cosìddette configurazioni bilanciate da pressioni, perchè in questo caso la pressione

V. Ferraro

idrostatica sopporta le forze magnetiche e di gravitazione. Se queste ultime derivano da un potenziale di gravitazione Ω si ha $g = -\nabla\Omega$ e
la (35) si può scrivere, per un liquido,

$$\nabla (p + \rho\Omega) = \frac{1}{4\pi}(\nabla \times \underline{H}) \times \underline{H} = \underline{j} \times \underline{H} \qquad (37)$$

Da questa equazione risulta immediatamente che le linee di forza
del campo magnetico e le linee di corrente elettrica appartengono alle superficie $p + \rho\Omega =$ costante.

L'equazione (37) può anche scriversi come segue:

$$\frac{(\underline{H} \cdot \nabla)\underline{H}}{4\pi} = \nabla (p + \rho\Omega + \frac{1}{8\pi} H^2) \qquad (38)$$

ciò dimostra che le linee di forza agiscono come corde elastiche sotto ten-
sione $\frac{H^2}{4\pi}$ e che la pressione idrostatica totale è $p + \rho\Omega + \frac{1}{8\pi} H^2$,
cioè, alla pressione idrostatica deve essere aggiunta la pressione magneti-
ca $\frac{H^2}{8\pi}$.

La condizione necessaria per l'equilibrio statico si deduce dalla
(35); difatti, eliminando la pressione idrostatica si ha

$$\nabla\rho \times \nabla\Omega = \nabla \times \left\{ (\nabla \times \underline{H}) \times \underline{H} \right\} \qquad (39)$$

e se il fluido è incompressibile, cosìcchè $\nabla\rho = 0,$ questa condizione si
riduce a:

$$\nabla \times \left\{ (\nabla \times \underline{H}) \times \underline{H} \right\} = 0 \qquad (40)$$

Le condizioni al contorno sono le seguenti, la continuità della pressione totale $p + \frac{H^2}{8\pi}$ e della componente normale H_n del campo magnetico.

V. Ferraro

10. - Campi magnetici privi di forza.

In un campo privo di forza, la (35) richiede che:

$$\nabla \times \underline{H} = \alpha \, \underline{H} \tag{41}$$

ove α denota una funzione della posizione e del tempo. Da questa equazione si ha:

$$0 = \nabla \cdot (\alpha \, \underline{H}) = \nabla \alpha \cdot \underline{H} \tag{42}$$

poichè $\nabla \cdot \underline{H} = 0$. In più

$$\nabla \times (\nabla \times \underline{H}) = \nabla \times (\alpha \, \underline{H}) = \alpha \nabla \times \underline{H} + \nabla \alpha \times \underline{H} = \alpha^2 \underline{H} + \nabla \alpha \times \underline{H}$$

e tenendo conto della (34) si ha

$$\frac{1}{\eta} \frac{\partial \underline{H}}{\partial t} = - \alpha^2 \underline{H} + \underline{H} \times \nabla \alpha \tag{43}$$

Il campo magnetico è continuamente privo di forza, se si ha

$$\underline{H} = \underline{H}_0 \, f(t) \tag{44}$$

dove $\underline{H}_0$ è un campo magnetico privo di forza. Sostituendo nelle equazioni (41), (42), e (43) si trova che α deve essere indipendente da t ed in più

$$\underline{H}_0 \cdot \nabla \alpha = 0 \qquad \underline{H}_0 \times \nabla \alpha = 0$$

e dunque α è una costante. L'equazione (43) si riduce a:

$$\frac{1}{\eta} \frac{\partial \underline{H}}{\partial t} = - \alpha^2 \underline{H} \tag{45}$$

donde la soluzione è

$$\underline{H} = \underline{H}_0 \, e^{-\frac{t}{\tau}} \; ; \tag{46}$$

V. Ferraro

è chiaro che il tempo di declino τ è dell'ordine di $\dfrac{\eta}{\alpha^2}$ ..

Questo risultato però è solo esatto nel caso in cui si considera un sistema isolato.

Se la conducibilità del fluido è infinita, α non è pure necessariamente costante. In ogni modo, può dimostrarsi che i campi magnetici privi di forza per cui α è costante, rappresentano stati di energia magnetica minima. Difatti questi sono i soli campi magnetici privi di forze stabili che declinano senza cagionare il movimento del fluido.
Perciò ci limiteremo allo studio di questi campi con α costante.

11. - Condizioni al contorno.

Il contorno può essere discontinuo; le condizioni al contorno richiedono che la componente normale della corrente elettrica e del campo magnetico siano continui. Si denotano con gli indici 1 e 2 le varie quantità dalle due parti di una superficie di contorno che separa due fluidi, con $\underline{n}$ un versore lungo la normale alla superficie. Allora si ha:

$$\underline{j}_1 \cdot \underline{n} = \underline{j}_2 \cdot \underline{n}$$
$$\underline{H}_1 \cdot \underline{n} = \underline{H}_2 \cdot \underline{n} \tag{47}$$

Poichè $\nabla \times \underline{H} = 4\pi \underline{j} = \alpha \underline{H}$, le (47) si riducono alla relazione

$$(\alpha_1 - \alpha_2)\,\underline{n} \cdot \underline{H} = 0 \tag{48}$$

e poichè $\alpha_1 \neq \alpha_2$, si ha $\underline{n} \cdot \underline{H} = 0$. Le linee di forza del campo perciò sono poste sulle superfici di contorno.

Se non esistono correnti elettriche superficiali, un'altra condizione al contorno è

V. Ferraro

$$\underline{n} \times \underline{H} = \underline{n} \times \underline{H}_2 \qquad (49)$$

12. - <u>Soluzione dell'equazionè nel caso α = costante.</u>

Dalla (41) e (46) si ottiene immediatamente:

$$\nabla^2 \underline{H}_o + \alpha^2 \underline{H}_o = 0 \qquad (50)$$

La soluzione della (41) si trova fra le soluzioni della (50), ma non tutte le soluzioni della (50) soddisfano la (41), cioè $\nabla \times \underline{H}_o = \alpha \underline{H}_o$.

Sia ψ una funzione che soddisfa l'equazione

$$\nabla^2 \psi + \alpha^2 \psi = 0 \qquad (51)$$

Si può dimostrare che tre soluzioni indipendenti dalla equazione (50) sono:

$$\underline{L} = \nabla \psi \quad , \quad \underline{T} = \nabla \times \underline{a} \psi \, , \quad \underline{S} = \frac{1}{\alpha} \nabla \times \underline{T} \qquad (52)$$

dove $\underline{a}$ è un versore costante. Allora

$$\nabla \times \underline{S} = \frac{1}{\alpha} \left[\nabla \times (\nabla \times \underline{T}) \right] = \frac{1}{\alpha} \left[\nabla \nabla \cdot \underline{T} - \nabla^2 \underline{T} \right] = \alpha \underline{T} \qquad (53)$$

Perciò si ha che

$$\nabla \times (\underline{T} + \underline{S}) = \alpha \underline{S} + \alpha \underline{T} = \alpha (\underline{T} + \underline{S}) \qquad (54)$$

e dunque, salvo il fattore temporale, la soluzione generale della (41) è

$$\underline{H} = \nabla \times (\underline{a} \psi) + \frac{1}{\alpha} \nabla \times (\nabla \times \underline{a} \psi) \qquad (55)$$

Si ha dunque il seguente risultato, dato un qualsiasi campo toroidale che soddisfa la (50), si può sempre trovare un campo poloidale $\underline{S}$, tale

V. Ferraro

che $\underline{T} + \underline{S}$ rappresenti un campo privo di forza.

<u>Esempi</u> (i)

Se la soluzione di (51) dipende da una sola variabile x, si ha

$$\frac{d^2 \psi}{d x^2} + \alpha^2 \psi = 0$$

che ammette la soluzione ψ = A cos α x (A = costante). Se si sceglie
pure $\underline{a}$ = (0, 0, 1) dalla (58) abbiamo

$$\underline{H} = (0, -\frac{d\psi}{d x}, \alpha \psi) = \underline{H}_0 (0, \operatorname{sen}\alpha x, \cos\alpha x) \quad (59)$$

dove $\underline{H}_0$ è una costante. Si ha allora un campo magnetico privo di forza
che è uniforme in qualsiasi piano x = costante, ma la cui direzione varia
per i diversi piani.

(ii)

Considerando ora una soluzione simmetrica rispetto ad un asse,
se ϖ denota la distanza dall'asse, si ha per la (51)

$$\frac{1}{\varpi} \frac{\partial}{\partial \varpi} (\varpi \frac{\partial \psi}{\partial \varpi}) + \alpha^2 \psi = 0 \quad (60)$$

La soluzione regolare per ϖ = 0 (sull'asse) è ψ = CJ$_0$ $(\alpha \varpi)$
dove C è costante. Se si adopera $\underline{a}$ = (0, 0, 1), la (55) dà la soluzione

$$\underline{H} = \underline{H}_0 \left\{ 0, J_1 (\alpha \varpi), J_0 (\alpha \varpi) \right\}$$

dove H_0 è una costante. Le linee di forza di questo campo sono eliche cir
colari, il loro passo va diminuendo verso zero quando si recede dall'asse,
poi aumenta di nuovo e così via. Questo campo si può aggiungere ad un cam

V. Ferraro

po nel vuoto, se sul cilindro ω = a, si ha α soddisfa all'equazione $J_0 (\alpha$ a) = 0. Il campo esterno sul cilindro è allora

$$\underline{H} \equiv \left\{ 0, \frac{a\, H_0}{\omega}\, J_1 (\alpha\, a), 0 \right\}$$

All'interno del cilindro, l'asse coincide con una linea di forza, men tre le altre linee di forza sono spirali di cui il passo diminuisce verso ze ro sulla superficie del cilindro.

I campi magnetici privi di forza furono postulati da Lüst e Schlü ter nel 1952 per ovviare la difficoltà dell'equilibrio dell'atmosfera solare, nella quale sarebbe altrimenti difficile o impossibile bilanciare la pressio ne magnetica con la poca pressione del gas.

13. - <u>Configurazioni d'equilibrio bilanciate da pressioni idrostatiche.</u>

Contenere un plasma, cioè un gas completamente ionizzato, per mezzo di un campo magnetico è di grande interesse per il problema della costruzione di macchine a fusione termonucleare.

Generalmente non vi è una soluzione generale del problema di equi librio.

Per il caso di un liquido di conducibilità infinita in un campo magne tico avente simmetria rispetto ad un asse, il campo magnetico è soggetto a condizioni restrittive.

V. Ferraro

Per esempio, se il campo è poloidale, esiste in questo caso una "funzione di corrente" magnetica U. Siano r, φ , z coordinate polari cilindriche con l'asse Oz coincidente con l'asse di simmetria. Allora le componenti del campo magnetico possono esprimersi come segue:

$$H_r = -\frac{1}{r}\frac{\partial U}{\partial z} , \qquad H_\varphi = 0 , \qquad H_z = \frac{1}{r}\frac{\partial U}{\partial r} \tag{61}$$

L'equazione (40) si riduce alla condizione:

$$\frac{\partial (r^{-2} \Delta U, U)}{\partial (r, z)} = 0 \tag{62}$$

ove

$$\Delta U = r\frac{\partial}{\partial r}\left(\frac{1}{r}\frac{\partial U}{\partial r}\right) + \frac{\partial^2 U}{\partial z^2} \tag{63}$$

Segue immediatamente dalla (62) che:

$$\Delta U = r^2 f(U) \tag{64}$$

ove f è una funzione ausiliaria. Generalmente f sarà determinata dalle condizioni al contorno.

Se il campo magnetico è toroidale, la sola componente del campo è quella trasversale H_φ . In questo caso la (40) si riduce alla condizione

$$\frac{1}{r}\frac{\partial H_\varphi}{\partial z} = 0 \tag{65}$$

E' chiaro da quest'equazione che non vi è equilibrio semplice in un toro, per esempio, se le linee di forza sono cerchi col centro sull'asse di simmetria, non è possibile l'equilibrio se non quando $r = \infty$, oppure se H_φ non dipende da z. Per evitare questo è necessario   aggiustare la

V. Ferraro

geometria del toro, come si fa nel "stellerator", per ottenere l'equilibrio.

Il caso $r = \infty$, corrisponde ad un plasma cilindrico contenuto in un cilindro infinito, da un campo magnetico longitudinale all'esterno del plasma. Questa configurazione è detta Thetatron.

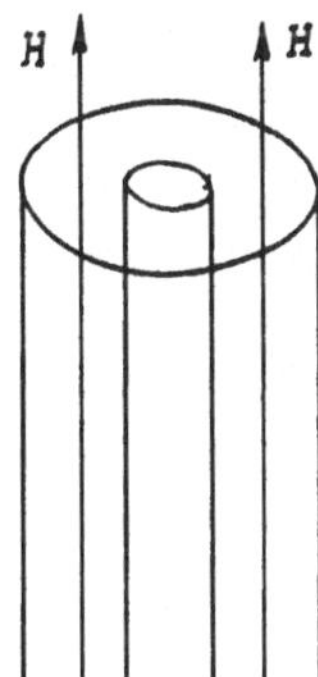

Il campo magnetico è causato da una corrente solenoidale coassiale al plasma, ed è uniforme, cosìcchè se il plasma è privo di campi magnetici, una corrente solenoidale uguale ed opposta a quella che produce il campo magnetico nel vuoto scorre sulla superficie del plasma.

Si ha quindi il caso di un fluido conduttore privo di campo magnetico separato da questo da una corrente superficiale. La condizione per l'equilibrio è che la pressione totale (magnetica + fluida) deve essere continua sulla superficie, perciò se p è la pressione uniforme nel plasma e H il campo magnetico, cosìcchè la pressione magnetica sul plasma è $\dfrac{H^2}{8\pi}$, per l'equilibrio si ha:

$$p = \frac{H^2}{8\pi} \tag{66}$$

Quest'equilibrio è neutro per qualsiasi deformazione della superficie del plasma.

Come altro esempio, consideriamo il caso di un globo liquido in equilibrio sotto l'azione del suo campo di gravitazione e delle forze magnetiche prodotte da un sistema di correnti elettriche.

Si suppone che la superficie della massa liquida sia quasi sferica, e

V. Ferraro

più esattamente sferoidale, il cui asse è anche asse di simmetria del campo magnetico. Per l'equilibrio la funzione U del campo magnetico deve soddisfare all'equazione (64) che in coordinate polari sferiche (r, θ, φ) e con $\theta = 0$ come asse di simmetria è

$$\Delta U = \frac{\partial^2 U}{\partial r^2} + \frac{\operatorname{sen}\theta}{r^2} \frac{\partial}{\partial\theta}\left(\frac{1}{\operatorname{sen}\theta} \frac{\partial U}{\partial\theta}\right) = (r^2 \operatorname{sen}\theta)f(U) \quad (67)$$

Se si cerca una soluzione che si congiunga con un campo magnetico esterno del tipo di un dipolo, si deve avere $U \propto \operatorname{sen}^2\theta$ al contorno e in questo caso, essendo $\Delta U \propto \operatorname{sen}^2\theta$, f (U) risulta essere costante, k diciamo. Scriviamo ora

$$U = F(r)\operatorname{sen}^2\theta \qquad (68)$$

e sostituendo nella (67) si ha:

$$r^2 \frac{d^2 F}{d r^2} - 2F = k r^4 \qquad (69)$$

La soluzione che è regolare per $r = 0$ è

$$U = \left(Cr^2 + \frac{k}{10} r^4\right)\operatorname{sen}^2\theta \qquad (70)$$

dove C è una costante arbitraria.

All'esterno del fluido, U soddisfa all'equazione $\Delta U = 0$ di cui la soluzione tale che $U \propto \operatorname{sen}^2\theta$ è

$$U_e = \frac{D}{r} \operatorname{sen}^2\theta \qquad (71)$$

dove D è un'altra costante arbitraria.

Le condizioni al contorno si riducono alla continuità del campo ma-

V. Ferraro

gnetico è poichè U e U_e sono quantità infinitesimali, le condizioni si riducono a

$$\frac{\partial U}{\partial r} = \frac{\partial U_e}{\partial r} \qquad \frac{\partial U}{\partial \theta} = \frac{\partial U_e}{\partial \theta}$$

per r = a, a essendo il raggio medio dello sferoide. Queste condi- zioni determinano C e D e quindi la soluzione. Questa può esprimer si in modo convincente adoperando il campo magnetico al polo, H_p.

Allora si trova:

$$U = \frac{H_p}{4\,a^2}\,(3\,r^4 - 5a^2\,r^2)\,\mathrm{sen}^2\theta$$

$$U_e = -\,\frac{H_p}{2\,r}\,a^3\,\mathrm{sen}^2\theta$$

L'equazione della superficie si ottiene dalla condizione al contorno p = o. Dalla (37) si ha all'interno della massa liquida

$$\alpha\,(p + \rho\,\Omega\,) + \frac{\Delta U}{4\,\pi\,\omega^2}\,dU = 0 \tag{73}$$

e dopo un'integrazione ne risulta dalla condizione al contorno p = o che

$$\rho\,\Omega_s + \frac{k\,U_s}{4\pi} = \text{cost} \tag{74}$$

dove l'indice s denota valore sulla superficie. Si ha approssimativamen te

$$U_s = -\,\frac{1}{2}\,H_p\,\omega_s^2 \tag{75}$$

e per uno sferoide

$$\Omega_s = 4\,\pi\,\rho\,(\,\alpha_o\,\omega^2 + \gamma_o\,z^2) \tag{76}$$

V. Ferraro

ove

$$\omega = r \operatorname{sen} \theta \quad , \quad z = r \cos \theta$$

$$\chi_o = \frac{2}{3} - \frac{2}{15} e^2 \, , \qquad \gamma_o = \frac{2}{3} + \frac{4}{15} e^2$$

e dove si denota l'eccentricità dello sferoide con e. Sostituendo (75) e
(76) nella (74) si ha facilmente:

$$e^2 = \frac{225}{64} \, \frac{H \, p^2}{\pi^2 \, p^2 \, a^2} \tag{77}$$

Dunque l'effetto del campo magnetico è di appiattire la sfera ai poli
in uno sferoide.

Il sistema di corrente è illustrato nella figura.

APPLICAZIONI AL MOTO DEI FLUIDI

14. - Moto laminare stazionario.

Il moto rettilineo di un fluido che è un buon conduttore elettrico in
un canale uniforme sotto l'azione di un campo magnetico trasversale e uniforme è d'interesse nella costruzione di certi strumenti come i misuratori
di flusso. Questi si adoperano estensivamente per determinare il flusso
dei fluidi; come il sangue, il sodio ed il mare, misurando la differenza del

V. Ferraro

potenziale elettrico indotto in questi fluidi dal loro moto nel campo magnetico trasversale.

Consideriamo il caso di un liquido costretto a scorrere orizzontalmente tra due pareti orizzontali estese all'infinito.

Sia $0\,(x\,y\,z)$ un sistema di riferimento tale che le equazioni delle pareti siano $z = \pm\,L$. Sia $\underline{v}$ la velocità del fluido, con componenti $(0,\,0,\,H)$. A causa del movimento del fluido, le linee di forza verranno stese nel senso del moto, cioè il campo magnetico $\underline{H}$ avrà una componente $\underline{h}$ nella direzione dell'asse $0\,x$. Si potrà scrivere $\underline{H} = \underline{H}_o + \underline{h}$.

Nel caso del moto stazionario $\dfrac{\partial\,\underline{H}}{\partial\,t} = 0$, e si hanno le equazioni del campo

$$\nabla \cdot \underline{h} = 0 \quad , \quad \frac{c^2}{4\pi\sigma}\,\nabla^2\underline{h} + \nabla \times (\underline{v} \times \underline{H}) = 0 \tag{78}$$

ed anche le equazioni del moto

$$\rho\,(\underline{v} \cdot \nabla)\,\underline{v} = -\nabla\,p + \frac{1}{4\pi}\,(\nabla \times \underline{h}) \times \underline{H} + \rho\,\nu\,\nabla^2\underline{v} + \rho\,\underline{g} \tag{79}$$

ove p è la pressione del fluido e ρ la sua densità.

Le equazioni (78) si riducono a

$$\frac{\partial\,h}{\partial\,x} = 0 \quad , \quad \frac{c^2}{4\pi\sigma}\,\frac{\partial^2\,h}{\partial\,z^2} + H_o\,\frac{\partial\,v}{\partial\,z} = 0 \tag{80}$$

cosìcchè h è una funzione solo di z. La (79) allora ci dà:

$$-\frac{\partial\,p}{\partial\,x} + \frac{1}{4\pi}\,H_o\,\frac{\partial h}{\partial\,x} + \rho\nu\,\frac{\partial^2\,v}{\partial\,z^2} = 0 \tag{81}$$

V. Ferraro

$$- \frac{\partial p}{\partial z} + \frac{1}{4\pi} \, h \, \frac{\partial h}{\partial z} - \rho \, g = 0 \tag{82}$$

L'integrazione della (82) dà

$$- p + \frac{h^2}{8\pi} - \rho \, g \, z = - p_0(x) \tag{83}$$

dove p_0 è una funzione di x soltanto. Sostituendo nella (81) si ha

$$- \frac{\partial p_0}{\partial x} + \frac{H_0}{4\pi} \, \frac{\partial h}{\partial z} + \rho \nu \, \frac{\partial^2 v}{\partial z^2} = 0 \tag{84}$$

Da quest'equazione segue immediatamente che $- \dfrac{\partial p_0}{\partial x}$ è una costante, diciamo P, cosìcchè nel moto laminare il gradiente della pressione nella direzione del moto è costante, come nell'assenza del campo magnetico. L'integrazione della (80) ci dà immediatamente che

$$\frac{\partial h}{\partial z} + \frac{4\pi\sigma H_0}{c^2} \, v = A \; , \tag{85}$$

dove A è una costante arbitraria. Dalla (20) le componenti della densità di corrente $\underline{j}$ e del campo elettrico $\underline{E}$ soddisfano alle equazioni

$$j_x = 0 = \sigma E_x \; , \quad j_y = \frac{c}{4\pi} \, \frac{\partial h}{\partial z} = \sigma \, (E_y - \frac{v H_0}{c}) \; , \quad j_z = 0 = \sigma E_z \tag{86}$$

e quindi da (86) si ha $\underline{E} \equiv (0, \, E_0, \, 0)$, ove E_0 è una costante, tale che $A = \dfrac{4\pi\sigma}{c} \, E_0$. Poichè il campo elettrico è uniforme e la componente perpendicolare alla parete è nulla, non esistono cariche elettriche ed il flusso non è polarizzato. Sostituendo nella (81) si ha

$$\rho \nu \, \frac{\partial^2 v}{\partial z^2} - \frac{\sigma \, v H_0^2}{c^2} = - (p + \frac{\sigma E_0 H_0}{c}) \tag{88}$$

V. Ferraro

Una delle condizioni al contorno è che $\underline{v} = 0$ sulla parete, cioè $v = 0$ per $z = \pm L$. In più, se le pareti sono isolatori, si ha $j_z = 0$ sulle pareti, una condizione che dalle (86) è evidentemente soddisfatta.

La soluzione della (88) che soddisfa le condizioni al contorno è

$$v = \frac{(P + \dfrac{\sigma E_0 H_0}{c})\,(\cosh M - \cosh \dfrac{M z}{L})}{\dfrac{\sigma H_0^2}{c^2}\,\cosh M} \qquad (89)$$

ove M è il numero di Hartmann,

$$M = H_0 L \left(\frac{\sigma}{\rho \nu c^2}\right)^{1/2} \qquad (90)$$

Se la corrente media nel fluido è nulla, si ha $\displaystyle\int_{-L}^{L} j_y\, dz = 0$, ciò che determina il campo elettrico:

$$E_0 = \frac{P c}{\sigma H_0}\,(M \cosh M - 1) \qquad (91)$$

Perciò

$$v = \frac{PM c^2}{\sigma H_0}\;\frac{\cosh M - \cosh \dfrac{M z}{L}}{\operatorname{senh} M}$$

e se v_0 è la velocità media, cioè $\displaystyle\int_{-L}^{L} \frac{v\,dz}{2L}$ si trova

$$v = v_0\,\frac{M\left[\cosh M - \cosh \dfrac{M z}{L}\right]}{M \cosh M - \operatorname{senh} M} \qquad (92)$$

finalmente dalla (85) si ha il campo magnetico dovuto al flusso:

V. Ferraro

$$h = \frac{4\,\pi\,PL\left[\,\text{senh}\,\dfrac{M\,z}{L} - \dfrac{z}{L}\,\text{senh}\,M\right]}{H_0\,\text{senh}\,M} \tag{93}$$

poichè $\underline{H}$ deve essere una funzione continua al contorno, $h = 0$ per $z = \pm\,L$.

La forma del diagramma della velocità è illustrata nella figura per vari valori di M. L'effetto del campo magnetico trasversale è di ritardare le regioni centrali del canale e accelerare il moto verso la parete, schiacciando la forma parabolica del profilo del moto privo di campo magnetico.

Nel caso $M \ll 1$, le forze viscose sono dominanti in confronto a quelle magnetiche e la (92) si riduce a:

$$v = \frac{3v_0\,(L^2 - z^2)}{2L^2} \tag{94}$$

come per il caso $H_0 = 0$. Se per $M \gg 1$ cioè se il canale è molto largo oppure il campo magnetico molto intenso, l'equazione (92) ci dà:

$$v = v_0\left[1 - e^{-M\frac{L - |z|}{L}}\right] \tag{95}$$

La velocità sarà perciò quasi costante salvo per uno strato al contorno dello spessore dell'ordine $\dfrac{L}{M}$.

Benchè questo risultato indica che il gradiente della velocità è molto elevato in valore, e si dovrebbe avere instabilità del moto laminare vicino alle pareti in questo caso, questo non si osserva negli esperimenti fatti.

Difatti il campo magnetico tende ad impedire l'apparenza del moto

V. Ferraro

turbolento.

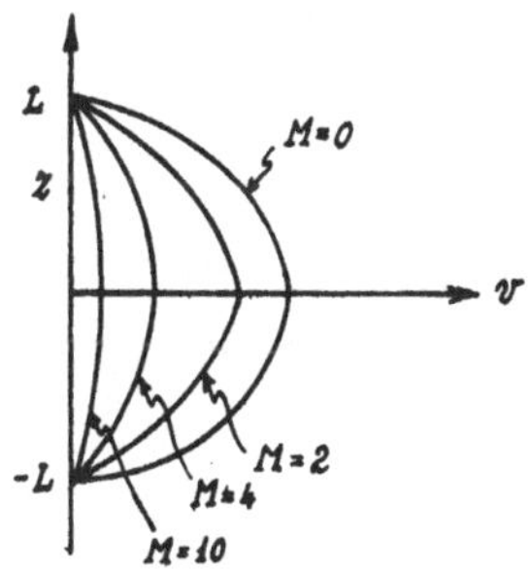

15. - Moto di Stokes.

E' di un certo interesse considerare un esempio dove si uniscono le due discipline della meccanica del fluido e della teoria dell'elettromagne tismo. Consideriamo difatti l'effetto di un campo magnetico sul problema classico del moto di un fluido intorno ad un corpo rigido per valori piccoli del numero di Reynolds R. Se si suppone che $R \ll 1$, generalmente si avrà anche il numero di Reynolds magnetico, $R_m \ll 1$, e difatti per il mercurio $R_m / R \sim 10^{-6}$. Perciò le equazioni del campo elettromagne tico non dipenderanno dalla velocità del fluido.

Si suppone di avere un campo magnetico uniforme diretto parallela- mente a 0x cosìccè $\underline{H} = H \underline{i}$, dove $\underline{i}$ è un versore lungo l'asse 0x. Si suppone anche che il solido, come il fluido, sia di una permeabilità ugua le all'unità, cosicchè, $\underline{H} = H \underline{i}$ ovunque. Supponiamo pure che il solido sia simmetrico rispetto a 0x, e che abbia una velocità $U \underline{i}$; allora le linee di corrente e le linee vorticose saranno circuiti chiusi intorno all'as- se 0x e la corrente e la vorticità saranno evanescenti sulla superficie del corpo poichè $\underline{v}$ e $\underline{H}$ sono paralleli sulla superficie.

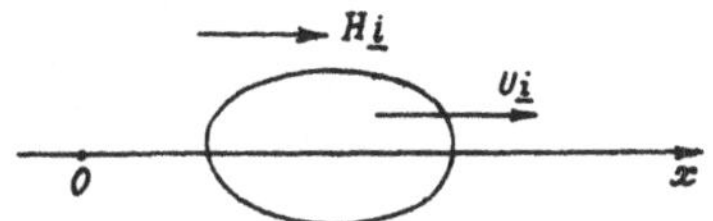

125

V. Ferraro

Nel moto uniforme il campo elettrico è nullo, poichè si ha $\quad \nabla \times \underline{E} = 0$ dove $\underline{E}$ è perpendicolare al piano meridiano. Perciò

$$\underline{j} = \frac{\sigma \, \underline{v} \times \underline{H}}{c} \tag{96}$$

e l'equazione del moto uniforme di un liquido per valori piccoli del numero di Reynolds è

$$0 = - \nabla p + \rho \nu \, \nabla^2 \underline{v} + \underline{j} \times \frac{\underline{H}}{c} \tag{97}$$

Scriviamo

$$\underline{\overline{v}} = \frac{v}{U} \quad , \quad \overline{p} = \frac{L}{\rho \nu U} p \quad , \quad \overline{r} = \frac{r}{L} \tag{98}$$

dove L è una distanza tipica; dall'equazione (96) e (97), si ricava

$$0 = - \nabla \overline{p} + \nabla^2 \underline{\overline{v}} + M^2 \, (\underline{\overline{v}} \times \underline{i}) \times \underline{i} \tag{99}$$

dove M è il numero di Hartmann.

Resta da risolvere l'equazione (99) insieme all'equazione di continuità

$$\nabla \cdot \underline{v} = 0 \tag{100}$$

con le condizioni al contorno.

Le equazioni (99) e (100) si possono soddisfare ponendo:

$$\underline{\overline{v}} = e^{Mx} \, \nabla \psi_1 + e^{-Mx} \, \nabla \psi_2 \tag{101}$$

$$\overline{p} = Me^{Mx} \, \frac{\partial \psi_1}{\partial x} - Me^{-Mx} \, \frac{\partial \psi_2}{\partial x} \tag{102}$$

V. Ferraro

dove φ_1 e φ_2 sono soluzioni delle equazioni

$$\nabla^2 \varphi_1 + M \frac{\partial \varphi_1}{\partial x} = 0 \qquad (103)$$

$$\nabla^2 \varphi_2 - M \frac{\partial \varphi_2}{\partial x} = 0 \qquad (104)$$

Consideriamo i due casi, $M \ll 1$ ed $M \gg 1$.

(i) - $\underline{M \ll 1}$

Questo caso e stato illustrato da Chester per il moto uniforme interno ad una sfera. Le soluzioni della (103) e (104) sono:

$$\varphi_1 = \frac{e^{-\frac{1}{2} Mx}}{r^{\frac{1}{2}}} \sum_n A_n K_{n+\frac{1}{2}} \left(\frac{1}{2} Mr\right) P_n (\cos \vartheta) \qquad (105)$$

$$\varphi_2 = \frac{e^{\frac{1}{2} Mx}}{r^{\frac{1}{2}}} \sum_n B_n K_{n+\frac{1}{2}} \left(\frac{1}{2} Mr\right) P_n (\cos \vartheta) \qquad (106)$$

Tenendo conto della simmetria si deve avere $B_n = (-1)^{n+1} A_n$
per esempio, la componente sull'asse $0x$ della velocità deve essere una
funzione pari di x. Si possono ottenere soluzioni in serie che non dare-
mo in esteso· ciò che interessa è la modificazione della formula per la resistenza di Stockes cioè $D_s = 6 \pi \rho \nu LU$, dove L è il raggio della
sfera. Al posto di questa si ha:

$$D = D_s \left[1 + \frac{3}{8} M + \frac{7}{960} M^2 + 0 (M^3) \right] \qquad (107)$$

V. Ferraro

(ii) - $\underline{M \gg 1}$

In questo caso si può scrivere:

$$\varphi_1 = e^{\left[-\left\{(m^2+n^2)^{\frac{1}{2}} + m\right\}|x|\right] J_s(nr)\cos s\theta} \tag{108}$$

$$\varphi_2 = e^{\left[-\left\{(m^2+n^2)^{\frac{1}{2}} - m\right\}|x|\right] J_s(nr)\cos s\theta} \tag{109}$$

dove (x, r, θ) sono coordinate polari cilindriche è $m = \dfrac{M}{2}$.

Ora, riferendoci alle equazioni (101) e (102) si vede che, fissato x, il contributo a $\bar{v}$ e $\dfrac{\bar{p}}{M}$ della funzione φ_2 è trascurabile se x è positivo ed m di grande valore. In più, il contributo di φ , tende ad essere indipendente da x. Se $x < 0$, si ha la stessa cosa, eccetto che si devono scambiare φ_1 e φ_2. Perciò si ha che $\pm \dfrac{\bar{p}}{M}$ è uguale alla componente di $\bar{v}$ sull'asse $0x$ nelle vicinanze del solido. Si ha il segno + se $x > 0$; il segno - se $x < 0$.

Se $\bar{v}$ è indipendente da x, avrà il valore $(1, 0, 0)$ nell'interno del cilindro che circoscrive il solido. Cosìcchè il moto tende ad essere indipendente dalla forma del solido nella direzione $0x$.

Si vede perciò che vicino al solido, $\dfrac{\bar{p}}{M}$ è asintoticamente zero fuori del cilindro che circoscrive il solido. All'interno del cilindro $\dfrac{\bar{p}}{M} \to \pm 1$ secondo che sia $x > 0$, oppure $x < 0$.

Da queste osservazioni si può dedurre che la resistenza è asintoticamente uguale

$$\frac{2M\, p\, \nu\, U}{L} \quad \text{x} \quad \text{superficie proiettata}$$

Si nota pure che per la sfera $\dfrac{D - D_s}{M\, D_s} = \dfrac{1}{3}$ in questo caso.

V. Ferraro

ONDE MAGNETO-IDRODINAMICHE

16. - Onde in un fluido di conduttività infinita.

Si è dimostraro che in un fluido di infinita conduttività le linee di forza del campo magnetico sono accollate alle particelle del fluido, cosicchè i
tubi di forza debbono considerarsi come aventi una massa per unità di lunghezza uguale alla densità del fluido ρ . D'altra parte in un campo magnetico $\underline{H}_0$ gli sforzi magnetici equivalgono ad una tensione $\dfrac{H_0^2}{4\pi}$ lungo le
linee di forza ed una pressione idrostatica uguale a $\dfrac{H_0^2}{8\pi}$. Quest'ultima
può essere bilanciata da una diminuzione della pressione del fluido, ciò che
dimostra che i tubi di forza sono effettivamente corde tese sotto tensione
$\dfrac{H_0^2}{4\pi}$, e per analogia con queste, si vede che in un fluido di conducibilità
infinita perturbato dal suo stato di riposo, i tubi di forza vibreranno trasversalmente e la velocità delle onde sarà data dalla formula (tensione/densità-)$^{\frac{1}{2}}$,,
cioè $\dfrac{H_0}{\sqrt{4\pi\rho}}$. Questa è detta velocità delle onde di Alfvén.

E' chiaro che si possono anche manifestare delle onde longitudinali.
Difatti, se la velocità delle particelle e la direzione di propagazione delle
onde sono parallele al campo magnetico, queste onde saranno le onde acustiche usuali che si propagano con velocità del suono c, dato che il moto non
produrrà nessuna perturbazione nel campo magnetico.

D'altra parte, se la velocità delle particelle e la direzione di propagazione delle onde è perpendicolare al campo magnetico, un nuovo tipo d'onda acustica si manifesterà, dato che in questo caso alla pressione del gas
bisogna aggiungere la pressione magnetica. In questo caso la pressione totale effettiva p è dunque

$$p^* = p + \frac{H^2}{8\pi}$$

V. Ferraro

e poichè le linee di forza sono accollate alle particelle, durante le oscillazioni si ha $H \propto \rho$.   La velocità delle onde è quindi

$$c^* = \sqrt{\frac{dp^*}{d\rho}} = \sqrt{\frac{dp}{d\rho} + \frac{H^2}{4\pi\rho}} = \sqrt{c^2 + V_A^2}$$

dove V_A è la velocità delle onde di Alfvén.

Se il campo magnetico è inclinato sulla direzione di propagazione, le
onde sono molto complesse, ed hanno carattere somigliante ad ambedue le
onde di Alfvén trasversali e longitudinali.

17. - Onde di Alfvén.

Il caso più semplice di onde magneto idrodinamiche è quello che fu
scoperto da Alfvén, al quale abbiamo già accennato, cioè onde nelle quali la
velocità di propagazione è lungo le linee di forza, e la velocità del fluido per
pendicolare ad esse.

Consideriamo un liquido non-viscoso, di perfetta conducibilità, ed
un campo magnetico ambiente $\underline{H}_o$ uniforme. Durante le oscillazioni sia
$\underline{h}$ la perturbazione del campo magnetico cosicchè si ha:

$$\underline{H} = \underline{H}_o + \underline{h} \qquad (110)$$

Le equazioni di continuità e del moto sono (si trascura la forza di gravità)

$$\nabla \cdot \underline{v} = 0 \ , \qquad \rho \frac{d\underline{v}}{dt} = - \nabla p + \frac{1}{4\pi}(\nabla \times \underline{h}) \times \underline{H} \qquad (111)$$

Prendendo l'asse $0x$ lungo il campo magnetico uniforme $\underline{H}_o$ e
limitandosi alle piccole oscillazioni, la (111) si riduce a:

$$\rho \frac{\partial \underline{v}}{\partial t} = - \nabla (p + \frac{\underline{H}_o \cdot \underline{h}}{4\pi}) + \frac{H_o}{4\pi} \frac{\partial \underline{h}}{\partial z} \qquad (112)$$

V. Ferraro

Poichè $\nabla \cdot \underline{h} = 0$, si ha dalla (111) e (112)

$$\nabla^2 \left(p + \frac{\underline{H}_0 \cdot \underline{h}}{4\pi} \right) = 0$$

cioè $p + \dfrac{\underline{H}_0 \cdot \underline{h}}{4\pi}$ è una soluzione dell'equazione di Laplace, e se il fluido si estende all'infinito, $p + \dfrac{\underline{H}_0 \cdot \underline{h}}{4\pi} = $ costante. Perciò la (112) si riduce a:

$$\rho \frac{\partial \underline{v}}{\partial t} = H_0 \frac{\partial \underline{h}}{\partial t} \tag{113}$$

In più, il teorema di Alfvén ci dà approssimativamente:

$$\frac{\partial \underline{h}}{\partial t} = \nabla \times (\underline{v} \times \underline{H}_0)$$

cioè $\tag{114}$

$$\frac{\partial \underline{h}}{\partial t} = H_0 \frac{\partial \underline{v}}{\partial z}$$

Eliminando $\underline{h}$ o $\underline{v}$ da queste ultime due equazioni si ottiene l'equazione delle onde di Alfvén, cioè

$$\left(\frac{\partial^2}{\partial t^2} - V_A^2 \frac{\partial^2}{\partial z^2} \right) (\underline{h}, \underline{v}) = 0 \tag{115}$$

ove $V_A = \dfrac{H_0}{\sqrt{4\pi\rho}}$ è la velocità di Alfvén. Ogni perturbazione si potrà ridurre in due moti di onde, uno dei quali propagandosi lungo le linee di forza nel senso di $\underline{H}_0$ con la velocità di Alfvén, l'altro con la stessa velocità ma nel senso opposto. Poichè si ha

$$(\underline{h}, \underline{v}) = (\underline{h}_0, \underline{v}_0) \, f (z \pm V_A t) \tag{116}$$

ove $\underline{h}_0$ e $\underline{v}_0$ sono vettori costanti, è chiaro che

$$\frac{\partial \underline{h}}{\partial t} = \mp V_A \frac{\partial \underline{h}}{\partial z}$$

V. Ferraro

e sostituendo nella (114) si ha

$$\underline{h} = \mp \frac{\underline{H}_0}{V_A} \underline{v} = \mp (4\pi\rho)^{\frac{1}{2}} \underline{v} \tag{117}$$

In questo caso l'energia magnetica dell'onda $\dfrac{\underline{h}^2}{8\pi}$ è uguale all'energia cinetica $\dfrac{1}{2}\rho\,\underline{v}^2$ del liquido, risultato che si deve a Walén.

18. - Onde magnetoidrodinamiche in un fluido compressibile.

Sempre limitandoci al caso di conducibilità infinita, considereremo più dettagliatamente un'onda magnetoidrodinamica in un fluido, propagata trasvarsamente a un campo magnetico.

Si suppone che l'onda si propaghi secondo l'asse $0x$ in un fluido nel quale vi è un campo magnetico uniforme $\underline{H}_0$ che per convenienza si suppone parallelo al piano $x = 0$ ed inclinato in un angolo ϑ all'asse $0x$.

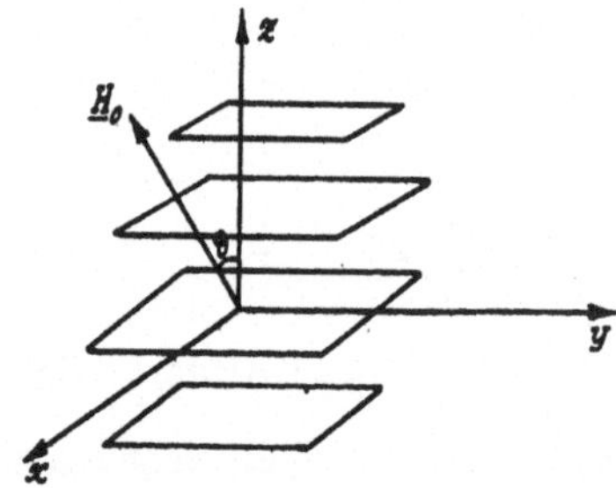

Si denotano con $\delta\rho$, ∂p le variazioni della densità e della pressione dallo stato di equilibrio e, come prima con $\underline{h}$ la perturbazione del campo magnetico. L'equazione linearizzata per il moto del fluido si riduce allora a:

$$\rho\frac{\partial \underline{v}}{\partial t} = -\nabla\,\delta p + \frac{1}{4\pi}(\nabla \times \underline{h}) \times \underline{H}_0 \tag{118}$$

V. Ferraro

Nel regime adiabatico si ha inoltre

$$\delta p = \frac{\gamma p}{\rho} \, \delta \rho = c^2 \delta \rho \tag{119}$$

dove γ è il rapporto dei calori specifici del fluido e C la velocità del suono.

Finalmente le equazioni di continuità e conservazione del flusso magnetico sono:

$$\frac{\partial \delta \rho}{\partial t} + \rho \, \nabla \cdot \underline{v} = 0 \quad , \qquad \frac{\partial \underline{h}}{\partial t} - \nabla \times (\underline{v} \times \underline{H}_0) = 0 \tag{120}$$

Si supporrà che tutte le variabili siano funzioni di z e di t soltanto. L'equazione $\nabla \cdot \underline{h} = 0$ allora richiede che $h_z = 0$.

Dalle equazioni (118)-(120) si deduce il seguente sistema di equazioni per $\delta \rho$ e le componenti di $\underline{h}$ e $\underline{v}$, cioè

$$\frac{\partial h_x}{\partial t} = (H_0 \cos\theta)\frac{\partial v_x}{\partial z} \, , \qquad \rho\frac{\partial v_x}{\partial t} = \frac{H_0 \cos\theta}{4\pi}\frac{\partial h_x}{\partial z} \tag{121}$$

$$\begin{cases} \dfrac{\partial h_y}{\partial t} = (H_0 \cos\theta)\dfrac{\partial v_y}{\partial z} - (H_0 \sin\theta)\dfrac{\partial v_z}{\partial z} \\[2mm] \rho\dfrac{\partial v_y}{\partial t} = \dfrac{H_0 \cos\theta}{4\pi}\dfrac{\partial h_y}{\partial z} \\[2mm] \rho\dfrac{\partial v_z}{\partial t} + c^2\dfrac{\partial(\delta\rho)}{\partial z} + \dfrac{H_0 \sin\theta}{4\pi}\dfrac{\partial h_y}{\partial z} = 0 \\[2mm] \dfrac{\partial(\delta\rho)}{\partial t} + \rho\dfrac{\partial v_z}{\partial z} = 0 \end{cases} \tag{122}$$

E' chiaro che questo sistema si scompone in due sistemi indipenden-

V. Ferraro

ti. Le prime due equazioni, le (121), sono difatti analoghe alle (113) e

(114) e perciò rappresentano un'onda di Alfvén che si propaga con velocità

$V_{Az} = \dfrac{H_0 \cos\vartheta}{\sqrt{4\pi\rho}}$. Questo risultato è evidente poichè la componente

$H_0 \operatorname{sen}\vartheta$ parallela all'asse Ox non influisce sul moto parallelo a Ox.

Per esaminare il secondo sistema (122) si considera un'onda armonica

$\propto e^{i(\omega t - kz)}$ cosicchè k è il numero d'onda. Sostituendo nella (122)

ed eliminando il rapporto $v_y : v_z : h_y : \delta_p$, si ottiene l'equazione della frequenza:

$$\left(\frac{\omega}{k}\right)^4 - (V_A^2 + c^2)\left(\frac{\omega}{k}\right)^2 + V_{Az}^2 \, c^2 = 0, \tag{123}$$

dove $V_A = \dfrac{H_0}{\sqrt{4\pi\rho}}$ e V_{Az} si è già definita. Poichè $\dfrac{\omega}{k}$ rappre-

senta la velocità di fase dell'onda,   U   diciamo, si ha

$$U^4 - (V_A^2 + c^2)\, U^2 + V_A^2 \, c^2 \, \cos^2\vartheta = 0 \tag{124}$$

Il caso $\vartheta = 0$ corrisponde a due onde, cioè un'onda di Alfvén

che si ha già dalla (121) e un'onda acustica, considerata prima. Se $\vartheta =$

$= \frac{1}{2}\pi$, si ha $U = \sqrt{V_A^2 + c^2}$, cioè una onda acustica che si pro-

paga perpendicolarmente al campo magnetico e che si è già considerata so-

pra. Questa è la sola onda in questo caso.

Nel caso generale si hanno tre onde diverse: l'onda di Alfvén data

dal primo sistema, e due altre, una delle quali ha velocità maggiore della

più grande delle due velocità c e V_A, che si chiama onda rapida, men-

tre la velocità dell'altra è inferiore alla minore delle velocità c a V_A;

si ha allora l'onda lenta.

Questo può essere messo in evidenza osservando la figura dovuta a

K. O. Friedrichs.

V. Ferraro

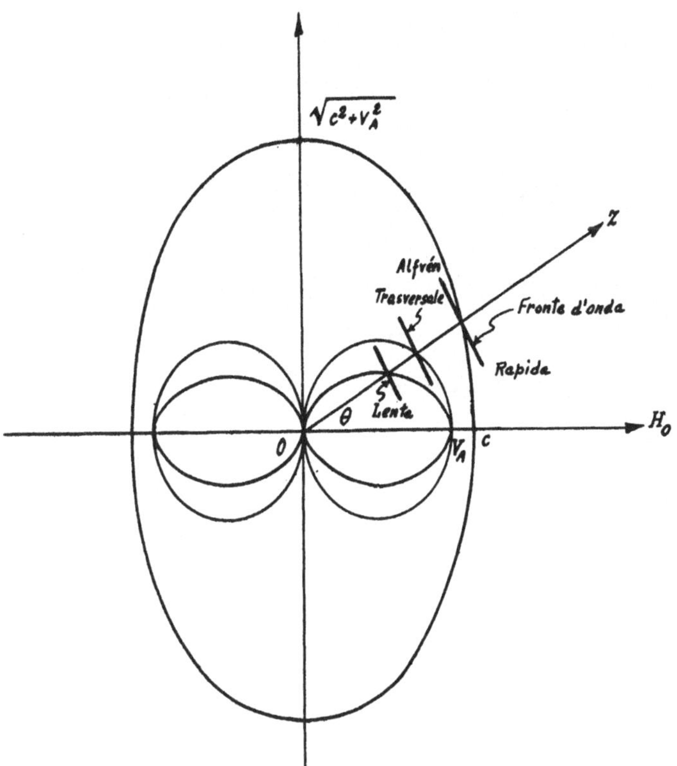

La velocità delle tre onde in una data direzione n è data dal punto di intersezione con la curva corrispondente; c = velocità del suono, V_A = velocità di Alfvén.

Figura di Friedrichs

V. Ferraro

19. - <u>Riflessione e rifrazione delle onde di Alfvén.</u>

Consideriamo la riflessione e rifrazione di un treno d'onde di Alfvén normalmente incidenti sulla superficie piana che separa due liquidi nei quali vi è un campo magnetico uniforme d'intensità H_o perpendicolare al detto piano.

Si suppone l'asse $0z$ perpendicolare a questo piano e la velocità $\underline{v}$ parallela all'asse $0y$. In questo caso la (114) dimostra che la perturbazione del campo magnetico h è anche parallela a $0y$ e si ha dalla (113) e (114):

$$\frac{\partial h}{\partial t} = H_o \, \frac{\partial v}{\partial z} \quad , \qquad \rho \frac{\partial v}{\partial t} = \frac{H_o}{4\pi} \, \frac{\partial h}{\partial z} \qquad (124)$$

Per onde armoniche, $\propto e^{i \omega \, (t \pm \frac{z}{V_A})}$, si ha allora

$$h = a \, e^{i \omega \, (t \pm \frac{z}{V_A})}$$

$$= \pm \frac{1}{\sqrt{4\pi\rho}} \, a \, e^{i \omega \, (t \pm \frac{z}{V_A})}$$

dove a è una costante e V_A la velocità di Alfvén. Consideriamo un'onda che si propaga nel liquido di densità ρ, nella regione $z < 0$. Se si denotano le variabili che corrispondono all'onda incidente, riflessa e rifratta con gli indici i, r, t, e con V_1 e V_2 la velocità di Alfvén nei due liquidi di densità ρ_1 e ρ_2 rispettivamente, cioè

$$V_1 = \frac{H_o}{\sqrt{4\pi\rho_1}} \qquad V_2 = \frac{H_o}{\sqrt{4\pi\rho_2}}$$

si ha

V. Ferraro

$$h_i = a_i \, e^{i\omega \left(t - \frac{z}{V_1}\right)} \quad , \quad v_i = -\frac{1}{\sqrt{4\pi\rho_1}} \, a_i \, e^{i\omega \left(t - \frac{z}{V_1}\right)}$$

$$h_r = a_r \, e^{i\omega \left(t + \frac{z}{V_1}\right)} \quad , \quad v_r = \frac{1}{\sqrt{4\pi\rho_1}} \, a_r \, e^{i\omega \left(t + \frac{z}{V_1}\right)} \quad (125)$$

$$h_t = a_t \, e^{i\omega \left(t - \frac{z}{V_2}\right)} \quad , \quad v_t = -\frac{1}{\sqrt{4\pi\rho_2}} \, a_t \, e^{i\omega \left(t - \frac{z}{V_2}\right)}$$

cosicchè nel liquido ρ_1 il campo magnetico e la velocità sono uguali a

$$h_1 = h_i + h_r \quad , \quad v_1 = v_i + v_r$$

e nel secondo liquido $h_2 = h_t$, $v_2 = v_t$.

Le condizioni al contorno sono la continuità del campo magnetico e anche la continuità del campo elettrico parallelo al piano; cosicchè se $\underline{k}$ è un versore perpendicolare al piano

$$\underline{h}_1 = \underline{h}_2 \quad \text{per} \quad z = 0 \quad \text{e} \quad \underline{k} \times (\underline{k} \times \underline{E}_1) = \underline{k} \times (\underline{k} \times \underline{E}_2) \quad (126)$$

per $\quad z = 0$

Poichè $\underline{E} = -\underline{v} \times \dfrac{\underline{H}}{c}$, la seconda condizione ci dà:

$$(\underline{k} \cdot \underline{H}_0) \, \underline{k} \times (\underline{v}_1 - \underline{v}_2) = 0$$

e poichè $(\underline{k} \cdot \underline{H}_0) \neq 0$, si ha $\underline{v}_1 = \underline{v}_2$ per $z = 0$. Sostituendo nella (126) si ricava

$$a_i + a_r = a_t$$

$$\rho_1^{-\frac{1}{2}} (a_r - a_i) = -\rho_2^{-\frac{1}{2}} \, a_t$$

V. Ferraro

da cui

$$a_r = \frac{\sqrt{\rho_2} - \sqrt{\rho_1}}{\sqrt{\rho_2} + \sqrt{\rho_1}} \, a_i \, , \quad a_t = \frac{2a_i \, \sqrt{\rho_2}}{\sqrt{\rho_2} + \sqrt{\rho_1}} \tag{127}$$

che dànno le ampiezze delle onde riflesse e rifratte in funzione dell'ampiez za dell'onda incidente.

Per una superficie libera, si pone $\rho_2 = 0$, nella (127) e si $a_r = -a_i$, $a_t = 0$, cioè l'onda è riflessa totalmente. In più $h = 0$ alla superficie mentre la velocità si raddoppia. Nel caso di una superficie rigida, ma infinitamente conduttrice, si ha $\rho_2 = \infty$ e ne segue che $a_r = a_i$ $a_t = 2a_i$. In questo caso si ha $v_1 = 0$ e il campo magneti- co h si raddoppia.

Nel primo caso il campo magnetico, ma non la velocità, cambia di fase. Nel secondo caso si ha l'opposto.

20. - Smorzamento e dissipazione delle onde magnetoidrodinamiche.

Si consideri un'onda magnetoidrodinamica di piccola ampiezza, in un liquido conduttore di densità ρ in un campo magnetico uniforme $\underline{H}_o$. Denotiamo con $\rho\gamma$ la viscosità del liquido e con σ la condutti vità elettrica. Linearizzando le equazioni, si ha, nell'assenza di ogni for za esterna:

$$\frac{\partial \underline{v}}{\partial t} = - \, \nabla \frac{p}{\rho} + \frac{1}{4\pi\rho} (\, \nabla \times \underline{h}) \times \underline{H}_o + \gamma \, \nabla^2 \underline{v} \tag{128}$$

$$\frac{\partial \underline{h}}{\partial t} = \frac{c^2}{4\pi\sigma} \, \nabla^2 \underline{H} + \nabla \times (\underline{v} \times \underline{H}_o) \tag{129}$$

ove $\underline{h}$ è la parte variabile del campo magnetico. Se $\underline{H}_o$ è diretto nel-

V. Ferraro

lo stesso senso dell'asse 0z, si ha

$$\frac{\partial \underline{v}}{\partial t} = \frac{H_0}{4\pi\rho} \frac{\partial h}{\partial z} - \frac{1}{\rho} \nabla (p + \frac{1}{4\pi} \underline{H}_0 \cdot \underline{h}) + \gamma \nabla^2 \underline{v} \qquad (130)$$

$$(\frac{\partial}{\partial t} - \frac{c^2}{4\pi\sigma} \nabla^2) \underline{h} = H_0 \frac{\partial \underline{v}}{\partial z} \qquad (131)$$

Come prima, si dimostra che $p + \underline{H}_0 \cdot \frac{h}{4\pi}$ è una costante in un liquido infinitamente esteso, cosicchè il secondo termine a destra della (130) è evanescente Eliminando $\underline{h}$ o $\underline{v}$ fra questa nuova equazione e la (131) si trova finalmente

$$(\frac{\partial}{\partial t} - \frac{c^2}{4\pi\sigma} \nabla^2) (\frac{\partial}{\partial t} - \gamma \nabla^2) (\underline{h}, \underline{v}) = V_A^2 \frac{\partial^2}{\partial z^2} (\underline{h}, \underline{v}) \qquad (132)$$

dove $V_A = \frac{H_0}{\sqrt{4\pi\rho}}$ è la velocità di Alfvén.

Il rapporto dei due termini rappresentanti la conduttività e la viscosità è dell'ordine $\frac{c^2}{4\pi\sigma\gamma}$ ed è chiaro che se questo è grande in confronto all'unità, si potrà trascurare la viscosità del liquido. In questo caso la (132) si riduce a

$$(\frac{\partial^2}{\partial t^2} - \frac{c^2}{4\pi\sigma} \nabla^2 \frac{\partial}{\partial t}) (\underline{h}, \underline{v}) = V_A^2 \frac{\partial^2}{\partial z^2} (\underline{h}, \underline{v}) \qquad (133)$$

Consideriamo ora un'onda piana della forma

$$(\underline{h}, \underline{v}) = (\underline{h}_0, v_0) e^{i (lx + my + nz - \omega t)} \qquad (134)$$

dove $\underline{h}_0$ e $\underline{v}_0$ sono vettori costanti e 1, m, n, costanti. Sostituendo nell'equazione (133) si ha

$$\omega^2 + \frac{i \omega k^2 c^2}{4\pi\sigma} - V_A^2 n^2 = 0 \qquad (135)$$

V. Ferraro

dove:

$$k^2 = 1^2 + m^2 + n^2$$

Si può discutere la (135) in due modi: se si suppone che si abbia un'onda di una data lunghezza d'onda, l'equazione determina il periodo e lo smorza mento dell'onda. Se si suppone che si abbia un'onda di una data frequenza, l'equazione ci indica l'attenuazione dell'onda. Se si denota con τ la quantità $\dfrac{4\pi\sigma}{c^2}\,\lambda^2$, ove $k\lambda = 2\pi$, si ha risolvendo la (135)

$$\omega = -2\,\pi^2\,\frac{i}{\tau} \pm (V_A^2\,n^2 - \frac{4\,\pi^4}{\tau^2})^{\frac{1}{2}}$$

Ora τ è dell'ordine del periodo di declino del campo magnetico, e se $V_A\,|n|\,\tau \gg 1$, la (133) rappresenta l'equazione di onde progressive che si propagano in una direzione inclinata dell'angolo $\Theta = \cos^{-1}(\frac{n}{k})$ sulla direzione del campo $\underline{H}_0$ le quali vengono man mano diffuse

D'altra parte, se si suppone che ω sia un numero reale l'equazione (135) si può scrivere:

$$\omega^2 + \frac{i\,\omega\,k^2\,c^2}{4\pi\sigma} - V_A^2\,K^2\,\cos^2\Theta = 0$$

e se si suppone che $\dfrac{c^2\,\omega^2}{4\pi\sigma\,V_A^2} \ll 1$, l'onda sarà ammortizzata da una distanza dell'ordine di

$$\frac{8\pi\sigma\,V^3\,\cos^3\Theta}{\omega^2\,c^2} = \frac{\sigma H_0^3\,\cos^3\Theta}{V\pi\,c^2\,\rho^{\frac{3}{2}}\,\omega^2}$$

V. Ferraro

ONDE D'URTO

21. - Onde d'urto.

Come è noto, un'onda di compressione di grande ampiezza in un fluido diviene sempre più erta fino a che le soluzioni delle equazioni idrodinamiche diventano multiformi e così praticamente senza significato. Questo si evita tenendo conto della conduzione del calore e della viscosità, i cui effetti diventano sempre più importanti durante l'erta dell'onda, sì che vi è un bilancio tra gli effetti non-lineari e quelli viscosi. Lo strato transitorio, nel quale avviene il bilancio, è dello spessore dell'ordine di un percorso libero medio del gas, cosicchè non si può distinguere da una superficie di discontinuità. Tale superficie è detta onda d'urto.

In un plasma o gas conduttore di elettricità, la presenza di un campo magnetico modifica il carattere di un'onda d'urto. Se il campo magnetico è parallelo alla velocità del fluido, è chiaro che non vi saranno correnti elettriche indotte, e perciò, in tal caso, il campo magnetico non influenza l'onda d'urto. D'altra parte, se il campo magnetico è perpendicolare alla velocità del gas, le correnti indotte modificheranno sia la quantità di moto, sia l'energia del fluido.

Giacchè la pressione magnetica si deve aggiungere alla pressione del fluido, un'onda di urto in generale non si manifesterà in questo caso, se la velocità del fluido non supera la velocità delle onde acustiche magnetiche, cioè $\sqrt{c^2 + V_A^2}$ ove c è la velocità del suono e V_A la velocità di Alfvén.

22. - Onde d'urto piane.

Nel caso di moto stazionario, le equazioni apposite del campo e del

V. Ferraro

moto sono

$$\nabla \cdot \underline{H} = 0 \qquad \nabla \times \underline{E} = - \nabla \times (\underline{v} \times \underline{H}) = 0 \qquad (136)$$

$$\nabla \cdot \rho\,\underline{v} = 0 \qquad (\underline{v} \cdot \nabla)\,\underline{v} = \frac{1}{\rho} \nabla p + \frac{1}{4\pi} (\nabla \times \underline{H}) \times \underline{H} \qquad (137)$$

$$(\underline{v} \cdot \nabla)\,S = 0 \qquad p = p(\rho, S) \qquad (138)$$

Qui $\underline{E}$ ed $\underline{H}$ denotano il campo elettrico ed il campo magnetico; p, ρ la densità e la pressione del gas, $\underline{v}$ la velocità del gas, ed S l'entropia.

Sia $\underline{n}$ il versore perpendicolare al fronte d'urto e indichiamo con $[Q]$ il salto $Q_1 - Q_0$ dei valori Q_1 e Q_0 di una quantità Q sui lati opposti del fronte, secondo la figura. La (136) ci dà allora:

$$\frac{\partial H_n}{\partial n} = 0 \quad \text{cioè} \quad [H_n] = 0 \qquad (139)$$

e la seconda

$$[\underline{n} \times (\underline{v} \times \underline{H})] = 0 \quad \text{cioè} \quad [v_n \underline{H} - H_n \underline{v}] = 0 \qquad (140)$$

fronte

mentre le altre equazioni ci danno la conservazione della massa, della quantità di moto e dell'energia, cioè

$$[\rho\,v_n] = 0 \quad \text{oppure} \quad \rho v_n = m = \text{costante} \qquad (141)$$

$$\left[\rho\,v_n\,\underline{v} + (p + \frac{H^2}{8\pi})\,\underline{n} - \frac{H_n}{4\pi}\,\underline{H}\right] = 0 \qquad (142)$$

$$\left[(\frac{1}{2}\rho\,\underline{v}^2 + \rho\,\mathcal{E} + \frac{H^2}{8\pi})v_n + v_n(p + \frac{H^2}{8\pi}) - \frac{H_n}{4\pi}(\underline{H} \cdot \underline{v})\right] = 0 \qquad (143)$$

V. Ferraro

dove $\mathcal{E}$ è l'energia interna. Se vi è un salto nel valore del campo magne

tico, parallelo al piano d'onda, la corrente superficiale è data da:

$$\underline{j} = \frac{\underline{n}}{4\pi} \times \left[\underline{H}\right] \tag{144}$$

E' evidente, nella seconda delle equazioni (140) che se $\underline{v}$ è pa-

rallelo ad $\underline{H}$ da un lato dell'onda, lo sarà pure dall'altro lato.

Se si considera il caso in cui gli assi si muovano assieme all'onda

d'urto, e si denota con V la velocità dell'onda le equazioni (139) - (143)

saranno:

$$\left[H_n\right] = 0 \tag{145}$$

$$\left[(v_n - V)\underline{H} - \underline{v}\,H_n\right] = 0 \tag{146}$$

$$\left[(v_n - V)\rho\,\underline{v} + (p + \frac{H^2}{8\pi})\,\underline{n} - \frac{1}{4\pi}\,H_n\,\underline{H}\right] = 0 \tag{147}$$

$$\left[(v_n - V)\rho\right] = 0 \quad \text{oppure} \quad \rho\,(v_n - V) = m$$

$$\text{flusso di massa} \tag{148}$$

$$\left[(v_n - V)(\frac{1}{2}\rho\,v^2 + \rho\,\mathcal{E} + \frac{H^2}{8\pi}) + v_n(p + \frac{H^2}{8\pi}) - \frac{H_n}{4\pi}(\underline{H} \cdot \underline{V})\right] = 0 \tag{149}$$

Se il fluido attraversa il fronte d'onda, cioè $v_n - V \neq 0$, si ha

un'onda di urto. Se invece si ha $v_n - V = 0$ (il fluido non attraversa il

fronte) si ha una discontinuità di contatto.

Se si introduce il volume specifico $\tau = \frac{1}{\rho}$ e si denota con $\overline{Q}$

il valore medio della quantità Q_1 e Q_2, cioè

$$\overline{Q} = \frac{1}{2}\,(Q_1 + Q_0) \tag{150}$$

V. Ferraro

si possono ridurre le equazioni di cui sopra. Difatti si ha l'identità

$$[PQ] = \overline{P}[Q] + [P]\,\overline{Q}$$

Dalla (145) si ha che H_n è costante e le equazioni (144) - (145) ci dànno:

$$m\,\overline{\tau}\,[\underline{H}] + \overline{\underline{H}}\,[v_n] - H_{r,}[\underline{v}] = 0 \tag{151}$$

$$m[\underline{v}] + [p]\,\underline{n} + \frac{1}{4\pi}\,\underline{n}\left\{\overline{\underline{H}}\cdot[\underline{H}]\right\} - \frac{1}{4\pi}\,H_n[\underline{H}] = 0 \tag{152}$$

$$m\,[\tau] - [v_n] = 0 \tag{153}$$

Siano $\underline{1}$, $\underline{m}$, $\underline{n}$ una terna di versori, poichè $[H_n] = 0$, la (151) e la (153) si riducono a

$$\text{(i)} \qquad -H_n[v_1] + \overline{H}_1[v_n] + m\overline{\tau}\,[H_1] = 0$$

$$\text{(ii)} \qquad -H_n[v_m] + \overline{H}_m[v_n] + m\,\overline{\tau}\,[H_m] = 0$$

$$\text{(iii)} \quad m[v_1] - \frac{H_n}{4}[H_1] = 0$$

$$\text{(iv)} \qquad m\,[v_m] - \frac{H_n}{4}[H_m] = 0$$

$$\text{(v)} \qquad \left(m^2 + \frac{[p]}{[\tau]}\right)v_n + \frac{\overline{H}_1}{4\pi}[H_1] + \frac{H_m}{4\pi}[H_m] = 0$$

Per avere una soluzione non banale di questo sistema, è necessario che

$$\overline{\tau}^2\,m\left(m^2\overline{\tau} - \frac{H_n^2}{4\pi}\right)\left\{m^4\overline{\tau} + \left(\overline{\tau}\,\frac{[p]}{[\tau]} - \frac{\overline{H}^2}{4\pi}\right)m^2 - \frac{H_n^2}{4\pi}\,\frac{[p]}{[\tau]}\right\} = 0 \tag{154}$$

la quale è un'equazione per determinare il flusso m, oppure dalla (148) un'equazione per determinare la velocità dell'onda d'urto

$$V = \overline{v}_n - m\,\overline{\tau} \tag{155}$$

V. Ferraro

Prima di discutere quest'equazione è d'interesse ottenere la velocità caratteristica c, per le onde di piccola ampiezza, già trattare nel paragrafo 18 v. s., e poniamo $v_n + c$ la velocità di propagazione delle perturbazioni.

Ora, si ha al limite $\bar{\tau} \to \dfrac{1}{\rho}$, $[\tau] = -\dfrac{\delta\rho}{\rho^2}$, $\bar{\underline{H}} \to \underline{H}$;

$$\frac{[p]}{[\tau]} \to -\rho^2 a^2$$

ove a è la velocità del suono, e $m\,\bar{\tau} \to \dfrac{m}{\rho} = c$

La (154) allora si riduce (si confronti con la (124) col terzo fat tore della (156)):

$$\rho\,c\left(\rho\,c^2 - \frac{H_n^2}{4\pi}\right)\left\{\rho\,c^4 - \left(\rho\,a^2 + \frac{H^2}{4\pi}\right)c^2 + \frac{H_n^2\,a^2}{4\pi}\right\} = 0 \qquad (156)$$

Si nota che tutte le radici di quest'equazione sono positive e si denotano con c_{rapida}, c_{lenta}, $c_{trasversa}$ $(c_f,\ c_s,\ C_t)$. Se l'espressione entro le parentesi storte della (156) si scrive sotto la forma

$$(c^2 - a^2)\left(\rho\,c^2 - \frac{H_n^2}{4\pi}\right) = c^2\left(\frac{H^2}{4\pi} - \frac{H_n^2}{4\pi}\right)$$

in modo che si hanno le disuguaglianze:

$$c_s \lessgtr a \leqslant c_f\ ,\qquad c_s \leqslant b_n \leqslant c_f \qquad (157)$$

ove $b_n = \dfrac{H_n}{\sqrt{4\pi\rho}}$ è la velocità di Alfvén. I segni d'uguaglianza perciò occorreranno solo se $\underline{H} = H_n\,\underline{h}$. In questo caso una velocità è uguale ad a e l'altra a b_n. (Vedi Paragrafo 16).

Se $H_n = 0$, si ha

$$c_f = (a^2 + b^2)^{\frac{1}{2}} = \left(\frac{dp}{d\rho} + \frac{H^2}{4\pi\rho}\right)^{\frac{1}{2}} \qquad (158)$$

V. Ferraro

cosicchè b è la velocità di Alfvén.

Dalla (136) è perciò chiaro che vi sono tre tipi di onde d'urto, rapide, lente e traverse (o intermediarie, o di Alfvén).

23. - Onde d'urto rapide e lente.

Ritorniamo ora all'equazione (154); le radici sono

$$m = 0, \quad m = m_t, \quad m = m_s, \quad m = m_f$$

ove $m_t = \left(\dfrac{H_n^2}{4\pi\,\overline{\tau}} -\right)$ ed m_s, m_f sono le radici della equazione biquadratica che risulta dal terzo fattore della (154).

Se questa si scrive sotto forma:

$$m^2 \left(m^2\,\overline{\tau} - \frac{\overline{\overline{H}}^2}{4\pi}\right) = - \frac{[p]}{[\tau]} \left(m^2\,\overline{\tau} - \frac{H_n^2}{4\pi}\right) \tag{159}$$

si vede analogalmente alla (157) che

$$m_s^2 \leqslant - \frac{[p]}{[\tau]} \leqslant m_f^2$$

$$\tag{160}$$

$$m_s^2 \leqslant \frac{H_n^2}{4\pi\,\overline{\tau}} \leqslant m_f^2$$

Poichè $m_t^2 = \dfrac{H_n^2}{4\pi\,\overline{\tau}}$ si vede perchè l'onda d'urto che corrisponde alla radice m_t è detta intermediaria.

Se si sostituiscono le soluzioni m_f o m_s nelle (151) - (153) si ricavano i salti di $\underline{H}$, $\underline{v}$, τ , cioè

$$\left[\underline{H}\right] = km^2\,(\overline{\overline{\underline{H}}} - H_n\,\underline{n})$$

$$\left[\underline{v}\right] = km\left(\frac{H_n\,\overline{\overline{\underline{H}}}}{4} - \overline{\tau}\,m^2\,\underline{n}\right) \tag{161}$$

$$\left[\tau\right] = -k\left(m^2\,\overline{\tau} - \frac{H_n^2}{4\pi}\right)$$

V. Ferraro

ove k è una costante determinata da uno dei due valori dell'onda d'urto.

24. - Onde d'urto parallele.

In questo caso si ha $\underline{H} = H_n \underline{n}$ e il sistema di riferimento può essere scelto in modo che $\underline{v}$ e $\underline{H}$ abbiano la stessa direzione nei due lati dell'onda. Dalla (146) si ha che $[\underline{H}] = 0$ e $\overline{\underline{H}} = H_n \underline{n}$.

La velocità dell'onda ha un sol valore come si vede dall'equazione precedente (154), notando che $H_1 = 0 = H_m$ e perciò

$$(m^2 + \frac{[p]}{[\tau]}) \, [v_n] = 0 \tag{162}$$

Ora, dalla (161) si ha $[v_n] \neq 0$ e perciò $m^2 = - \frac{[p]}{[\tau]}$.

Come è già stato detto, il campo magnetico non influisce sull'onda, cosicchè sia $[\underline{v}]$ che $[\tau]$ non dipendono da $\underline{H}$.

25. - Onde d'urto perpendicolari.

In questo caso si ha $H_n = 0$ e $\underline{H}$ è parallelo al piano dell'onda. In questo caso non è possibile trovare un sistema di riferimento per il quale $\underline{v}$ è parallela a $\underline{H}$ (vedere operazioni iii e iv p. 53) ma lo si può scegliere in modo che $\underline{v}$ sia perpendicolare a $\underline{H}$ davanti all'onda, e perciò dalla (146) anche dietro all'onda. Dalla (154) si vede che non esiste che una velocità d'onda, cioè

$$m^2 = \frac{\overline{H}^2}{4 \pi \overline{\tau}} - \frac{[p]}{[\tau]} \tag{163}$$

che è un'onda rapida. L'altra velocità, $m = 0$, non si può applicare alla (161), ma si ricava da questa che il salto di $[v]$ è perpendicolare al piano dell'onda.

V. Ferraro

26. - <u>Onde d'urto oblique</u>.

Salvo per i due casi considerati prima, tutte le altre onde di urto si chiamano oblique. Come si è già visto, si può sempre trovare un sistema di riferimento per il quale $\underline{v}$ è parallela al $\underline{H}$ da i due lati dell'onda.

E' chiaro dalla (146) che si avrà allora:

$$\underline{v} = \frac{1}{H_n} (v_n - V) \underline{H} \tag{164}$$

da un lato e perciò la stessa operazione sarà valida dall'altro lato. Dalla (140) si ha immediatamente che il campo elettrico $\underline{E}$ è nullo, essendo proporzionale a $-(v \times \underline{H})$.

Il salto del valore assoluto del campo magnetico si ricava dalla (161) perchè

$$\left[\underline{H}^2 \right] = 2 \overline{\underline{H}} \cdot \left[\underline{H} \right] = k \, m^2 (\overline{\underline{H}}^2 - H_n^2)$$

e, eliminando k, usando l'ultima equazione della (161)

$$\left[H^2 \right] = - \frac{m^2 \left[\tau \right] (\overline{\underline{H}}^2 - H_n^2)}{\overline{\tau} \, m^2 - \dfrac{H_n^2}{4\pi}} \tag{165}$$

Come per la teoria delle onde d'urto nei gas, si può dimostrare che se l'entropia aumenta attraverso il fronte dell'onda, la pressione e la densità anche aumenteranno.

Poichè la direzione di $\underline{n}$ è nel senso nel quale il gas attraversa l'onda, ne segue che $[\tau] < 0$, e dalla ultima della (161) si ha che k è positivo per un'onda rapida, e negativo per un'onda lenta.

Dalla (165) si vede che $\left[\underline{H} \right]$ aumenta attraversando il fronte del l'onda se questa è un'onda rapida, e diminuisce attraverso il fronte di un'o<u>n</u>

V. Ferraro

da lenta.

Poichè la componente H_n è continua attraverso l'onda, ne segue che la componente del campo magnetico parallela al fronte, aumenta attraverso il fronte per un'onda rapida e diminuisce per un'onda lenta. Dalla seconda delle equazioni (161) risulta che è anche lo stesso per la componente della velocità parallela al fronte. E' da ricordare che nel caso di un gas, solo questa componente è continua. Cosicchè per un'onda d'urto rapida il vettore $\underline{H}$ viene deviato verso il fronte (poichè H_n è continuà) mentre per un'onda lenta devia verso la perpendicolare. In quest'ultimo caso, la componente del campo magnetico può anche cambiare di senso, cioè cambiare di segno.

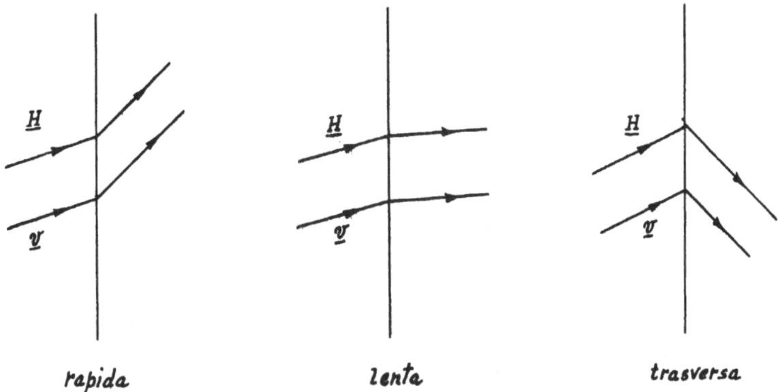

Le onde d'urto oblique pongono la domanda; si potrebbe produrre una componente del campo magnetico parallela al fronte a mezzo di un'onda di urto se essa non esiste davanti all'onda, oppure eliminarla dietro l'onda se esiste all'innanzi? Sembra che la risposta sia affermativa. Nel primo caso

V. Ferraro

l'onda si dice <u>switch-on</u> (cioè di attacco) e nel secondo <u>switch-off</u> (cioè di distacco).

27. - <u>Onde d'urto di attacco e di distacco.</u>

E' chiaro che quando si è detto che per un'onda d'urto d'attacco il campo magnetico è rivolto verso il fronte e si ha perciò un'onda <u>rapida</u>, mentre per un'onda di distacco è rivolto verso la perpendicolare al fronte, e si ha perciò un'onda <u>lenta</u>.

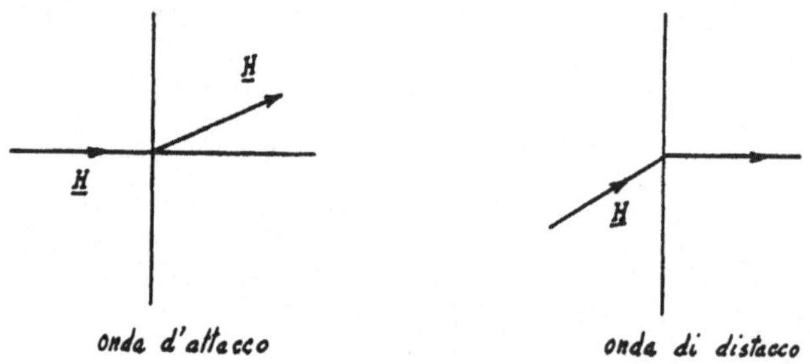

Si può dimostrare che un'<u>onda d'urto di attacco</u> esiste soltanto se la velocità di Alfvén è supersonica, all'innanzi dell'onda, e solo se l'inten sità $\dfrac{p_1}{p_0}$ dell'onda supera un valore critico. A misura che l'intensità aumenta, la componente parallela al campo $\underline{H}$ aumenta, poi diminuisce annullandosi al valore critico. L'onda di distacco esiste solo se la velocità di Alfvén dietro l'onda è subsonica e l'intensità supera il valore critico.

Si nota anche che H_n non si può annullare per le onde di distacco o di attacco.

Come per le onde di urto in un gas privo di campi magnetici, così qui pure è usuale riferire le caratteristiche da una parte dell'onda d'urto mediante le caratteristiche dell'altra parte.

V. Ferraro

Abbiamo invece usato qui la media dei valori delle quantità Q dalle due parti dell'onda per ottenere più rapidamente le caratteristiche delle onde d'urto.

Su questo argomento si fa notare che la componente del campo magnetico parallela al fronte non può essere scelta arbitrariamente.

28. - Onde intermediarie o trasverse.

L'unica radice della (154), cioè

$$m_t^2 = \frac{H_n^2}{4\pi\,\tau}$$

corrisponde ad un'onda d'urto trasversale. Le sole discontinuità sono quelle delle componenti parallele al fronte di $\underline{v}$ e $\underline{H}$. Se si sostituisce nella (151)-(153) si trova:

$$\begin{aligned}
\left[\underline{H}\right] &= k\,m\,\overline{\underline{H}} \times \underline{n} \\
\left[\underline{v}\right] &= \frac{k}{4\pi}\,H_n\,\overline{\underline{H}} \times \underline{n} \\
\left[\tau\right] &= 0
\end{aligned} \qquad (166)$$

La equazione (153) dimostra che in questo caso $\left[v_n\right] = 0$ e le (166) mettono sotto forma concreta ciò che si è già detto sulla discontinuità delle componenti parallele al fronte dei vettori $\underline{v}$ e $\underline{H}$. Poichè $\left[\tau\right] = 0$, non vi è alternazione nei valori della pressione ed entropia attraverso il fronte.

La velocità dell'onda rispetto al fluido è

$$v_n - V = m\,\tau = \sqrt{\frac{H_n^2}{4\pi\rho}}$$

V. Ferraro

cioè la stessa della velocità delle caratteristiche trasverse.

Sembra improbabile che vi sia un'onda di nòtevole intensità poichè il meccanismo solito manca. Ludford difatti, nel suo studio delle strutture di un'onda di urto, dimostrò che non esiste una soluzione per onde trasversali; se quest'onda esiste, l'intensità rimane la stessa, dato che dalla prima della (166) si ha:

$$\left[H^2 \right] = 0$$

ma la direzione di $\underline{H}$ può essere cambiata di $180^°$ e si ha allora un caso particolare di un'onda di urto lenta.

IL PROBLEMA DELLA DINAMO

29. - Il problema di spiegare l'esistenza di campi magnetici della terra, del sole, e delle stelle, non è stato ancora risolto soddisfacentemente. Si deve scartare l'ipotesi del magnetismo permanente, date le alte temperature all'interno di questi corpi. Effetti termoelettrici sono stati trattati, ma almeno per le stelle ed il sole, il magnetismo prodotto da tali effetti è trascurabile. L'unica teoria che sembra poter sostenere i campi osserva ti è la deoria della dinamo, la quale attribuisce il sostenimento del campo magnetico al moto della materia conduttrice attraverso le linee di forza, come in una dinamo eccitata da sé.

30. - <u>Il problema della dinamo.</u>

In un conduttore il campo magnetico declina a causa della resistenza Ohmica e esso si può sostenere solo se gli si fornisce energia da una fonte esterna. Ora, in un conduttore fluido, in moto, l'energia che si for-

V. Ferraro

nisce al campo, se il moto è causato da forze non magnetiche, è uguale a $\dfrac{\underline{j} \times \underline{H}}{c} \cdot \underline{v}$ per unità di tempo. Nel problema della dinamo eccitata da sè si cercano condizioni, per avere una sorgente di forza viva, che possano sostenere il campo magnetico contro perdite dovute alla resistenza elettrica. Ciò vuol dire che si ricercano soluzioni dell'equazione

$$\frac{\partial \underline{H}}{\partial t} = \nabla \times (\underline{v} \times \underline{H}) + \eta \nabla^2 \underline{H} \qquad (167)$$

per il campo magnetico $\underline{H}$, dove η è la resistività, uguale a $\dfrac{c^2}{4\pi\sigma}$ che si suppone costante. Il flusso della materia attraverso il campo magnetico crea delle correnti elettriche che sostengono il campo $\underline{H}$ secondo le leggi di Ampère.

Come fa notare Mestel, a prima vista il problema sembra banale, difatti gli ordini di grandezza dei due termini a destra della (167) debbono essere comparabili, cioè, il numero Raynolds magnetico $\dfrac{v\,L}{\eta} \sim 1$. Qui v è una velocità caratteristica del fluido ed L la lunghezza della scala di variazione del campo, cioè, la distanza entro la quale, sia la direzione, che l'intensità del campo cambiano sostanzialmente. Ciò che non è evidente è che L non sarebbe sempre limitato in tutti i punti del campo. Difatti, si consideri un campo magnetico con simmetria rispetto ad un asse. Allora, per soddisfare all'equazione $\nabla \cdot \underline{H} = 0$ in coordinate polari cilindriche (ϖ, φ, z) si può scrivere:

$$H_\varpi = - \frac{1}{\varpi} \frac{\partial P}{\partial z} \ , \qquad H_z = \frac{1}{\varpi} \frac{\partial P}{\partial \varpi}$$

dove P è una funzione tale che $P =$ costante è l'equazione di una linea di forza del campo. Ora il flusso totale di $\underline{H}$ attraverso un cerchio nel piano $z =$ cost., col centro sull'asse di simmetria $(\varpi = 0)$ è uguale a:

V. Ferraro

$$\int_0^{\omega} H_z\, 2\pi\omega\, d\omega = \int_0^{\omega} \frac{1}{\omega}\, \frac{\partial P}{\partial\omega}\, 2\pi\omega\, d\omega = 2\pi\, P(\omega, z), \qquad (168)$$

se si ammette che $P = 0$ sull'asse, come è lecito.

Se il campo è di natura locale, cioè non esistono correnti all'infinito, il limite di questo flusso quando $\omega \to \infty$ è nullo, cosicchè la linea di forza $P = 0$ consiste dell'asse di simmetria e di due semicerchi all'infinito. Ne segue che le altre linee di forza sono circuiti chiusi o lacci, situati all'intorno della linea di forza $P = 0$, e perciò essi circonderanno almeno un punto neutro N cosiddetto, di tipo 0. Nel caso che esse circondino più di un tale punto neutro le linee di forza saranno della forma del numero otto, e vi sarà un punto neutro di forma X.

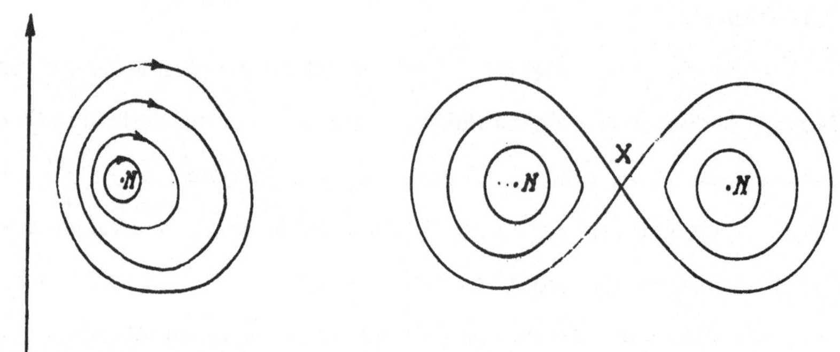

Nelle vicinanze di N, è chiaro che il campo magnetico cambia la sua direzione in una distanza che può essere arbitrariamente piccola; se la conduttività σ è limitata, non esiste velocità limitata che possa soddisfare alla condizione $\dfrac{v\,L}{\eta} \sim 1$; perciò il termine dell'equazione (167) dovuto alla resistenza, domina nei dintorni di N. In più non è possibile limitare la zona del declino a una piccola regione circondante N; poichè questo richiederebbe un grande gradiante dell'intensità del campo e perciò estenderebbe la zona dove L è piccola. Difatti, nel caso che

V. Ferraro

consideriamo, $\underline{j}$ è perpendicolare a $\underline{H}$ e la legge di Ohm si può scrivere:

$$\underline{E} + \frac{\underline{v}' \times \underline{H}}{c} = 0 \qquad (169)$$

dove:

$$\underline{v}' = \underline{v} + \frac{c}{\sigma} \frac{\underline{j} \times \underline{H}}{H^2} \qquad (170)$$

ciò che implica che il campo magnetico si muova attraverso il fluido con velocità $\underline{v}'$.

Se $\underline{v} = 0$, il campo declina in modo che le linee di forza a laccio scompariscano nel punto N; se $\underline{j}$ è limitato vicino a N, la velocità relativa al fluido delle linee di forza è infinita, e soltanto una sorgente di fluido situata nel punto N può evitare questo declino, creando tante linee di forza quante ne vengano distrutte dalla resistenza.

Questo teorema fu dimostrato da Cowling nel 1932 e si chiama il teorema anti-dinamo di Cowling. Si credette per diversi anni che questo teorema si potesse generalizzare per qualsiasi campo magnetico. Ma questo fu dimostrato falso dalle ricerche fatte dal Bullard e da Herzenberg.

Il teorema di Cowling si può difatti estendere a certi casi particolari per la dinamo stazionaria. Difatti, in questo caso si ha la legge di Ohm

$$\frac{\underline{j}}{\sigma} = - \nabla \varphi + \frac{1}{c} \underline{v} \times \underline{H} \qquad (171)$$

dove φ è il potenziale elettrostatico. Il teorema è valido per campi magnetici nei quali si ha come limite una curva chiusa C, tale che le linee di forza nelle vicinanze di C sono della forma di spirali intorno a C. Nel caso generale C è anche una linea di forza; nel caso degenerato nel

V. Ferraro

quale le linee di forza sono lacci, la curva C è una curva di punti neutri.
Dalla (171) si ha, facendo l'integrale lungo la curva C,

$$\oint_C \frac{j}{\sigma} \cdot dS = \oint_C \frac{v \times H}{c} \cdot dS = 0 \tag{172}$$

sia perchè $H = 0$, oppure perchè $v \times H$ è perpendicolare ad H.
Ma, dalla legge di Ampère, le correnti che sostengono il campo nelle vici
nanze di C, se esse non sono nulle, debbono scorrere in un senso unico
intorno a C, cosicchè il primo membro della (172) non si annulla, e si
ha dunque una contraddizione. Così si dimostra che un campo magnetico
toroidale (ma simmetrico rispetto all'asse) non può essere sostenuto a
mezzo di azione della dinamo, perchè si può sempre trovare una curva C,
che interseca l'asse   ⌒ a $\pm \infty$ oppure in punti consecutivi, dove il senso dei lacci prossimi può essere invertito.

Anche in questo caso il declino del campo può essere considerato
come dovuto alla scomparsa dei lacci toroidali sull'asse di simmetria, che
nessuna velocità limitata non può impedire.
Perchè si possa avere una dinamo, è quindi necessario considerare dei
campi magnetici più complessi di quelli già considerati. Soprattutto si de
vono evitare tutti quei campi che hanno una curva chiusa singolare del tipo
C considerata prima. Topologicamente, si devono scegliere quei moti
che convertono le linee di forza del campo in modo che la parte bipola del
campo poloidale sia rigenerata. Il meccanismo della dinamo non crea nuove linee di forza nel campo, ma piuttosto fa uso più efficace delle stesse
linee di forza.

Vi è una certa "asimmetria topologica" come dice Elsasser, tra un

V. Ferraro

campo poloidale ed un campo toroidale, che hanno simmetria rispetto ad un asse. Difatti la rotazione non-uniforme genera un campo toroidale secondo il teorema di Alfvén, mentre non esiste nessuna circolazione simmetrica rispetto ad un asse che generi un campo poloidale da un campo toroidale.

Lasciando perciò l'ipotesi della simmetria assiale, è possibile costruire dei campi di velocità che sembrano capaci di generare un campo poloidale.

Bullard, in seguito al lavoro di Elsasser, ha sviluppato un metodo numerico, usando calcolatrici elettroniche per trattare il problema. Bullard considera un moto fluido laminare, dovuto a convezione termica, e la rotazione non-uniforme che ne risulta. La sola giustificazione per il modello del moto adottato è che esso è capace di sostenere un campo magnetico con una grande componente tipo bipolo. Si ha un certo appoggio per questa ipotesi dal lavoro di Parker che ha dimostrato che le forze di Coriolis che agiscono sulle correnti di convezione, sono capaci di torcere la componente toroidale del campo - prodotta dalla rotazione non uniforme - per generare così un campo poloidale che agisce nel senso giusto per accrescere il campo poloidale iniziale.

31. - Il nuovo metodo Elsesser-Bullard si può esporre come segue. Consideriamo un campo magnetico in una sfera liquida di conduttività σ. All'interno della sfera sono valide le equazioni:

$$\nabla \times \underline{H} = \frac{4\pi \underline{j}}{c} \quad , \qquad \nabla \times \underline{E} = -\frac{1}{c}\frac{\partial \underline{H}}{\partial t} \quad , \qquad \underline{j} = \sigma \left(\underline{E} + \frac{1}{c}\underline{v} \times \underline{H}\right) \quad (173)$$

A queste equazioni si può sostituire una sola equazione integrale. Difatti,

V. Ferraro

sia $\underline{H}'$ un secondo campo e $\underline{j}'$ l'intensità di corrente che lo produce. Allora si ha:

$$\frac{1}{\sigma} \int \underline{j} \cdot \underline{j}' \, d\tau = \int (\underline{E} + \frac{1}{c} \, \underline{v} \times \underline{H}) \cdot \underline{j}' \, d\tau \qquad (174)$$

dove l'integrazione si può estendere a tutto lo spazio poichè $\underline{j}' = 0$ fuori dalla sfera. Consideriamo l'integrale

$$4\pi \int \underline{E} \cdot \underline{j}' \, d\tau = c \int \underline{E} \cdot \nabla \times \underline{H}' \, d\tau =$$

$$= c \int \nabla \cdot (\underline{H}' \times \underline{E}) \, d\tau + c \int \underline{H}' \cdot \nabla \times \underline{E} \, d\tau$$

Il primo integrale a destra è nullo; come si vede, dopo averlo trasformato, col teorema di Green. Perciò si ha:

$$\frac{4\pi}{\sigma} \int \underline{j} \cdot \underline{j}' \, d\tau = \frac{4\pi}{c} \int (\underline{v} \times \underline{H}) \cdot \underline{j}' \, d\tau - \int \underline{H}' \cdot \nabla \times \underline{E} \, d\tau \qquad (175)$$

che equivale alla (173).

Ora introduciamo i campi normali di declino. Questi soddisfano alla (173) posto $\underline{v} = 0$ e declinano secondo la legge esponenziale, $\underline{H} = \underline{H}_r \, e^{-\lambda_r t}$. Esiste una serie di tali campi ognuno dei quali corrisponde ad un auto valore λ_r.

I valori iniziali dei campi $\underline{H}_r$, e le correnti corrispondenti ad essi, soddisfano alle relazioni ortogonali:

$$\int \underline{H}_r \cdot \underline{H}_s \, d\tau = 0 \quad , \qquad \int \underline{j}_r \cdot \underline{j}_s \, d\tau = 0 \qquad (r \neq s) \qquad (176)$$

Per dimostrare questo, si pone $\underline{H} = \underline{H}_r$; $\underline{H}' = \underline{H}_s$, $\underline{v} = 0$ nella

V. Ferraro

(175). Allora, dato che $\dfrac{\partial \underline{H}}{\partial t} = -\lambda_r \underline{H}_r$ si ha:

$$\frac{4\pi}{\sigma} \int \underline{j}_r \cdot \underline{j}_s \, d\tau = \lambda_r \int \underline{H}_r \cdot \underline{H}_s \, d\tau \qquad (177)$$

Per la simmetria di quest'equazione, la stessa operazione è valida con λ_s che sostituisce λ_r. Dunque ne seguono le (176). Se si normaliz zano i campi in modo che

$$H_r^2 \, d\tau = 1 \qquad (178)$$

si ha

$$\int j_r^2 \, d\tau = \frac{\sigma \lambda_r}{4\pi} \qquad (179)$$

Ora i campi $\underline{H}_r$ formano un insieme completo, e perciò $\underline{H}$ si può scrivere sotto la forma

$$\underline{H} = \sum_r \beta_r \underline{H}_r \qquad (180)$$

Cioè, il campo $\underline{H}$ nelle equazioni (174), con $\underline{v} \neq 0$, è dato dalla serie (180) nella quale i coefficienti β_r sono funzioni del tempo. Poichè

$$\nabla \times \underline{H} = \frac{4\pi \, \underline{j}}{c}$$

si ha anche che

$$\underline{j} = \sum_r \beta_r \underline{j}_r \qquad (181)$$

Sostituendo (180) e (181) nella (175), ponendo $\underline{H}' = H$ e usando pure (176), (178), (179) si ottiene l'equazione

V. Ferraro

$$\frac{d\beta_s}{dt} = -\lambda_s \beta_s + \sum_r \alpha_{rs} \beta_r \tag{182}$$

dove

$$\alpha_{rs} = 4\pi \int (\underline{v} \times \underline{H}_r) \cdot \underline{j}_s \, d\tau \tag{183}$$

Per stabilire l'esistenza di una dinamo stazionaria, si potrebbe proseguire così. Nella (182) poniamo $\dfrac{d\beta_s}{dt} = 0$, cosicchè si ha un campo stazionario, e si scriva $\vartheta \underline{v}$ invece di $\underline{v}$ nella (183); allora si ha il sistema di equazioni

$$\frac{\lambda_s \beta_s}{\vartheta} = \sum_r \alpha_{rs} \beta_r \tag{184}$$

un sistema infinito di equazioni algebriche, per le quali esistono auto valori ϑ_n. Ma la matrice del determinante infinito non è simmetrica, perchè $\alpha_{rs} \neq \alpha_{sr}$ cosicchè non si può dire se i valori caratteristici siano reali.

Difatti, per il caso di certi campi magnetici con simmetria, si ha $\alpha_{rs} = -\alpha_{sr}$ e in questo caso i valori di ϑ_n' sono immaginari.

Perciò Bullard ha cercato di dare un metodo per trovare gli auto valori che sembrano convergere rapidamente ad un valore reale.

Ma certo non pretende di aver dimostrato un teorema d'esistenza.

Un tale teorema è stato dimostrato da Herzenberg per un modello molto più semplice. Questo consiste di due sfere A e B ruotanti con velocità angolare $\underline{\omega}_A$, $\underline{\omega}_B$ intorno a due assi inclinati sempre eccentricamente nell'interno di una grande sfera conduttrice di raggio R e centro 0. La sfera A gira nel campo magnetico che è prodotto da corrente indotta nella sfera B e viceversa. La prova del teorema di esi-

V. Ferraro

stenza dipende dalla condizione che i raggi delle sfere A e B siano piccoli in confronto alla loro distanza da 0, e questa piccola in confronto ad R, affinchè ne risulti la prova della convergenza, poichè in questo caso basta tener conto solo delle parti del campo di ogni sfera che sono simmetriche rispetto ad un asse, e di questo basta trattare sòltanto quelle parti che diminuiscono lentamente con la distanza.

Herzen berg ha dimostratǫ che per diverse orientazioni relative agli assi delle sfere si può trovare un valore di $\underline{\omega}_A$ x $\underline{\omega}_B$ capare di sostenere il campo magnetico. Si può pensare che le due sfere simulino dei vortici idrodinamici.

In quanto ṡi è detto sinora si è supposto che il campo della velocità $\underline{v}$ sia dato. Una volta che si è sicuri del sostegno del campo stazionario si deve considerare il problema dinamico. Ad esempio, se si aumenta la velocità sino a che la dinamo riproduca più energia di quella che è distrutta, cosicchè il campo cresce, questo deve reagire sul moto. Bullard ha fatto un calcolo approssimativo del campo magnetico nel centro della terra uguagliando la componente media del campo magnetico toroidale alla forza di Coriolis media. Ha ottenuto il valore di 4 gauss per la componente poloidale e 400 gauss per la componente toroidale.

Il problema è certamente molto complicato: nonostante ciò, una volta determinato il campo di velocità delle perturbazioni magnetiche e centri fughe sul moto termale del fluido, il ciclo sarà questo: (i) circolazione meridionale; (ii) rotazione non - uniforme; (iii) campo magnetico toroidale generato dal campo poloidale; (iv) rinforzo del campo poloidale dal campo toroidale.

V. Ferraro

MAGNETISMO E TURBOLENZA

32. - Trasferimento e declino dell'energia nel moto turbolento.

Nella turbolenza, il moto è caratterizzato dalla presenza di elemen
ti di fluido distinti in uno stato di rotazione, che si chiamano vortici.

L'energia è usualmente fornita ai vortici più grandi e poi trasferi-
ta ai vortici più piccoli. Questi a loro volta trasferiscono la loro energia a
vortici ancora più piccoli, fino a che l'energia del moto viene distrutta sot
to forma di calore causato dalla viscosità, perchè gli sforzi usuali sono
maggiori per i vortici più piccoli.

33. - L'effetto di un moto turbolento sul declino magnetico.

Consideriamo dapprima il caso di un fluido di conduttività infinita.
In questo caso si ha:

$$\frac{\partial \underline{H}}{\partial t} = \nabla \times (\underline{v} \times \underline{H}) = (\underline{H} \cdot \nabla)\underline{v} - (\underline{v} \cdot \nabla)\underline{H} - \underline{H}(\nabla \cdot \underline{v}) \qquad (185)$$

perchè $\nabla \cdot \underline{H} = 0$. La derivata rispetto al tempo, cioè la derivata con-
vettiva, è

$$\frac{d\underline{H}}{dt} = \frac{\partial \underline{H}}{\partial t} + (\underline{v} \cdot \nabla)\underline{H} = (\underline{H} \cdot \nabla)\underline{v} + \frac{\underline{H}}{\rho}\frac{d\rho}{dt} \qquad (186)$$

perchè dall'equazione di continuità si ha

$$\frac{d\rho}{dt} = \frac{\partial \rho}{\partial t} + (\underline{v} \cdot \nabla)\rho = -\rho\nabla \cdot \underline{v}; \qquad (187)$$

dalla (186) si ha immediatamente che l'intensità del campo magnetico aumenta nel caso che il fluido sia compresso oppure le linee di forza si esten

V. Ferraro

dono. (Abbiamo già fatto notare questo ultimo càso prima, paragrafo 6).

Se si ha un moto turbolento, è chiaro che due particelle del fluido che sono inizialmente l'una accanto all'altra saranno separate di molto durante il moto. Perciò la linea di forza sulla quale si trovano le due particelle verrà estesa e se si ha inizialmente un debole campo magnetico, è chiaro che la turbolenza cagionerà un aumento dell'energia del campo.

Simultaneamente, la struttura del campo cambierà radicalmente, poichè le linee di forza saranno attorcigliate.

Elsasser e Sweet hanno creduto che questo effetto accelerasse il de_clino naturale del campo. Essi facevano notare che l'attorcigliamento della linea di forza ha per conseguenza la continua diminuzione della grandezza dei lacci del campo magnetico.

Ora, se due segmenti della stessa linea di forza per i quali il campo magnetico è orientato in sensi opposti si avvicinano a causa della loro turbolenza, avverrà una rapida dif_fusione Ohmica in modo che il laccio si staccherà. Il campo magnetico perciò si trasformerà in un gran numero di piccoli lacci per i quali il declino è più rapido dato che, come si è già dimostrato, il periodo di declino del campo è dell'ordine

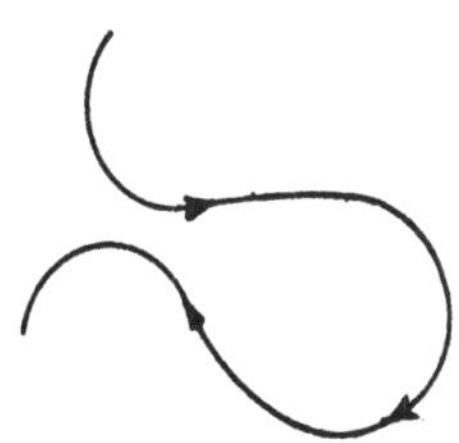

$$\frac{4\pi\,\sigma\,L^2}{c^2}$$, dove σ è la conduttività elettrica ed L la dimensione del laccio.

V. Ferraro

Quest'argomento però non tiene con<u></u>to della possibilità che il campo ma<u></u>gnetico può essere rigenerato dallo effetto della dinamo. Ma se si limi<u></u>ta la turbolenza al caso di simmetria rispetto ad un asse, cioè vortici intorno alla direzione azimutale, l'attorcigliamento del campo accelererà il declino nella regione interna del fluido. Sembra che il periodo di declino del campo non sia modificato di molto.

34. - Dinamo a base di turbolenza.

Si è dimòstrato che in un fluido di alta conduttività la turbolenza può far crescere un campo magnetico inizialmente debole. Ciò che si è detto riguardo alla dinamo magnetoidronamica ci fa pensare che non sia impossibile l'esistenza della dinamo a base della turbolenza.

Ci limitiamo al caso incompressibile e alla turbolenza isotropica e omogenea. Consideriamo ora un campo magnetico molto debole, ma di grande estensione. Un'aliquota dell'energia sarà fornita nella turbolenza ai vortici di grande lunghezza d'onda nello spettro e poi ceduta ai vortici di lunghezza d'onda sempre più piccola come si è detto, sino a che essi sono distrutti dalla viscosità.

Benchè non vi è dubbio che al principio il campo magnetico aumenterà, non è stato ancora precisato se il campo magnetico sarà ultimamente aumentato. Certo è che quando il campo magnetico si farà troppo grande,

V. Ferraro

esso limiterà l'estensione. Difatti certi autori come Biermann e Schlüter asseriscono che alla fine vi sarà equipartizione fra l'energia cinetica e l'energia magnetica, mentre altri asseriscono che questa equipartizione viene limitata ai vortici di piccola lunghezza d'onda.

Elsasser ha cercato di dimostrare l'equipartizione dell'energia nel modo seguente. Se si pone

$$\underline{P} = \underline{v} + \frac{\underline{H}}{\sqrt{4\pi\rho}} \quad , \quad \underline{Q} = \underline{v} - \frac{\underline{H}}{\sqrt{4\pi\rho}} \tag{187}$$

$$k_1 = \frac{1}{2}\rho(\nu + \eta) , \quad k_2 = \frac{1}{2}\rho(\nu - \eta)$$

dove ν e η sono i numeri di Reynolds viscoso e magnetico, le equazioni del moto di un liquido e le equazioni idromagnetiche si possono scrivere in due forme molto simili e cioè:

$$\rho\left(\frac{\partial \underline{P}}{\partial t} + \underline{Q}\cdot\nabla\underline{P}\right) = -\nabla\left(p + \frac{H^2}{8\pi}\right) + k_1\nabla^2\underline{P} + k_2\nabla^2\underline{Q} \tag{188}$$

$$\rho\left(\frac{\partial \underline{Q}}{\partial t} + \underline{P}\cdot\nabla\underline{Q}\right) = -\nabla\left(p + \frac{H^2}{8\pi}\right) + k_1\nabla^2\underline{Q} + k_2\nabla^2\underline{P} \tag{189}$$

La simmetria di queste due equazioni rispetto a $\underline{P}$ e $\underline{Q}$ e, la loro somiglianza all'equazione del moto

$$\rho\left(\frac{\partial \underline{v}}{\partial t} + \underline{v}\cdot\nabla\underline{v}\right) = -\nabla p + \nu\nabla^2\underline{v} \tag{190}$$

dimostrano che $\underline{P}$ e $\underline{Q}$ si comportano come $\underline{v}$.

Data la definizione di $\underline{P}$ e $\underline{Q}$, ciò vuol dire che $\dfrac{\underline{H}}{\sqrt{4\pi\rho}}$ si comporta in modo analogo a $\underline{v}$.

V. Ferraro

Se questi vettori si comportano similmente, allora in equilibrio si avrà

$$\left| \frac{\underline{H}}{\sqrt{4\pi\rho}} \right| \sim \left| \underline{v} \right|$$

Cioè,

$$\frac{1}{2}\,\rho\,v^2 \sim \frac{H^2}{8\,\pi} \tag{191}$$

o bene, l'equipartizione di energia. Questo argomento, è però non esclusivo, dato che non è lecito dedurre il comportamento di $\underline{H}$ e $\underline{v}$ separatamente, dal comportamento di $\underline{P}$ e $\underline{Q}$. Difatti, se $\underline{P} = \underline{Q}$ si ha $\underline{H} = 0$. In più, Batchelor ritiene piuttosto che la vorticità $\omega = \nabla \times \underline{v}$, anzichè come $\underline{v}$, si comporta come $\underline{H}$. L'argomento va così.

Si è già dimostrato che $\underline{H}$ soddisfa all'equazione

$$\frac{\partial \underline{H}}{\partial t} = \nabla \times (\underline{v} \times \underline{H}) + \eta\,\nabla^2\underline{H} \tag{192}$$

ove questa equazione è analoga all'equazione soddisfatta dalla vorticità $\underline{\omega}$,

$$\frac{\partial \underline{\omega}}{\partial t} = \nabla \times (\underline{v} \times \underline{\omega}) + \nu\,\nabla^2\underline{\omega} \tag{193}$$

In più, sia $\underline{H}$ che $\underline{v}$, soddisfano all'equazione $\nabla \cdot \underline{F} = 0$, e da questa analogia, Batchelor deduce che $\underline{H}$ debba comportarsi come $\underline{\omega}$ piuttosto che come $\underline{v}$; ed infatti tanto $\underline{H}$, quanto $\underline{\omega}$, sono trasportate con il fluido eccetto che per il grado di diffusione che dipende dai parametri η e ν .

A causa della somiglianza delle equazioni (192) e (193) Batchelor crede che, dato un campo magnetico inizialmente debole, esso sarà rapida

V. Ferraro

mente trasformato in un campo avente una struttura analoga al campo di vorticità, cioè $\underline{\omega}$ e $\underline{H}$ saranno vettori quasi proporzionali. Concesso questo ne segue çhe i due campi crescono colla medesima rapidità. Ora, nel caso stazionario, si ha $\dfrac{\partial \underline{\omega}}{\partial t} = 0$, e se il termine dovuto all'induzione nella (192) domina l'equazione, cosicchè il campo magnetico aumenta, si deve avere, $\eta < \nu$, cioè

$$\frac{4 \pi \sigma \nu}{c^2} > 1$$

Se questa condizione è soddisfatta si vuol sapere quale sarà lo stato raggiunto alla fine dal campo magnetico.

Poichè $\underline{\omega}$ e $\underline{H}$ si comportano similmente ne segue che lo spettro magnetico sarà simile a quello della vorticità. Poichè la vorticità è concentrata nei piccoli vortici, mentre i vortici grandi hanno maggiore energia, ne segue che vi sarà equipartizione fra l'energia cinetica e l'energia magnetica per i vortici di piccola lunghezza d'onda.

L'energia totale magnetica, però, è inferiore a quella meccanica.

Ma anche l'argomento di Batchelor si può intaccare.

Per esempio, è difficile giustificare l'ipotesi che $\underline{H}$ e $\underline{\omega}$ acquistano rapidamente le stesse caratteristiche statistiche ed in più l'analogia tra $\underline{\omega}$ e $\underline{H}$ è imperfetta, dato che, $\underline{\omega} = \nabla \times \underline{v}$ mentre $\underline{H}$ non dipende da $\underline{v}$.

In più, come ha concluso Mestel, nella turbolenza ordinaria, l'energia e la vorticità sono fornite ai vortici più grandi e poi saranno trasferiti a cascata ai vortici più piccoli quando saranno distrutti dalla viscosità. Se si accetta l'analogia tra $\underline{\omega}$ e $\underline{H}$ allora si dovrebbe supporre che non solo l'energia meccanica, ma anche quella magnetica, dovrebbe essere forni

V. Ferraro

ta ai vortici grandi. Ciò vuol dire che si dovrebbero avere delle pile vol-
taiche per fornire continuamente quest'energia magnetica.

In mancanza di queste pile, il campo declina ed il periodo di declino sarà accelerato dalla turbolenza.

Ciò non vuol dire che la dinamo a base della turbolenza non sia pos‐
sibile; ma piuttosto che l'analogia di Batchelor può indurci in errore.

Moffatt ha fatto notare che vi possono essere dei vortici magnetici.
Difatti, se si ha $\eta < \nu$, le cascate di energia e l'attorcigliamento delle linee di forza prosegue sino a che la cascata si arresta a causa della vi‐
scosità. Ciò avviene quando

$$\frac{v\,L}{\nu} \sim 1 \tag{194}$$

cioè il numero di Reynolds è dell'ordine dell'unità. L'equazione (194) de‐
termina la grandezza dei vortici più piccoli per la turbolenza idrodinamica.
Il numero di Reynolds magnetico è superiore all'unità, dato che $\eta < \nu$.

Dunque si hanno così i "vortici magnetici". Poichè il periodo di
declino $\dfrac{L^2}{\nu}$ dei vortici più piccoli è inferiore al periodo di declino
$\dfrac{L^2}{\eta}$ per un vortice magnetico a simmetria assiale delle stesse dimensioni, si possono avere vortici magnetici con un campo magnetico quasi per‐
manente che dura per il periodo di declino $\dfrac{L^2}{\nu}$ dei più piccoli vortici.
Ciò che non è stato dimostrato è questo: una volta che un vortice magnetico
si è distrutto, hanno i nuovi vortici magnetici un campo magnetico rigenerato? I vortici magnetici di Moffatt hanno simmetria rispetto ad un asse e
perciò sono soggetti al teorema anti-dinamo di Cowling. Benchè una teoria
completa non è stata ancora fatta, il lavoro di Moffatt è un primo saggio
verso una teoria dettagliata della struttura dello stato caotico del campo
magnetico.

CENTRO INTERNAZIONALE MATEMATICO ESTIVO

(C. I. M. E.)

RENATO   NARDINI

1.   SU UN CASO PARTICOLARE DI ONDE MAGNETOA-
     CUSTICHE.

2.   SU UN PARTICOLARE CAMPO MAGNETOFLUIDO-
     DINAMICO SINUSOIDALE IN UN MEZZO VISCOSO.

ROMA - Istituto Matematico dell'Università

R. NARDINI

I Conferenza

SU UN CASO PARTICOLARE DI ONDE MAGNETOACUSTICHE[1]

1. Equazioni del problema.

Le onde magnetoacustiche com'è noto, si possono presentare in fluidi compressibili ed elettricamente conduttori, soggetti a campi magnetici. Supponendo il fluido omogeneo, non viscoso e dotato di conducibilità elettrica tanto grande da poter essere considerata infinita, le equazioni che reggono il fenomeno sono[2]: la prima equazione di Maxwell

$$(1) \qquad \operatorname{rot} \vec{H} = \vec{J} \, ,$$

in cui si è trascurata la corrente di spostamento;[3]

---

[1] Il caso è stato studiato per esteso nella nota "Sulla mutua azione fra fenomeni acustici e idrodinamici" Journal of Mathematics and Mechanics 7 , 1958, 1-16.

[2] I simboli sono quelli usuali e il sistema è quello M.K.S.

[3] Dal punto di vista matematico non presenterebbe nessuna difficoltà conservare la detta corrente e, come risulta nella nota citata in (1) , si aggiungerebbero termini dell'ordine di w^2/c^2 (w è la velocità delle onde di ALFVÈN, c la velocità della luce), ossia praticamente trascurabili. Come però mi ha fatto osservare, durante uno scambio di idee, il prof. A. PRATELLI, il trascurare la corrente di spostamento porta anche il notevole vantaggio concettuale che tutte le equazioni della magnetofluidodinamica risultano invarianti rispetto alla trasformazione di GALILEO.

R. Nardini

la conseguenza della legge di Ohm per un mezzo perfettamente conduttore:

$$(2) \qquad \vec{E} = - \vec{v} \times \vec{B} ;$$

la seconda equazione di Maxwell, in cui si tiene conto della (2),

$$(3) \qquad \frac{\partial \vec{H}}{\partial t} = \text{rot} (\vec{v} \times \vec{H}) ;$$

la condizione aggiuntiva

$$(4) \qquad \text{div} \, \vec{H} = 0 ;$$

le equazioni del moto del fluido, in cui si tiene conto della (1),

$$(5) \qquad \frac{\partial \rho}{\partial t} + \text{div} (\rho \, \vec{v}) = 0$$

$$(6) \qquad \frac{d \vec{v}}{dt} = \frac{\mu}{\rho} \, \vec{j} \times \vec{H} - \text{grad} \, U - \frac{1}{\rho} \, \text{grad} \, p ,$$

in cui U è il potenziale delle forze esterne di natura non elettromagnetica; e infine l'equazione complementare

$$(7) \qquad p = f (\rho).$$

2. Calcolo di una soluzione particolare.

Per introdurre il caso particolare che desidero esporre, riferiamo il moto del fluido a un sistema di coordinate cilindriche $r, \theta,$ z   e supponiamo preesistente un campo magnetico stazionario toroidale $\vec{H}_0$, che sia dipendente solo dalla r   ed abbia componente solo parallelamente alle linee θ. Potremo allora porre nelle equazioni precedenti

$$\vec{H} = \vec{H}_0 + \vec{h} ,$$

R. Nardini

con

$$\text{div } \vec{H}_0 = 0 \, ,$$

dove con $\bar{h}$ si è indicato il campo magnetico indotto.

Come caso particolare il campo magnetico $\bar{H}_0$ può essere realizzato facilmente mediante una corrente continua stazionaria di intensità i costante, che percorre un filo illimitato disposto secondo l'asse z e, in tale caso, come è noto, è

$$(8) \qquad H_0 = \frac{i}{2 \pi r} \, .$$

Quest'ultimo campo magnetico, per $r > 0$, soddisfa all'equazione

$$\text{rot. } \vec{H}_0 = 0 \, ,$$

ciò che permette di semplificare alcuni calcoli: tenuto conto di ciò ci riferiremo in seguito, per semplicità, a tale caso particolare[1].

Ci limiteremo ad effetti del primo ordine; seguendo il procedimento mediante il quale nello studio dei piccoli moti dei fluidi compressibili si linearizzano le relative equazioni, introdurremo la concentrazione s espressa da

$$s = \frac{\rho - \rho_0}{\rho_0}$$

dove ρ_0 è la densità del fluido in condizioni di quiete; partendo dalla (7) si porrà

$$u^2 = \left(\frac{dp}{d\rho}\right) \rho = \rho_0$$

---

[1] Si rimanda alla nota citata in (1) per le equazioni che si avrebbero con $\vec{H}_0$ irrotazionale.

R. Nardini

e ci si servirà delle abituali approssimazioni

$$\frac{1}{\rho} = \frac{1}{\rho_0(1 + s)} \sim \frac{1 - s}{\rho_0}$$

$$\text{grad } p \sim u^2 \text{ grad} \rho = u^2 \rho_0 \text{ grad } s \; ;$$

trascureremo inoltre le forze esterne di natura non elettromagnetica ed infine considereremo valori molto piccoli per le grandezze incognite $\overline{h}$, $\overline{E}$, $\overline{j}$, $\overline{v}$ ed s, trascurando i termini di grado superiore al primo nelle dette grandezze.

Con ciò le equazioni di prima approssimazione dedotte dalle (1), (2), (3), (4), (5), (6), (7) sono

$$(9) \qquad \frac{\partial \overline{h}}{\partial t} = \text{rot } (\overline{v} \times \overline{H}_0)$$

$$(10) \qquad \text{div } \overline{h} = 0$$

$$(11) \qquad \frac{\partial \overline{v}}{\partial t} = \frac{\mu}{\rho_0} \text{rot } \overline{h} \times \overline{H}_0 - u^2 \text{ grad } s$$

$$(12) \qquad \frac{\partial s}{\partial t} + \text{div } \overline{v} = 0.$$

Delle dette equazioni consideriamo una soluzione particolare che soddisfi alle due ulteriori condizioni:

(a) la velocità $\overline{v}$ abbia solo componente v_z, lungo l'asse z, mentre il campo magnetico indotto abbia solo componente h_θ lungo le linee θ ;

(b) tutte le incognite scalari e cioè v_z, h_θ, ed s siano indipendenti dalla variabile spaziale θ (cioè il fenomeno abbia simmetria assiale)

R. Nardini

e dipendano quindi solo dal tempo t e dalle variabili spaziali z ed r.

Segue immediatamente che l'equazione (10) è soddisfatta.

Se ora si proietta l'equazione (9) sulle linee θ, l'equazione (11) sull'as se z e si considera l'equazione (12) sotto forma scalare, si ottiene nell'ordine

$$
(13) \quad
\begin{cases}
\dfrac{\partial h_\theta}{\partial t} = - H_o \dfrac{\partial v_z}{\partial z} \\[3mm]
\dfrac{\partial v_z}{\partial t} = - \dfrac{\mu}{\rho_o} H_o \dfrac{\partial h_\theta}{\partial z} - u^2 \dfrac{\partial s}{\partial z} \\[3mm]
\dfrac{\partial s}{\partial t} = - \dfrac{\partial v_z}{\partial z} \, ,
\end{cases}
$$

mentre, proiettando l'equazione (11) sulle linee r si ha l'equazione[1]

$$
(14) \qquad \frac{\mu H_o}{\rho_o r} \frac{\partial r h_\theta}{\partial r} + u^2 \frac{\partial s}{\partial r} = 0 \, .
$$

Consideriamo per ora il sistema (13): se ne deriviamo la seconda equazione rispetto al tempo t e vi sostituiamo i termini $\partial^2 h_\theta / \partial t\, \partial z$ e $\partial^2 s / \partial t\, \partial z$ con le relative espressioni ricavate dalle altre equazioni, si ottiene l'equazione nella sola incognita v_z

$$
(15) \qquad \frac{\partial^2 v_z}{\partial t^2} = (u^2 + w^2) \frac{\partial^2 v_z}{\partial z^2} \qquad (w^2 = \frac{\mu}{\rho_o} H_o^2).
$$

Posto

$$
(16) \qquad V = \sqrt{u^2 + w^2} \, ,
$$

---

[1] Rileviamo che la proiezione dell'equazione (9) sulle linee r e z e dell'equazione (11) sulle linee θ dà luogo a delle identità.

R. Nardini

l'integrale generale dell'equazione (15) si può scrivere sotto la forma

$$(17) \qquad v_z \, (t, r, z) = F_1 \, (t - \frac{z}{V}, \, r) + F_2 \, (t + \frac{z}{V}, \, r) \, ,$$

dove le funzioni F_1 e F_2 non sono arbitrarie ma soggette, come si vedrà, ad una relazione in conseguenza dell'equazione (14); esse, comunque, rappresentano, nell'ordine, un'onda progressiva ed un'onda regressiva, entrambe longitudinali nella direzione z, di tipo acustico, in generale non omogenee per la dipendenza da r, con velocità di propagazione V pure dipendente da r tramite H_o e, in ogni caso, maggiore della velocità delle comuni onde sonore e tanto maggiore di essa quanto maggiore è il campo magnetico primario.

Introducendo il valore fornito per v_z dalla (17) nell'equazione (13_1) e (13_2) e integrando rispetto al tempo si ottiene

$$(18) \qquad \begin{cases} h_\theta = \dfrac{H_o}{V} \left\{ F_1 \, (t - \dfrac{z}{V}, \, r) - F_2 \, (t + \dfrac{z}{V}, \, r) \right\} + \varphi \, (r, z) \\[2em] s = \dfrac{1}{V} \left\{ F_1 \, (t - \dfrac{z}{V}, \, r) - F_2 \, (t + \dfrac{z}{V}, \, r) \right\} + \psi \, (r, z) \end{cases}$$

dove le funzioni φ e ψ danno luogo ad un campo stazionario da cui, d'ora innanzi, prescinderemo; l'espressione che dà s completa i due tipi di onde longitudinali forniti dalla (17), mentre l'espressione che dà h_θ fornisce una perturbazione magnetica indotta, che si propaga trasversalmente, sempre con velocità V superiore alla velocità w delle onde di ALFVÈN.

Introducendo i valori (18) nell'equazione (14) si ha la seguente relazione

R. Nardini

$$\frac{\mu H_0}{\rho_0 r}\ \frac{\partial}{\partial r}\left\{\frac{r\,H_0}{V}\left[F_1\!\left(t-\frac{z}{V},\,r\right)-F_2\!\left(t+\frac{z}{V},\,r\right)\right]\right\}+u^2\,\frac{\partial}{\partial r}\left\{\frac{1}{V}\left[F_1\!\left(t-\frac{z}{V},\,r\right)-\right.\right.$$

$$\left.\left.-\,F_2\!\left(t+\frac{z}{V},\,r\right)\right]\right\}=0$$

che, soprattutto nei riguardi della dipendenza da   r, limita la arbitrarietà

delle funzioni F_1 e F_2. Purtroppo tale relazione appare abbastanza

complicata. Si può però considerare il caso concreto in cui, essendo sem

pre $\overline{H}_0$ fornito da una corrente continua che percorre l'asse delle z ,

il fluido considerato sia contenuto in uno strato compreso fra due superfici

cilindriche circolari illimitate, che abbiano come asse comune l'asse delle

z ; se lo spessore dello strato è piccolo in confronto del raggio, pratica-

mente si può considerare costante H_0 (e perciò V) e trascurare la dipen

denza da r delle grandezze in questione e quindi l'apporto dell'equazione

(14). Allora le funzioni F_1 e F_2 , che contengono il solo argomento

t $\mp$ z / V , si possono considerare arbitrarie.

Si ottengono così delle formule particolarmente semplici, sopratutto se si

considera una sola delle due onde.

E' utile anche notare che tanto la velocità quanto il campo ma-

gnetico (primario e indotto) risultano tangenti alle due superfici cilindriche

che formano il contorno dello strato, mentre il campo elettrico

$\overline{E}=-\,\mu\,\overline{v}\times\overline{H}_0$ è ad esse normale: di conseguenza le dette superfici si

possono immaginare costituite praticamente di materiale da considerare

come perfettamente conduttore, dal punto di vista elettrico, e come rigido,

dal punto di vista meccanico.

R. Nardini

3. Sulla possibilità di un controllo sperimentale.

Per avere una valutazione sull'ordine di grandezza degli addendi che compaiono sotto radice nella (16) si può , riferendoci ad un mezzo costituito da un gas biatomico, assumere

$$u^2 = 1,4 \frac{p_o}{\rho_o} \; .$$

Si ha allora

$$V^2 = \frac{1,4}{\rho_o} \; (p_o + \frac{\mu}{1,4} \; H_o^2).$$

Ora ponendo

$$\mu = 4\pi \cdot 10^{-7} \; \text{ohm. sec. m}^{-1}$$

ed esprimendo H_o per mezzo della formula (8), in cui si faccia [1]

$$i = 2.000 \; \text{ampere}$$
$$r = 0,01 \; m,$$

è facile riscontrare che l'addendo (μ /1,4) H_o^2 risulta circa 1/100 dell'ordinaria pressione atmosferica, per cui, in linea di massima, non è da escludere la possibilità di un controllo sperimentale.

---

(1) Eventualmente, per evitare il riscaldamento del filo percorso da corrente, si potrà sperimentare a bassa temperatura.

R. NARDINI

II Conferenza

SU UN PARTICOLARE CAMPO MAGNETOFLUIDODINAMICO SINUSOIDALE IN UN MEZZO VISCOSO

1. Introduzione.

In questa seconda conferenza mi occuperò di particolari fenomeni magnetoidrodinamici piani, più precisamente di fenomeni che dipendono in modo generico da una sola coordinata, per esempio la z, e in modo sinusoidale dal tempo; le grandezze scalari del problema sono cioè di tipo $e^{i\omega t} f(z)^{(1)}$.

Affinchè la detta posizione sia utile occorre che le equazioni del problema siano lineari e ciò sarà ottenuto senza introdurre approssimazioni. La detta posizione presenta infatti il vantaggio di eliminare dalle equazioni la variabile t, riducendo il problema matematico ad equazioni alle derivate ordinarie nella sola variabile indipendente z. Nel caso particolare che tratterò, si avrà poi un secondo vantaggio, che è quello di poter facilmente eliminare dalle equazioni la velocità delle particelle fluide, ottenendo equazioni nelle sole grandezze elettromagnetiche; trasformando opportunamente tali equazioni, si dà loro una forma tale da poterle interpretare come equazioni di Maxwell valide per un campo

---

(1)   Questo punto di partenza è un po' più generale di quello già introdotto in qualche problema trattato da prof. Ferraro, dal prof. Pacholczyk e dal dott. Schmidt, che hanno supposto tutte le grandezze del problema proporzionali all'espressione $e^{i(\omega t + k z)}$: dico subito però che la dipendenza della z attraverso l'esponziale $e^{i k z}$ scaturirà in seguito come unica possibilità per la f (z) .

R. Nardini

elettromagnetico nel mezzo in quiete, purchè però si attribuiscano al mezzo una costante dielettrica ε_1 e una conducibilità elettrica γ_1 fittizie, diverse da quelle effettive ε e γ . Si ha così il modo di utilizzare procedimenti già noti in elettromagnetismo e di poter con facilità calcolare esplicitamente le grandezze del problema.

2.   Equazioni vettoriali del problema.

Il caso che sottopongo[1] è quello di un fluido incompressibile, omogeneo, dotato di viscosità non trascurabile e di conducibilità elettrica tanto grande da poter essere considerata infinita. Con i simboli usuali e in unità M.K.S. le equazioni che reggono il comportamento del detto fluido sono

$$(1) \qquad \frac{1}{\mu}\ \text{rot}\ \vec{B} = \vec{J} \qquad (2)$$

$$(2) \qquad \vec{E} = - \vec{v} \times \vec{B}$$

---

(1)   Tale caso è stato studiato nella nota " Su particolari campi alternativi nella magnetodinamica di un flusso viscoso ", Atti del Seminario Matematico e Fisico dell'Università di Modena 10 , 1960-61, 145-157.

(2)   A proposito della corrente di spostamento sono valide le considerazioni svolte nella prima conferenza.

R. Nardini

$$(3) \qquad \frac{\partial \vec{B}}{\partial t} = \text{rot} \ (\vec{v} \times \vec{B})$$

$$(4) \qquad \text{div} \ \vec{B} = 0$$

$$(5) \qquad \text{div} \ \vec{v} = 0$$

$$(6) \qquad \frac{d\vec{v}}{dt} = \frac{1}{\rho} \left(- \text{grad} \ p + \frac{1}{\mu} \text{rot} \ \vec{B} \times \vec{B} + \rho_e \vec{E} \right) + \nu \, \Delta_2 \vec{v},$$

dove ρ_e è la densità spaziale di carica elettrica e ν è il coefficiente cinematico di viscosità.

Per le equazioni suddette consideriamo soluzioni particolari dipendenti dal tempo e dalla sola z. Ora se $\vec{a}$ è un vettore che soddisfa a tale condizione, è

$$\text{rot} \ \vec{a} = \vec{k} \times \frac{\partial \vec{a}}{\partial z} \ ,$$

dove $\vec{k}$ è il versore dell'asse z.

La proiezione di (3) sul detto asse ci dà allora

$$\frac{\partial B_z}{\partial t} = 0,$$

mentre la (4) diventa

$$\frac{\partial B_z}{\partial z} = 0;$$

segue che B_z risulta costante e rappresenta un campo statico B_0 che supporremo preesistente ed assegnato e, per opportuno orientamento dell'asse z, positivo. Indicheremo con $\vec{B}_0$ il vettore di tale induzione ma-

R. Nardini

gnetica preesistente e faremo la posizione

$$(7) \qquad \vec{B} = \vec{b} + \vec{B}_0,$$

dove $\vec{b}$ è l'induzione magnetica indotta dal moto.

Inoltre dalla (5) si ha

$$\frac{\partial v_z}{\partial z} = 0,$$

per cui v_z in un dato istante risulta identica in tutto il liquido; nell'ambito di soluzioni particolari di cui qui ci si occupa , possiamo limitarci al caso in cui è sempre

$$(8) \qquad v_z = 0,$$

ciò che , per esempio, sarebbe d'obbligo supporre quando il dominio occupato dal fluido fosse limitato da una superficie rigida piana normale all'asse z ; dalla (8) si ha allora

$$(9) \qquad \frac{d\vec{v}}{dt} = \frac{\partial \vec{v}}{\partial t} + \frac{\partial \vec{v}}{\partial z}\frac{dz}{dt} = \frac{\partial \vec{v}}{\partial t}.$$

Per semplificare la trattazione supporremo inoltre che sia[1]

$$(10) \qquad E_z = 0.$$

____

(1) Tale ipotesi è necessaria per linearizzare le equazioni senza introdurre approssimazioni.

R. Nardini

Dalla (10) segue

$$\rho_e = \mathcal{E}\ \mathrm{div}\ \vec{E} = \mathcal{E}\ \frac{\partial E_z}{\partial z} = 0,$$

cioè per queste soluzioni particolari l'assenza di carica elettrica spaziale corrisponde ad un dato esatto (e non approssimato).

Proiettando la (2) sull'asse delle z ne consegue inoltre in base alla (10),

$$(11) \qquad - E_z = (\vec{v} \times \vec{B})_z = v_x B_y - v_y B_x = v_x b_y - v_y b_x = 0;$$

questa relazione rappresenta una condizione di compatibilità dell'ipotesi (10) con i risultati ottenuti in seguito e da essi dovrà essere soddisfatta.

Dato che per la (8) le componenti del vettore $\vec{v} \times \vec{b}$ sono fornite dalla matrice

$$\left\|\begin{array}{ccc} v_x & v_y & 0 \\ b_x & b_y & 0 \end{array}\right\|,$$

dalla (11) si deduce che è

$$\vec{v} \times \vec{b} = 0,$$

cioè in queste particolari soluzioni la velocità è parallela all'induzione magnetica indotta $\vec{b}$. Ne segue, in particolare, che la (2) diventa

$$(12) \qquad \vec{E} = -\vec{v} \times \vec{B}_o$$

R.   Nardini

e quindi il campo elettrico risulta normale alla velocità e all'induzione

magnetica $\vec{b}$.

Tenendo conto della (7) e delle precedenti considerazioni si

ottiene dalla (6)

$$(13) \qquad \frac{\partial \vec{v}}{\partial t} = \frac{1}{\rho} \left(- \operatorname{grad} p + \frac{1}{\mu} \operatorname{rot} \vec{b} \times \vec{B} \right) + \nu \, \Delta \vec{v},$$

mentre, sempre in base alla (12), la (3) diventa

$$(14) \qquad \frac{\partial \vec{b}}{\partial t} = \operatorname{rot} \left(\vec{v} \times \vec{B}_o \right).$$

3. Equazioni scalari del problema.

Proiettando le (13) e (14) sull'asse x e ponendo

$$(15) \qquad V^2 = \frac{B_o^2}{\mu \rho}$$

si ha il sistema lineare nelle incognite b_x e v_x

$$(16) \quad \begin{cases} \dfrac{\partial b_x}{\partial t} = B_o \dfrac{\partial v_x}{\partial z} \\[4mm] \dfrac{\partial v_x}{\partial t} = \dfrac{B_o}{\mu \rho} \dfrac{\partial b_x}{\partial z} + \nu \dfrac{\partial^2 v_x}{\partial z^2} \end{cases}$$

mentre analoga proiezione sull'asse y dà l'identico sistema [1] nelle in-

---

(1) Si ricordi che i sistemi (16) e (17) vanno risolti tenendo conto della
condizione di compatibilità (11)

R. Nardini

cognite b_y e v_y

$$(17) \quad \begin{cases} \dfrac{\partial b_y}{\partial t} = B_o \dfrac{\partial v_y}{\partial z} \\[3mm] \dfrac{\partial v_y}{\partial t} = \dfrac{B_o}{\mu \rho} \dfrac{\partial b_y}{\partial z} + \nu \dfrac{\partial^2 v_y}{\partial z^2} \end{cases}.$$

Proiettando infine la (13) sull'asse z si ottiene l'equazione

$$(18) \quad \frac{\partial p}{\partial z} = - \frac{1}{\mu} \left(b_x \frac{\partial b_x}{\partial z} + b_y \frac{\partial b_y}{\partial z} \right),$$

che è immediatamente integrabile e fornisce la pressione sotto la forma

$$(19) \quad p = - \frac{1}{2 \mu} (b_x^2 + b_y^2) + f(t),$$

dove, noti b_x e b_y, $f(t)$ è nota se p è assegnata in ogni istante in un punto determinato.

4. Calcolo di una soluzione di tipo sinusoidale.

Vogliamo ora giungere a soluzioni particolari del sistema (16) che rispetto al tempo siano sinusoidali di pulsazione assegnata ω. Sostituiamo allora le incognite b_x e v_x rispettivamente con le espressioni

$$e^{i\omega t} b(z), \qquad e^{i\omega t} v(z);$$

R. Nardini

i valori efettivi di b_x e v_x saranno naturalmente forniti da

$$(20) \qquad b_x = \mathcal{R}\left[e^{i\omega t} b\right] \qquad v_x = \mathcal{R}\left[e^{i\omega t} v\right],$$

dove il simbolo $\mathcal{R}$ indica la parte reale.

Da (16) si ottiene allora il sistema

$$(21) \qquad \begin{cases} i\omega b = B_o \dfrac{dv}{dz} \\[2em] i\omega v = \dfrac{B_o}{\mu\rho} \dfrac{db}{dz} + \nu \dfrac{d^2 v}{dz^2}, \end{cases}$$

in cui figurano come incognite b e v, che possiamo chiamare nùmeri complessi rappresentativi di b_x e v_x; eliminando v si ottiene l'equazione

$$\frac{d^2 b}{dz^2} = - \frac{\omega^2}{V^2 + i\omega\nu} b,$$

che, dopo facili passaggi, si può scrivere anche nella forma

$$(22) \qquad \frac{d^2 b}{dz^2} = -\omega^2 \left(\varepsilon_1 \mu - i \frac{\gamma_1 \mu}{\omega} \right) b$$

con

$$(23) \qquad \varepsilon_1 = \frac{V^2}{\mu(V^4 + \omega^2 \nu^2)} \qquad \gamma_1 = \frac{\omega^2 \nu}{\mu(V^4 + \omega^2 \nu^2)}$$

ora la (22) è l'equazione che abitualmente si ottiene nella sola incognita
complessa b (rappresentativa della componente b_x della induzione magne-

R. Nardini

tica) nel caso di un campo puramente elettromagnetico, ancora sinusoidale rispetto al tempo e dipendente dalla sola coordinata spaziale z, esistente in un mezzo conduttore in quiete, dotato di costante dielettrica ε_1 e di conducibilità elettrica γ_1 finita. Il problema magnetoidrodinamico diventa quindi un comune problema elettromagnetico, purchè si attribuiscano al mezzo una costante dielettrica e una conducibilità elettrica fittizie.

Seguendo un procedimento abituale nel caso in questione poniamo

$$(24) \qquad \varepsilon_1 \mu - i \, \frac{\gamma_1 \mu}{\omega} = (\alpha - i \beta)^2$$

ed essendo

$$\varepsilon_1 \mu = A^2 \, v^2 \qquad \frac{\gamma_1 \mu}{\omega} = A^2 \, \omega \nu$$

con

$$A^2 = (v^4 + \omega^2 \, \nu^2)^{-1},$$

si tratta di risolvere il sistema

$$(25) \qquad \begin{cases} \alpha^2 - \beta^2 = A^2 \, v^2 \\[2ex] 2 \, \alpha \beta = A^2 \, \omega \nu \end{cases}$$

R. Nardini

che da

$$(26) \quad \begin{cases} \alpha^2 = A^2 \, (\sqrt{V^4 + \omega^2 \, \nu^2} + V^2)/2 \\[2mm] \beta^2 = A^2 \, (\sqrt{V^4 + \omega^2 \, \nu^2} - V^2)/2 \, . \end{cases}$$

Se supponiamo di studiare i fenomeni nel semispazio $z \geq 0$ e se scegliamo per α il valore positivo (di conseguenza, per la (25_2), anche β sarà tale), tenendo conto che, per ragioni fisiche, il campo deve essere convergente per $z \to + \infty$, nella soluzione dovremo considerare solo i termini in cui l'esponente reale nella z sia negativo.

Avremo allora

$$(27) \quad b = N \, e^{-\omega \beta \, z} \quad e^{-i \omega \alpha z} \quad (\text{con } N = \text{cost.});$$

non è restrittivo scegliere l'origine dei tempi in modo che la fase di b_x sia nulla per $t = 0$, $z = 0$; allora la costante N è reale.

Per ricavare l'incognita complessa v, basta servirsi della (21_2) sostituendovi $\dfrac{dv}{dz}$ mediante la (21_1) e valendosi della formula

$$\frac{db}{dz} = - i \, \omega \, (\alpha - i \, \beta) \, b \, ;$$

si ottiene

$$v = - \frac{1}{B_o} \, (V^2 + i \, \omega \, \nu) \, (\alpha - i \, \beta) \, b.$$

R. Nardini

Ora è facile vedere che, in base alle (15), (23) e (24), è

$$\frac{1}{V^2 + i\,\omega\nu} = \varepsilon_1\mu \;-\; i\,\frac{\gamma_1\mu}{\omega} = (\alpha - i\beta)^2,$$

per cui si ha

$$(28) \qquad v = -\,\frac{\alpha + i\beta}{B_0\,(\alpha^2 + \beta^2)}\; b.$$

Cerchiamo ora una soluzione di tipo sinusoidale rispetto al tempo anche per il sistema (17) e indichiamo con b' e v' i numeri complessi rappresentativi di b_y e v_y . Con procedimento analogo al precedente si ottiene che b' e v' soddisfano ad un sistema identico a (21) e quindi è

$$(29) \qquad b' = N'\,e^{-\omega\beta z}\;e^{-i\omega\alpha z}, \qquad v' = -\,\frac{\alpha + i\beta}{B_0\,(\alpha^2 + \beta^2)}\,b',$$

dove, se ϑ è la differenza di fase fra b_x e b_y , è

$$N' = e^{i\vartheta}\,N''$$

con N'' reale.

Per ricavare il campo elettrico basta servirsi della (12) deducendone

$$(30) \qquad \begin{cases} E_x = -\,B_0\,v_y \\[2mm] E_y = B_0\,v_x\;. \end{cases}$$

R. Nardini

Vediamo ora di precisare le limitazioni imposte dalla (11) alla soluzione rappresentata dai numeri complessi (27), (28) e (29). Passando ai valori effettivi delle incognite b_x, b_y, v_x, v_y e trascurando per semplicità fattori certamente reali, la (11) si traduce nella relazione

$$\mathcal{R}\left[e^{i\omega(t-\alpha z)+i\vartheta}\right] \colon \mathcal{R}\left[(\alpha+i\beta)\,e^{i\omega(t-\alpha z)}\right]+$$

$$+\mathcal{R}\left[e^{i\omega(t-\alpha z)}\right]\cdot\mathcal{R}\left[(\alpha+i\beta)\,e^{i\omega(t.-\alpha z)+i\vartheta}\right].$$

Svolgendo i relativi calcoli si trova che tale relazione dà

$$(31) \qquad \beta\,\mathrm{sen}\,\vartheta \;=\; 0$$

da cui, essendo certamente $\beta \neq 0$, si ha $\mathrm{sen}\,\vartheta = 0$. Condizione necessaria e sufficente per la validità della (11) è quindi che le componenti b_x e b_y dell'induzione magnetica siano in fase o in opposizione di fase e quindi il vettore $\vec{b}$ sia polarizzato rettilineamente ed abbia direzione costante; altrettanto si può dire del vettore $\vec{v}$, ad esso parallelo, e del vettore $\vec{E}$, normale ad entrambi e appartenente al piano xy.

Se allora, come supporremo d'ora in avanti, si sceglie l'asse x parallelo alla comune direzione di $\vec{v}$ e di $\vec{b}$, il solo sistema (16) basta a descrivere il fenomeno; per le (30) il campo elettrico ha solo la componente parallela all'asse y.

R. Nardini

5. Considerazioni energetiche.

Nel caso della particolare soluzione considerata si possono ricavare alcune relazioni energetiche che forse non sono prive di interesse.

a) Dimostriamo anzitutto che il valore medio del calore fittizio di Joule (quello cioè calcolato mediante la conducibilità fittizia γ_1), sviluppato nell'unità di volume in un periodo $T = \dfrac{2\pi}{\omega}$, è uguale al modulo del valore medio in un periodo del lavoro compiuto nell'unità di volume dalle forze dovute alla viscosità.

Riferendosi al solo sistema (16), indicando con E il numero complesso rappresentativo di E_y e ricordando la (23_2) e la (30_2), si ottiene[1]

$$\frac{1}{T} \int_0^T \gamma_1 E_y^2 \, dt = \frac{1}{2} \gamma_1 \, E \, E^* = \frac{\omega^2 \nu \rho \, V^2}{2 \left(V^4 + \omega^2 \gamma^2\right)} v \, v^* ;$$

Identica espressione col segno cambiato si ricava se si va a calcolare il corrispondente valore del detto lavoro, che in base alle (27) e (28), è

---

(1) Se a e b sono numeri complessi indipendenti da t vale infatti la la formula

$$\frac{1}{T} \int_0^T \mathcal{R}\left[e^{i\omega t}a\right] \mathcal{R}\left[e^{i\omega t}b\right] dt = \frac{1}{2} \mathcal{R}\left[a \, b^*\right],$$

dove b^* è il complesso coniugato di b.

R. Nardini

espresso da

$$\frac{1}{T} \int_0^T \rho\nu \frac{\partial^2 v_x}{\partial z^2} \, v_x \, dt = \frac{\gamma \rho}{2} \, \mathcal{R}\left[\frac{d^2 v}{dz^2} \, v^* \right] =$$

$$= \frac{\omega^2 \nu \rho}{2} \, \mathcal{R}\left[(\beta + i\alpha)^2 \right] v \, v^* = \frac{\omega^2 \nu \rho}{2} \, (\beta^2 - \alpha^2) \, v \, v^*;$$

applicando le (26) è facile verificare l'asserto.

b) Si può ricavare un'altra formula prendendo i valori medi in un periodo dei termini che compaiono nella (19); si ha

$$\frac{1}{T} \int_0^T \left(p + \frac{1}{2\mu} \, b_x^2 \right) dt = \text{cost.} \; ;$$

da qui si vede che la diminuzione del valore medio della densità di energia magnetica, che si verifica al crescere di z e ché, come appare dalla (27), è dovuta alla attenuazione dell'induzione magnetica b_x, viene compensata da un aumento del valor medio della pressione.

6. Velocità media dell'energia e velocità di fase.

E' noto che per velocità media dell'energia V_e in campi elettromagnetici di tipo sinusoidale si intende il rapporto fra il valore medio in un periodo del flusso del vettore energetico $\vec{E} \times \vec{H}$ attraverso una superficie unitaria σ_u normale alla direzione di propagazione della fase e il valor medio in un periodo della densità di energia elettromagnetica.

Per estendere tale concetto alla magnetofluidodinamica sembra opportuno affiancare all'energia elettromagnetica quella cinetica e al

R. Nardini

vettore elettromagnetico $\vec{E} \times \vec{H}$ il vettore meccanico $\rho \dfrac{v^2}{2} \vec{v}$, che può dare luogo al passaggio attraverso σ_u di energia cinetica. Nel nostro caso particolare però l'apporto del detto vettore è nullo, in quanto risulta, con $\vec{v}$, normale all'asse z, direzione di propagazione della fase, e quindi dotato di flusso nullo attraverso qualunque posizione occupata da σ_u.

Il flusso di $\vec{E} \times \vec{H}$ attraverso σ_u, normale qui all'asse z, di cui sia $\vec{k}$ il versore, è rappresentato da

$$\vec{E} \times \vec{H} \cdot \vec{k} \;=\; \begin{vmatrix} 0 & E_y & 0 \\ H_x & 0 & H_o \\ 0 & 0 & 1 \end{vmatrix} = - E_y H_x \; .$$

Il suo valore medio in un periodo, per la (30_2) e la (28), è dato da

$$(32) \qquad -\frac{1}{2} \, \mathcal{R}\left[E\,H^*\right] = -\frac{B_o}{2\mu}\, \mathcal{R}\left[vb^*\right] = \frac{\alpha}{2\,\mu\,(\alpha^2 + \beta^2)}\, v\, v^* .$$

D'altra parte il valore medio in un periodo della densità di energia (elettromagnetica e cinetica) è $\dfrac{1}{4}\,\varepsilon\, EE^* + \dfrac{1}{4\mu}\, bb^* + \dfrac{1}{4}\,\rho\, v\, v^*$; svolgendo i relativi calcoli si trova

$$(33) \qquad \frac{1}{4\,\mu} \left(1 + \frac{\sqrt{v^4 + \omega^2 \nu^2}}{v^4} \right) b\, b^* \; .$$

Facendo il rapporto fra l'espressione (32) e l'espressione (33) si ha infine, tenendo conto della (26),

$$(34) \qquad V_e = \frac{v^2}{\alpha \sqrt{v^4 + \omega^2 \nu^2}}$$

R. Nardini

e poichè $\dfrac{1}{\alpha}$ rappresenta la velocità V_f di propagazione della fase, si conclude con la formula

$$(35) \qquad V_e = \frac{V^2}{\sqrt{V^4 + \omega^2 \, \gamma^2}} \, V_f \, ,$$

la quale mostra che, in presenza di viscosità, la velocità di propagazione dell'energia è minore di quella di propagazione della fase.

7.   Velocità di gruppo.

Abitualmente in un campo elettromagnetico di tipo sinusoidale, che sia dispersivo[1] e in cui sia $V_f = \dfrac{1}{a(\omega)}$, si chiama velocità di gruppo, intesa come velocità con cui si sposta il massimo di un impulso trasmesso su una banda ristretta nell'intorno di una determinata pulsazione ω_o , l'espressione

$$(36) \qquad V_g = \left(\frac{d\,(\alpha\omega)}{d\,\omega} \right)^{-1}_{o} \, ,$$

dove l'indice zero significa che l'espressione è calcolata per il valore ω_o della pulsazione.

---

(1)   Ricordiamo che un campo siffatto si dice dispersivo quando la velocità di fase dipende dalla pulsazione ω.

R. Nardini

Nel nostro caso, tenendo presente la (26), si ricava

$$\frac{d\,(\alpha\omega)}{d\,\omega} = \alpha + \omega\,\frac{d\,\alpha}{d\,\omega} = \alpha \left[1 - \frac{\omega^2\,\nu^2}{2\,(V^4 + \omega^2\,\nu^2)} \left(1 + \frac{V^2}{\sqrt{V^4 + \omega^2\nu^2} + V^2}\right)\right],$$

ossia

$$(37) \qquad V_g = \left[1 - \frac{\omega^2\,\nu^2}{2\,(V^4 + \omega^2\,\nu^2)} \left(1 + \frac{V^2}{\sqrt{V^4 + \omega^2\nu^2} + V^2}\right)\right]^{-1} V_f \quad ; \quad (1)$$

se ne deduce che in presenza di viscosità è $V_g > V_f$; a maggior ragione è $V_g > V_e$. Per $\nu = 0$ è invece $V_g = V_e = V_f$.

Notiamo infine che non si può parlare di velocità di propagazione di fronte d'onda in quanto è stato dimostrato[2] che in presenza di viscosità non possono sussistere fronti d'onda.

---

(1) Con qualche calcolo si può ottenere la formula

$$(37') \qquad V_g = \frac{2\,(V^4 + \omega^2\,\nu^2)}{3\,V^4 + \omega^2\,\nu^2 - V^2\,\sqrt{V^4 + \omega^2\,\nu^2}}\,V_f.$$

(2) R. Nardini, Sui fronti d'onda in magnetoidrodinamica, Riv. matem. dell'Univ. di Parma, 7, 1956, 3 - 32.

CENTRO INTERNAZIONALE MATEMATICO ESTIVO

(C. I. M. E.)

A. G. PACHOLCZYK

SULLA INSTABILITA' GRAVITAZIONALE

E MAGNETOGRAVITAZIONALE DI SISTEMI

COMPRESSIBILI

Roma, Istituto Matematico dell'Università

197

SULLA INSTABILITA' GRAVITAZIONALE E MAGNETOGRA-
VITAZIONALE DI SISTEMI COMPRESSIBILI

A. G. Pacholczyk

(Università di Varsavia, Osservatorio Atomico ed Accademia Polacca delle Scienze, Istituto di Astronomia)

I. IL FENOMENO DELL'INSTABILITA' GRAVITAZIONALE

1. Introduzione.

Sessanta anni sono già passati dal momento, nel quale Sir James Jeans enunciò la sua celebre condizione dell'instabilità gravitaziole di un mezzo indefinito ed omogeneo. Da quel tempo il problema dell'instabilità gravitazionale avendo acquistato molta importanza in varie questioni astrofisiche e cosmogoniche, ha interessato numerosi scienziati, come Chandrasekhar, Fermi, Ledoux, Schatzman, Severny, Spitzer ed altri. Ora, fra le varie questioni che sono nate dalla considerazione di questo problema ha particolare interesse quella che riguarda l'effetto stabilizzatore del campo magnetico esterno sull'instabilità gravitazionale di mezzi compressibili di alta conduttività elettrica. Di ciò intendo occuparmi in queste lezioni, in armonia e nel quadro del programma di questo corso, proponendomi di dare una rassegna brevissima del problema dell'instabilità gravitazionale e magnetogravitazionale di mezzi continui compressibili, con particolare riferimento ai lavori recenti effettuati a Varsavia da miei collaboratori e da me stesso. Lasciando perdere i complicati calcoli teorici in queste brevissime lezioni vorrei soprattutto

A. G. Pacholczyk

sottolineare il senso fisico del fenomeno dell'instabilità gravitazionale
come pure indicare alcuni interessanti applicazioni cosmogoniche, riguardanti l'effetto del campo magnetico galattico sulla formazione delle braccia spirali e sulla stabilità di queste braccia spirali nei sistemi galat-
tici.

2. Il metodo.

La fluttuazione di densità di i un mezzo compressibile da una
parte causa l'aumento locale nell'energia di compressione del mezzo, dal-
l'altra parte fa diminuire l'energia gravitazionale; le grandezze di quelle
variazioni dipendono dalle dimensioni della fluttuazione stessa. Se la variazione dell'energia compressionale sorpassa quella dell energia gravitazionale, l'incremento totale dell'energia potenziale viene trasferito
nell'energia del moto ondoso, essendo poi dissipato a causa di viscosità
quando il sistema considerato non è conservativo. In caso contrario, cioè
se l'incremento totale dell'energia potenziale del mezzo è negativo, il
mezzo diventa gravitazionalmente instabile disgregandosi in separati
condensamenti. La distanza tra questi condensamenti viene determinata
dalla lunghezza critica della perturbazione di densità, per la quale entrambe
le variazioni nelle energie sono uguali una all'altra. Questo fenomeno
della disentegrazione di un mezzo gravitante viene chiamato l'instabilità
gravitazionale. Il fenomeno dell'instabilità gravitazionale, manifestandosi
solo nei sistemi con dimensioni molto superiori a questi disponibili in laboratorio, è un fenomeno puramente astronomico.

Esistono due metodi di esame dell'instabilità gravitazionale
oppure magnetogravitazionale. Il primo metodo, quello di piccole oscil-

A. G. Pacholczyk

lazioni, consiste nella soluzione delle equazioni linearizzate per le pic-

cole deviazioni dallo stato di equilibrio del sistema. Se esistono le solu-

zioni crescenti indefinitivamente col tempo, cioè rendenti immaginaria

la frequenza di oscillazzione, il sistema può essere considerato come

instabile. Applicando il metodo delle piccole oscillazioni alla questione

dell'instabilità si considera una generica perturbazione come sviluppata

in serie di autofunzioni delle equazioni linearizzate per i valori perturbati.

Siccome nel caso di un mezzo indefinito e omogeneo le autofunzioni sono

proprio le funzioni trigometriche, in questo caso si supponga la perturba-

zione sviluppata in serie di Fourier rispetto agli argomenti $\vec{x}$ e t.

$$(1) \qquad \delta\rho\,(\vec{x},t) = (4\pi)^{-2} \iiiint \delta\rho^{*}\,(\vec{k},\sigma_{\vec{k}})\, \exp\left\{-i\,(\vec{k}\vec{x}+\sigma_{\vec{k}}t)\right\} d\vec{k}\, d\sigma_{\vec{k}}\ ,$$

dove

$$(2) \qquad \delta\rho^{*}(\vec{k},\sigma_{\vec{k}}) = (4\pi)^{-2} \iiint \delta\rho\,(\vec{x},t)\, \exp\left\{i\,(\vec{k}\vec{x}+\sigma_{\vec{k}}t)\right\} d\vec{x}\, dt\ ,$$

è la densità spettrale della perturbazione $\delta\rho$ della densità ρ del mezzo.

In tale modo la questione dell'instabilità si riduce all'esame dell'effetto

di un solo componente dello spettro di Fourier.

Un procedimento matematico conduce alla relazione del tipo

$$(1.3) \qquad f\,(\vec{k},\ \sigma_{\vec{k}}) = 0\ ,$$

la quale può essere ottenuta formalmente attraverso l'introduzione nelle equa-

A. G. Pacholczyk

zioni del problema del componente dello spettro della perturbazione. Siccome però la rappresentazione con una serie è stata scelta in tale modo, che i componenti della serie rappresentano le autosoluzioni delle equazioni del problema, il problema stesso si riduce alla ricerca degli autovalori corrispondenti. Se esistono i valori $\vec{k}$ tali, che $\sigma_{\vec{k}}$ diventa immaginario, il mezzo instabile per tutte le perturbazioni caratterizzate dallo stesso $\vec{k}$.

Per i sistemi non uniformi gli autovalori sono determinati dalla simmetria del sistema come pure dalle condizioni al contorno. In questi casi la perturbazione di densità può essere rappresentata, nella forma

$$(1.4) \qquad \delta\rho(\vec{x}, t) = \int \delta\rho^*(\vec{x}, \vec{k}, \sigma_{\vec{k}}) \exp(i\sigma_{\vec{k}} t)\, d\vec{k},$$

quindi la questione dell'instabilità è ridotta al problema per gli autovalori.

Il metodo di energia consiste invece nella ricerca di tali perturbazioni, le quali danno luogo ai negativi incrementi dell'energia del sistema. E' possibile dimostrare, che l'incremento dell'energia del sistema conservativo può essere negativo solo nel caso in cui almeno uno degli autovalori $\sigma_{\vec{k}}$ rimane immaginario, e viceversa. In tale senso il metodo di piccole oscillazioni e quello di energia sono equivalenti.

3. L'equazione per i valori perturbati.

Considerando il problema dell'instabilità di un mezzo isotermale rotante nel quadro del metodo di piccole oscillazioni si parte dalle seguenti equazioni scritte in approssimazione idromagnetica per un

A. G. Pacholczyk

mezzo non viscoso, infinitamente conduttore :

$$(1.5) \qquad \rho' \, \vec{\dot{v}}' + \rho' (\vec{v}'\text{grad}) \, \vec{v}' = - \, V_s^2 \, \text{grad}\rho' - (4\pi)^{-1} \, \vec{H}' \wedge \text{rot} \, \vec{H}' + \rho' \, \vec{F}_c +$$

$$+ \rho' \, \vec{F}_0 + \rho' \, \text{grad} \, (\psi' + \phi') \, ,$$

$$(1.6) \qquad \vec{\dot{H}}' = \text{rot} \, (\vec{v}' \wedge \vec{H}') \, ,$$

$$(1.7) \qquad \text{div} \, \vec{H}' = 0 \, ,$$

$$(1.8) \qquad \rho' + \text{div} \, \rho' \, \vec{v}' = 0 \, ,$$

$$(1.9 \qquad \text{div grad} \, \psi' + 4\pi \, G \rho' = 0 \, ,$$

$$(1.10) \qquad \text{div grad} \, \phi' + 4\pi \, G \, \rho'_t = 0 \, .$$

Nelle equazioni qui sopra $\vec{F}_c$ denota l'accelerazione di Coriolis, $\vec{F}_0$ l'accelerazione centrifuga, ϕ è il potenziale gravitazionale causato dalla densità della massa del componente, il quale non è influenzato dalla perturbazione (densità delle stelle) . Le altre notazioni sono usuali. Come abbiamo già detto, consideriamo il problema linearizzato. Quindi se $\vec{v}$, $\vec{H}$,

A.G. Pacholczyk

ρ , ψ sono i valori di equilibrio, e $\vec{u}$, $\vec{h}$, $\delta\rho$, $\delta\psi$ significano le piccole fluttuazioni dovute alla perturbazione considerata, possiamo scrivere il sistema di equazioni linearizzate per i valori perturbati

$$(1.11) \quad \rho\dot{\vec{u}} = - V_s^2 \, \mathrm{grad} \, \delta\rho - (4\pi)^{-1} \vec{h} \wedge \mathrm{rot} \, \vec{H} - (4\pi)^{-1} \vec{H} \wedge \mathrm{rot} \, \vec{h} +$$

$$+ \rho\vec{F}_c + \delta\rho \, \vec{F}_o + \delta\rho \, \mathrm{grad} \, (\psi + \phi) + \rho \, \mathrm{grad} \, \delta\psi \quad ,$$

$$(1.12) \qquad\qquad \dot{\vec{h}} = \mathrm{rot} \, (\vec{u} \wedge \vec{H}) ,$$

$$(1.13) \qquad\qquad \mathrm{div} \, \vec{h} = 0 ,$$

$$(1.14) \qquad\qquad \delta\dot{\rho} + \mathrm{div} \, \rho\vec{u} = 0 ,$$

$$(1.15) \qquad\qquad \mathrm{div} \, \mathrm{grad} \, \delta\psi + 4 \pi \, G \, \delta\rho = 0 ,$$

come pure i sistemi di equazioni per i valori stazionari nell'equilibrio relativo

$$(1.16) \quad 0 = - V_s^2 \, \mathrm{grad}\rho - (4\pi)^{-1} \vec{H} \wedge \mathrm{rot} \, \vec{H} + p\vec{F}_o + \rho \, \mathrm{grad} \, (\psi + \phi) ,$$

$$(1.17) \qquad\qquad \mathrm{div} \, \mathrm{grad} \, \psi + 4\pi \, G \, \rho = 0 ,$$

A. G. Pacholczyk

$$(1.18) \qquad \mathrm{div\ grad}\ \ \Phi + 4\pi G \rho_t = 0 \ .$$

Le equazioni (1.11) - (1.15) dànno i valori $\vec{u}$, $\vec{h}$, $\delta\rho$, $\delta\psi$ origina-
ti dalla perturbazione considérata se i valori di equilibrio $\vec{H}$, ρ , ψ ,

Φ sono quelli definiti dalle (1.16) - (1.18) .

Sotto l'ipotesi, che la forza gravitazionale sia bilanciata in ciascun punto dalla forza centrifuga

$$(1.19) \qquad - \mathrm{grad}\ (\psi + \Phi) = \rho \vec{F}_o \ ,$$

l'equazione (1.11) si riduce a

$$(1.20) \quad \rho\dot{\vec{u}} - \rho\vec{F}_c = - V_s^2\, \mathrm{grad}\,\rho - (4\pi)^{-1}\,\vec{h}\wedge \mathrm{rot}\ \vec{H} - (4\pi)^{-1}\vec{H}\wedge\mathrm{rot}\,\vec{h} + \rho\,\mathrm{grad}\,\delta\psi \ .$$

Prendendo la divergenza della (1.20) e sostituendo la (1.15) otteniamo

$$(1.21) \quad \mathrm{div}\,(\dot{\vec{u}} - \vec{F}_c) = \mathrm{div}\left\{ (4\pi)^{-1}\,\rho^{-1}(\mathrm{rot}\ \vec{H}\wedge\vec{h} + \mathrm{rot}\ \vec{h}\wedge\vec{H}) - \right.$$
$$\left. - V_s^2\,\rho^{-1}\mathrm{grad}\,\delta\rho \right\} - 4\pi G\,\delta\rho \ .$$

Differenziando (1.21) rispetto al tempo otteniamo dopo la sostituzione di (1.12) e (1.14)

$$(1.22) \quad \mathrm{div}\,(\ddot{\vec{u}} - \dot{\vec{F}}_c) = \mathrm{div}\left\{ (4\pi\rho)^{-1}\left[\mathrm{rot}\ \vec{H}\wedge\mathrm{rot}\,(\vec{u}\wedge\vec{H}) + \right.\right.$$
$$\left.\left. \mathrm{rot\ rot}\,(\vec{u}\wedge\vec{H})\wedge\vec{H}\right] + V_s^2\,\rho^{-1}\,\mathrm{grad\ div}\,(\rho\vec{u})\right\} + \mathrm{div}\ 4\pi G\rho\vec{u} \ .$$

A. G. Pacholczyk

Allora

$$(1.23) \quad \ddot{\vec{u}} - \dot{\vec{F}}_c = (4\pi\rho)^{-1} \left[\operatorname{rot} \vec{H} \wedge \operatorname{rot}(\vec{u} \wedge \vec{H}) + \operatorname{rot} \operatorname{rot}(\vec{u} \wedge \vec{H}) \wedge \vec{H} \right] +$$

$$+ V_s^2 \; \rho^{-1} \operatorname{grad} \operatorname{div}(\rho\vec{u}) + 4\pi G\rho\vec{u} + \operatorname{rot} \vec{A} ,$$

dove $\vec{A}$ è un certo vettore, il quale in alcuni casi può essere determinato dalla equazione

$$(1.24) \qquad \operatorname{grad} \delta\psi = 4\pi G\rho\vec{u} + \operatorname{rot} \vec{A}$$

questa equazione segue direttamente dalle (1.11) e (1.23) .

A. G. Pacholczyk

II. IL MEZZO OMOGENEO

4. La condizione di Jeans

Fin qui non abbiamo fatto nessuna assunzione riguardante la geometria del sistema, l'instabilità del quale vogliamo esaminare. Ora tratteremo il caso semplicissimo in cui il mezzo continuo indefinito e omogeneo non rotante si trova sotto l'influsso di una perturbazione piana. Questo è proprio il caso esaminato da Sir James Jeans sessanta anni fa.

Nel caso in esame si ricava dalla (1.23)

$$(2.1) \qquad \ddot{\vec{u}} = V_s^2 \, \text{grad div } \vec{u} + 4 \, \pi \, G \, \rho \, \vec{u} + \text{rot } \vec{A}$$

Supponendo, che la perturbazione si propaghi nella direzione dell'asse Oz e tenendo conto della (1.24) si può ridurre la (2.1) alla forma seguente

$$(2.2) \qquad \ddot{u}_x = 0,$$

$$(2.3) \qquad \ddot{u}_y = 0,$$

$$(2.4) \qquad \ddot{u}_z = V_s^2 \, u_{z,zz} + 4 \, \pi \, G \, \rho \, u_z.$$

Cercando la soluzione delle (2.2) - (2.4) nella forma

$$(2.5) \qquad \vec{u} = \vec{u}^* \exp(i \, \sigma \, t) \exp(ikz)$$

possiamo ricavare dalla (2.4)

A. G. Pacholczyk

$$(2.6) \qquad - \sigma^2 = - V_s^2 \, k^2 + 4 \, \pi \, G \, \rho \ ,$$

dove k e la lunghezza d'onda λ della perturbazione sono relati tra loro nel modo seguente

$$(2.7) \qquad \lambda = 2 \, \pi \ k^{-1} \ .$$

Il valore σ^2 negativo indica l'instabilità del sistema, quindi il mezzo è instabile per le perturbazioni caratterizzate dalla lunghezza d'onda λ tale, che sia

$$(2.8) \qquad \lambda > \lambda_* = \pi \, \sqrt{\frac{V_s^2}{\pi \, G \, \rho}} \ .$$

La (2.8) ci permette di enunciare il seguente

Teorema 1.

Se la lunghezza d'onda λ della perturbazione piana è superiore al suo valore critico λ_* , dato da

$$\lambda_* = \pi \, \sqrt{\frac{V_s^2}{\pi \, G \, \rho}} \ ,$$

il mezzo gassoso indefinito e omogeneo può essere considerato come gravitazionalmente instabile.

A. G. Pacholczyk

Questo teorema celebre, enunciato per la prima volta da Sir James Jeans nel 1902, viene facilmente generalizzato per il caso in cui il mezzo si trova sotto le condizioni del moto turbolento, omogeneo e isotropo. In questo nel numeratore della (2.8) bisogna aggiungere un terzo del quadrato medio di velocità dei moti turbolenti.

Anche le forze di Coriolis fanno stabilizzare il mezzo, prima di tutto per prolungare il tempo necessario per lo sviluppo dell'instabilità. In un caso solo, quando il componente della velocità angolare Ω della rotazione, parallelo lla direzione di propagazione della perturbazione non esiste più, la condizione dell'instabilità viene modificata dalla presenza del termine $- \Omega^2$ in denominatore della condizione stessa. Se il mezzo è caratterizzato dal coefficiente di conduttività termica non nullo, la velocità del suono occorente nella condizione d'instabilità deve essere considerata come isoterma, quindi in caso contrario - adiabatica.

5. L'effetto del campo magnetico.

Passando ora a considerare l'effetto stabilizzatore del campo magnetico supponiamo che il mezzo considerato sia immerso in un campo magnetico uniforme di intensità H, avente la direzione determinata dalla

$$(2.9) \qquad \vec{H} = \left[0 \ , \ H_y, \ H_z \right] \ ,$$

come pure che la perturbazione si propaghi nella direzione dell'asse $0z$. Allora l'equazione (1.23), la quale si riduce ora alla seguente:

A. G.   Pacholczyk

$$(2.10) \qquad \ddot{\vec{u}} = (4\pi\rho)^{-1} \text{rot rot} (\vec{u} \wedge \vec{H}) \wedge \vec{H} + V_s^2 \text{ grad div } \vec{u} + 4\pi G\rho \, \vec{u} + \text{rot} \vec{A}$$

può essere proiettata sugli assi cartesiani ortogonali nel modo seguente

$$(2.11) \qquad \ddot{u}_x = (4\pi\rho)^{-1} H_z^2 u_{x,zz} + 4\pi G \rho u_x - A_{y,z} \, ,$$

$$(2.12) \qquad \ddot{u}_y = (4\pi\rho)^{-1} H_z^2 u_{y,zz} - (4\pi\rho)^{-1} H_y H_z u_{z,zz} + 4\pi G\rho u_y + A_{x,z}$$

$$(2.13) \qquad \ddot{u}_z = (4\pi\rho)^{-1} H_y^2 u_{z,zz} - (4\pi\rho)^{-1} H_y H_z u_{y,zz} + V_s^2 u_{z,zz} + 4\pi G\rho u_z$$

I componenti secondo gli assi x e y della (1.24) sono invece

$$(2.14) \qquad\qquad\qquad 0 = 4\pi G\rho u_x - A_{y,z}$$

$$(2.15) \qquad\qquad\qquad 0 = 4\pi G\rho u_y + A_{x,z}$$

Introducendo le equazioni (2.14) e (2.15) nelle (2.11) e (2.12) otteniamo

$$(2.16) \qquad \left\{ -\sigma^2 + (4\pi\rho)^{-1} H_z^2 k^2 \right\} u_x^* = 0 \, ,$$

$$(2.17) \qquad \left\{ -\sigma^2 + (4\pi\rho)^{-1} H_z^2 k^2 \right\} u_y^* - (4\pi\rho)^{-1} H_y H_z k^2 u_z^* = 0 \, ,$$

A. G. Pacholczyk

$$(2.18) \qquad \left\{ -\sigma^2 + (4\pi\rho)^{-1} H_y^2 k^2 - 4\pi G\rho + V_s^2 k^2 \right\} u_z^* - (4\pi\rho)^{-1} H_y H_z k^2 u_y^* = 0,$$

siccome la soluzione ha la forma

$$(2.19) \qquad \vec{u} = \vec{u}^* \exp(i\sigma t) \exp(ikz).$$

L'equazione (2.16) essendo indipendente dalle equazioni (2.17) e (2.18) descrive l'onda di Alf'vèn. Le equazioni (2.17) e (2.18) hanno le soluzioni non nulle solo nel caso in cui

$$(2.20) \qquad \begin{vmatrix} -\sigma^2 + \Omega_A^2, & -\Omega_A \Omega_B \\[2em] -\Omega_A \Omega_B, & -\sigma^2 + \Omega_B^2 + \Omega_\gamma^2 \end{vmatrix} = 0,$$

dove

$$(2.21) \qquad \Omega_A^2 = (4\pi\rho)^{-1} k^2 H_z^2$$

$$(2.22) \qquad \Omega_B^2 = (4\pi\rho)^{-1} k^2 H_y^2,$$

$$(2.23) \qquad \Omega_\gamma^2 = V_s^2 k^2 - 4\pi G\rho.$$

A. G. Pacholczyk

La (2.20) diventa

$$(2.24) \qquad \sigma^4 - \sigma^2 (\Omega_A^2 + \Omega_B^2 + \Omega_{\mathcal{J}}^2) + \Omega_A^2 \, \Omega_{\mathcal{J}}^2 = 0$$

Siccome però

$$(2.25) \qquad \sigma_1^2 + \sigma_2^2 = \Omega_A^2 + \Omega_B^2 + \Omega_{\mathcal{J}}^2 \ ,$$

come pure

$$(2.26) \qquad \sigma_1^2 \, \sigma_2^2 = \Omega_A^2 \, \Omega_{\mathcal{J}}^2 \ ,$$

dove σ_1 e σ_2 sono le soluzioni della (2.24), una delle soluzioni deve essere immaginaria se

$$(2.27) \qquad \text{sign} \, \Omega_{\mathcal{J}}^2 = -1$$

Tenendo conto della (2.23) possiamo scrivere la condizione d'instabilità data dalla (2.27) nella forma

$$(2.28) \qquad \lambda > \lambda_* = \pi \sqrt{\frac{V_s^2}{\pi \, G \, \rho}} \ ,$$

dove

$$(2.29) \qquad \lambda = 2 \, \pi \, k^{-1}$$

A. G. Pacholczyk

Le considerazioni precedenti si intendono fatte per

$$(2.30) \qquad \Omega_A \neq 0 \; .$$

Se invece

$$(2.31) \qquad \Omega_A = 0 \; ,$$

cioè se il componente del campo magnetico parallèlo alla direzione di propagazione della perturbazione si annulla, la condizione di instabilità ha la forma seguente

$$(2.32) \qquad sign \; (\Omega_B^2 + \Omega_\gamma^2) = -1 \; ,$$

siccome ll'equazione (2.24) si riduce alla

$$(2.33) \qquad \sigma^2 = \Omega_B^2 + \Omega_\gamma^2 \; .$$

Quindi dalle (2.32), (2.23) e (2.29) segue la condizione

$$(2.34) \qquad \lambda > \lambda_* = \pi \; \sqrt{\dfrac{V_s^2 + V_A^2}{\pi \, G \, \rho}} \; ,$$

dove

$$(2.35) \qquad V_A = (4 \, \pi \, \rho)^{-\frac{1}{2}} \; H \; ,$$

A. G. Pacholczyk

è la velocità dell'onda di Alvèn .

In tale modo abbiamo verificato il seguente

Teorema 2

Se il componente del campo magnetico esterno, parallelo
alla direzione di propagazione della perturbazione si annulla,
la condizione dell'instabilità gravitazionale di un mezzo omogeneo e indefinito non viene alterata dalla presenza di un campo magnetico uniforme. Se invece quel componente non è
nullo, la condizione dell'instabilità ha la forma

$$\lambda > \lambda_* = \pi \sqrt{\frac{V_s^2 + V_A^2}{\pi\, G\, \rho}}$$

Comparando le condizioni dell'instabilità (2. 28) e (2. 34) si può osservare
a prima vista una certa "discontinuità" nella funzione $\lambda_* = \lambda_*(H)$,
quando $\Omega_A \to 0$. Però se faremo il calcolo delle relazioni $\sigma^2 \bmod^{-1} \sigma =$
$= f(k)$, potremo vedere chiaramente che questa discontinuità apparente
è inesistente in realtà .

Nelle figure 1, 2, 3, è rappresentata la relazione $\sigma^2 \bmod^{-1} \sigma = f(k)$
per diversi valori del coefficiente $\varkappa^2 = V_A^2 \,/\, V_s^2$. In esse φ rappresenta l'angolo tra le linee di forza magnetica e la direzione di propagazio-
ne della perturbazione.

A. G. Pachołczyk

Fig. 1 : $\varkappa^2 = 0,5$

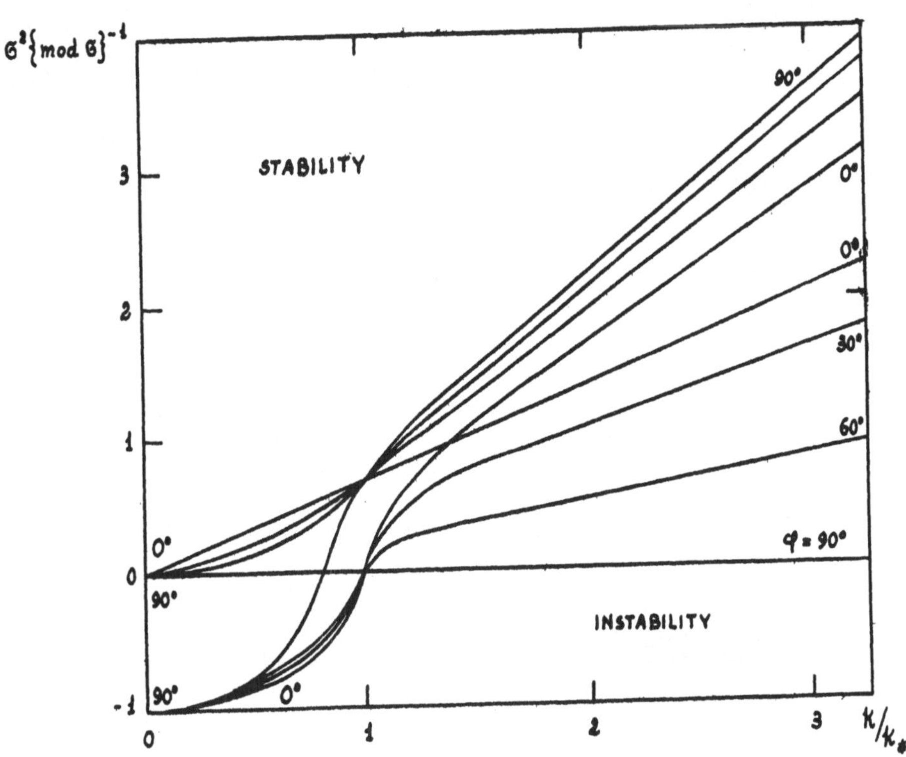

Fig. 1

A. G. Pacholczyk

Fig. 2 : $\varkappa^2 = 1.0$

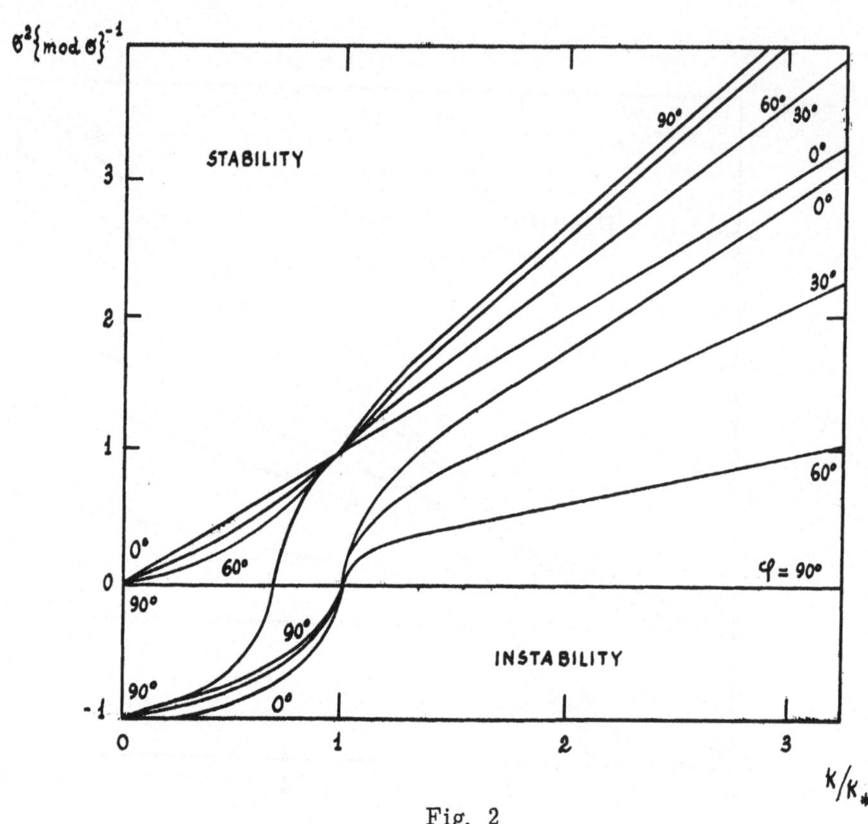

Fig. 2

A. G. Pacholczyk

Fig. 3 : $\chi^2 = 2.0$

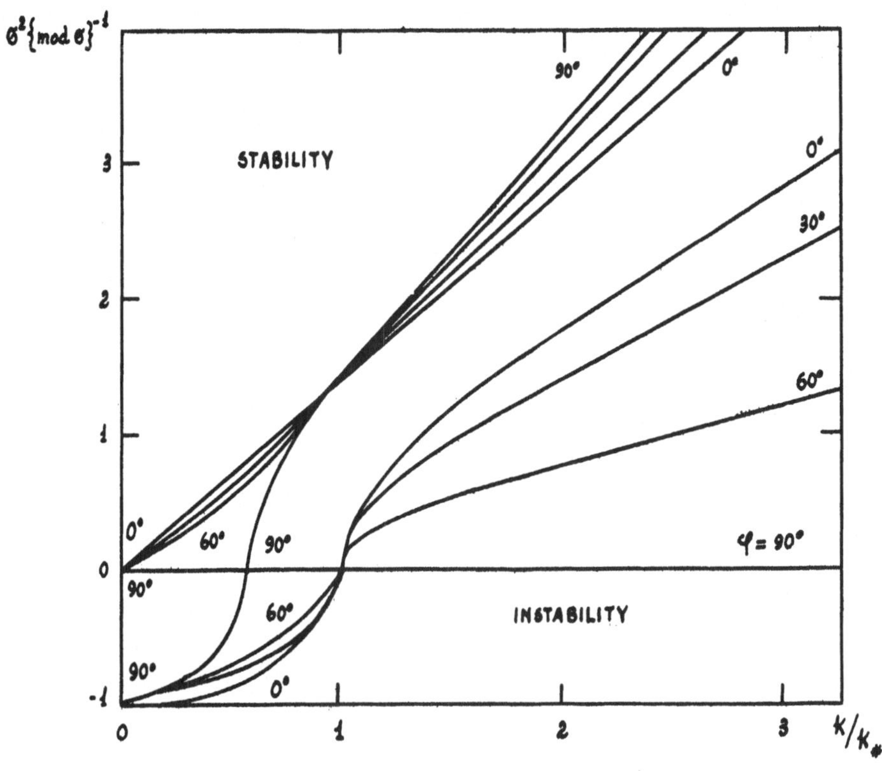

Fig. 3

Dalle figure 1, 2, 3 segue ancora una conclusione importante : il campo magnetico fa stabilizzare il mezzo soprattutto per prolungare il tempo necessario per lo sviluppo dell'instabilità.

A. G. Pacholczyk

III.   I SISTEMI NON UNIFORMI

6.   Il sistema in rotazione non uniforme.

Passando ora a considerare l'instabilità magneto- gravitazionale di sitemi non uniformi cominciamo dall'esame dell'instabilità di un mezzo indefinito avente la simmetria assiale rispetto all'asse della rotazione, la quale rotazione è supposta non uniforme.

Siccome il mezzo considerato ha la simmetria assiale, tutti i valori di equilibrio sono indipendenti dalla coordinata φ nel sistema delle coordinate cilindriche. Sotto l'assunzione che anche la perturbazione abbia la medesima simmetria, tutti i valori perturbati saranno indipendenti dalla stessa coordinata. Consideriamo il problema piano, ciò che implica la indipendenza di tutti i valori dalla coordinata z . Il campo magnetico è supposto trasversale (esiste solo la componente H_φ del campo magnetico).

In questo caso l'equazione di equilibrio (1.16) si riduce ad una sola equazione scalare che si può scrivere nel modo seguente

$$(3.1) \qquad H_\varphi (rH_\varphi)_{,r} = 4\pi r \left\{ - V_s^2 \rho_{,r} + \rho F_{or} + \rho(\psi + \phi)_{,r} \right\}.$$

La soluzione di questa equazione è

$$(3.2) \qquad H_\varphi^2 (r) = 8\pi r^{-2} \int_0^r \left[- V_s^2 \rho_{,r} + \rho F_{or} + \rho(\psi + \phi)_{,r} \right] r^2 \, dr + Dr^{-2}$$

dove D è una costante arbitraria. Sotto l'ipotesi (1.19) che la forza gravitazionale sia bilanciata in ciascun punto dalla forza centrifuga, dalla equazione 3.2 segue il campo magnetico è dato dalla formula :

A. G. Pacholczyk

$$(3.3) \qquad H_\rho = r^{-2} \sqrt{8\pi V_s^2} \left\{ \int_0^r - r^2 \, \rho_{,r} \, dr + D \right\}^{\frac{1}{2}} .$$

Supponiamo ora, che il valore assoluto del campo magnetico sia proporzionale alla radice della densità del mezzo

$$(3.4) \qquad H = C \, \rho^{\frac{1}{2}}$$

Questa relazione tra il campo magnetico e la densità del mezzo corrisponde alla proporzionalità della pressione magnetica e quella gassodinamica. Sostituendo la (3.4) nella (3.1) otteniamo la seguente equazione per la densità del mezzo:

$$(3.5) \qquad \rho_{,r} = - \nu r^{-1} \rho \quad ,$$

dove

$$(3.6) \qquad \nu = C^2 \left\{ \frac{1}{2} C^2 + 4\pi V_s^2 \right\}^{-1}$$

La soluzione dell'equazione (3.5) è

$$(3.7) \qquad \rho = \beta \, r^{-\nu} ,$$

A. G. Pacholczyk

dove β è una costante.

Avendo trovato la soluzione delle equazioni di equilibrio, torniamo ora alla considerazione delle equazioni per i valori perturbati. Nel-
l'ipotesi ammessa della simmetria assiale e della indipendenza di tutti i
valori dalla coordinata z, nella equazione per la componente secondo
r della (1.23), il termine $(\text{rot}\,\vec{A})_r$ si annulla. Così l'equazione per la componente u_r del vettore $\vec{u}$ è

$$\ddot{u}_r - \dot{F}_{cr} = (4\pi\rho)^{-1}\left\{ r^{-1}(rH_\varphi)_{,r}\,(u_r H_\varphi)_{,r} + \right.$$

(3.8)

$$\left. + r^{-1} H_\varphi\left[r(u_r H_\varphi)_{,r}\right]_{,r}\right\} + V_s^2\,\rho^{-1}\left\{r^{-1}\,(r\rho u_r)_{,r}\right\}_{,r} + 4\pi G\rho\, u_{r,}$$

Il vettore della forza di Coriolis è

(3.9)
$$\rho\,\vec{F}_c = \left[2\rho\Omega u_\varphi\,,\rho F u_r)\,,0\right],$$

dove Ω è la velocità angolare della rotazione, e

(3.10)
$$F = -\,(\Omega r)_{,r} - \Omega\,.$$

A. G. Pacholczyk

Le equazioni (1.12) e (1.13) permettono di porre $h_r = 0$, e così la seconda componente della equazione vettoriale (1.11) dà

$$(3.11) \qquad\qquad u_\varphi = u_r F ,$$

che sostituito in (3.8) da l'equazione per la perturbazione u_r , nella forma

$$\ddot{u}_r - 2\Omega F u_r = (4\pi\rho)^{-1}\left\{ r^{-1}(rH_\varphi)_{,r}(u_r H_\varphi)_{,r} + H_\varphi r^{-1}\left[r(u_r H_\varphi)_{,r}\right]_{,r}\right\} +$$

$$(3.12)$$

$$+ V_s^2\, \rho^{-1}\left\{ r^{-1}(r\rho u_r)_{,r}\right\}_{,r} + 4\pi G\rho u_r .$$

Sostituendo la (3.4) nella (3.12) e assumendo

$$(3.13) \qquad\qquad u_r = u_r^* \exp (i\sigma t) ,$$

otteniamo dopo alcuni calcoli la seguente equazione per la perturbazione

$$-\rho r u_r^*\left\{ \sigma^2 + 2\Omega F + 4\pi G\rho\right\} = C^2(4\pi)^{-1}\left\{ 2\rho u_{r,r}^* + u_r^*\rho_{,r} + \right.$$

$$+ \frac{3}{2} r\rho_{,r} u_{r,r}^* + \rho r u_{r,rr}^* + \frac{1}{2} r u_r^* \rho_{,rr}\right\} + V_s^2\left\{ \rho u_{r,r}^* + u_r^*\rho_{,r} + \right.$$

$$+ 2 r\rho_{,r} u_{r,r}^* + \rho r u_{r,rr}^* + r u_r^*\rho_{,rr} - r^{-1}\rho u_r^*\right\} .$$

A. G. Pacholczyk

Tenendo conto della (3.7) possiamo trasformare la (3.14) in

$$-\rho \, u^{*}_{r} \, r \left\{ \sigma^{2} + 2\Omega F + 4\pi \, G\rho \right\} = C^{2} (4\pi)^{-1} \beta \left\{ r^{-\nu+1} u^{*}_{r,rr} + \right.$$

$$(3.15) \quad + \left[\frac{1}{2} \nu(\nu+1) - \nu \right] r^{-\nu-1} u^{*}_{r} - (\frac{3}{2}\nu - 2) r^{-\nu} u^{*}_{r,r} \right\} + V^{2}_{s} \beta \left\{ r^{-\nu+1} u^{*}_{r,rr} - \right.$$

$$- (2\nu - 1) r^{-\nu} u^{*}_{r,r} + (\nu^{2} - 1) r^{-\nu-1} u^{*}_{r} \right\} ,$$

che si può anche scrivere:

$$(V^{2}_{A} + V^{2}_{s}) \, u^{*}_{r,rr} - r^{-1} \left\{ \left(\frac{3}{2}\nu - 2 \right) V^{2}_{A} + (2\nu - 1) V^{2}_{s} \right\} u^{*}_{r,r} +$$

$$(3.16)$$

$$+ \left\{ \sigma^{2} + 4\pi G\rho + 2\Omega F + r^{-2} \left[\frac{\nu}{2}(\nu-1) V^{2}_{A} + (\nu^{2}-1) V^{2}_{s} \right] \right\} u^{*}_{r} = 0 ,$$

dove

$$(3.17) \qquad\qquad V^{2}_{A} = C^{2} (4\pi)^{-1} .$$

A. G. Pacholczyk

La equazione della perturbazione (3.16) deve essere considerata assieme alla condizione (3.6) che prende la forma

$$(3.18) \qquad V_A^2 = V_s^2 \left(\frac{1}{\gamma} - \frac{1}{2} \right)^{-1} .$$

Per $\gamma = 1$ l'equazione (3.16) si riduce alla forma semplicissima:

$$(3.19) \qquad (V_A^2 + V_s^2) u_{rr,r}^* + \left\{ \sigma^2 + 4\pi G \rho + 2\Omega F \right\} u_r^* = 0 .$$

Se prendiamo in considerazione la soluzione esponenziale di forma

$$(3.20) \qquad u_r^* = u_r^{**} \exp (i \ell r) ;$$

valida ad una certa distanza del cantro del sistema, otteniamo la seguente condizione di instabilità

$$(3.21) \qquad sign \left\{ \ell^2 (V_A^2 + V_s^2) - 4\pi G \rho - 2\Omega F \right\} = -1.$$

Per $\gamma = 2$ la soluzione dell'equazione (3.16) non ha senso; in questo caso dalla (3.6) segue $V_s^2 = 0$.

Ora torniamo alla forma generale (3.16) dell'equazione della perturbazione. Supponendo che nelle regioni situate ad una distanza r_0

A. G. Pacholczyk

dal centro del sistema la soluzione abbia una forma esponenziale (3.20),
otteniamo

$$\ell = - i \left[2r_o (V_A^2 + V_s^2) \right]^{-1} \left[(\tfrac{3}{2}\gamma - 2) V_A^2 + (2\nu - 1) V_s^2 \right] \overset{+}{\underset{-}{}}$$

$$\overset{+}{\underset{-}{}} \tfrac{1}{2} (V_A^2 + V_s^2)^{-1} \left\{ - r_o^{-2} \left[(\tfrac{3}{2}\nu - 2) V_A^2 + (2\nu - 1) V_s^2 \right]^2 + \right.$$

(3.22)

$$+ 4 (V_A^2 + V_s^2) \left[\sigma^2 + 4\pi G\rho + 2\Omega F + r_o^{-2} (\tfrac{\nu}{2}(\nu - 1) V_A^2 + \right.$$

$$\left. \left. + (\nu^2 - 1) V_s^2) \right] \right\}^{\frac{1}{2}} .$$

Considerando la soluzione oscillante possiamo ignorare il primo termine
dell'espressione per ℓ . L'equazione (3.22) prende allora la forma:

$$4 \ell^2 (V_A^2 + V_s^2)^2 = - r_o^{-2} \left[(\tfrac{3}{2}\nu - 2) V_A^2 + (2\nu - 1) V_s^2 \right] +$$

(3.23)
$$+ 4 (V_A^2 + V_s^2) \left[\sigma^2 + 4\pi G\rho + 2\Omega F + r_o^{-2} (\tfrac{\nu}{2}(\nu - 1) V_A^2 + \right.$$

$$\left. + (\nu^2 - 1) V_s^2) \right].$$

A. G. Pacholczyk

Questa è un'equazione per σ^2, da essa si può dedurre la condizione di instabilità. La quale è:

$$(3.24) \qquad \text{sign} \ \sigma^2 = -1,$$

Allora

$$\text{sign} \left\{ 4 \ell^2 (V_A^2 + V_s^2)^2 + r_o^{-2} \left[(\tfrac{3}{2}\gamma - 2) V_A^2 + (2\gamma - 1) V_s^2 \right] - \right.$$

$$(3.25) \qquad -4 (V_A^2 + V_s^2) \left[4\pi G\rho + 2\Omega F + r_o^{-2} \left(\tfrac{\gamma}{2} (\gamma - 1) V_A^2 + \right. \right.$$

$$\left. \left. \left. + (\gamma^2 - 1) V_s^2 \right) \right] \right\} = -1.$$

Se consideriamo regioni per le quali

$$(3.26) \qquad r_o \gg \lambda / 2\pi ,$$

dove λ è la lunghezza d'onda della perturbazione considerata, la condizione presente assume la forma

$$(3.27) \qquad \text{sign} \left\{ \ell^2 (V_A^2 + V_s^2) - 4\pi G\rho - 2\Omega F \right\} = -1.$$

A. G. Pacholczyk

Introducendo la lunghezza d'onda otteniamo per l'instabilità locale del mezzo non uniforme la seguente condizione:

$$(3.28) \qquad \lambda > \lambda_* = \pi \sqrt{\frac{V_A^2 + V_s^2}{\pi G \rho + \frac{1}{2} \Omega F}}$$

In tale modo abbiamo dimostrato il seguente

Teorema 3

Se la lunghezza d'onda λ della perturbazione avente la simmetria assiale intorno all'asse della rotazione del sistema è superiore al suo valore critico λ_* , dato da

$$\lambda_* = \pi \sqrt{\frac{V_A^2 + V_s^2}{\pi G \rho + \frac{1}{2} \Omega F}} \quad,$$

il sistema gassoso, dotato da un campo magnetico trasver - sale rispetto all'asse della rotazione è caratterizzato dalla

A. G. Pacholczyk

distribuzione di densità dato da

$$\rho = \beta \, r^{-\nu}$$

dove β e γ sono costanti positive, può essere considerato come gravitazionalmente instabile.

7.   Il mezzo stratificato .

La sezione presente contiene lo studio del problema di instabilità magnetogravitazionale di un mezzo stratificato,   cioè di un mezzo con densità variabile rispetto alla coordinata $z = x_3$. Siccome la soluzione di questo problema nella forma generale è piuttosto complicata, ci limiteremo qui al caso di un mezzo non rotante, considerando il problema di instabilità nelle coordinate rettangolari x, y, z, supponendo che il campo campo magnetico, avente solo la componente H_y, sia proporzionale alla radice della densità del mezzo

$$(3.29) \qquad \left| \vec{H} (\rho) \right| \sim \rho^{\frac{1}{2}} ,$$

cioè

$$(3.30) \qquad \left| \vec{H} \right| = \sqrt{4\pi} \; V_A \, \rho^{\frac{1}{2}} ,$$

dove V_A è costante, e che la perturbazione si propaghi nella direzione di x .

A. G. Pacholczyk

Le equazioni che reggono il fenomeno considerato sono quelle relative ai valori stazionari nell'equilibrio isotermale:

$$(3.31) \qquad V_s^2 \, \text{grad} \, \rho \; + (4\pi)^{-1} \, \vec{H} \wedge \text{rot} \, \vec{H} - \rho \, \text{grad} \, \psi_i = 0,$$

$$(3.32) \qquad \text{div grad} \, \psi = - 4\pi G \rho ,$$

(questi valori dipendono solo dalla coordinata z), come pure le equazioni per i valori perturbati

$$\dot{\vec{u}} = - V_s^2 \, \rho^{-1} \, \text{grad} \, \delta\rho + V_s^2 \, \rho^{-2} \, \delta\rho \, \text{grad} \, \rho \; -(4\pi\rho)^{-1} \vec{H} \wedge \text{rot} \, \vec{h} +$$

$$(3.33)$$

$$- (4\pi\rho)^{-1} \vec{h} \wedge \text{rot} \, \vec{H} + \delta\rho \, (4\pi\rho^2)^{-1} \, \vec{H} \wedge \text{rot} \, \vec{H} + \text{grad} \, \delta\psi .$$

$$(3.34) \qquad \dot{\vec{h}} = \text{rot} \; (\vec{u} \wedge \vec{H}) ,$$

$$(3.35) \qquad \dot{\delta\rho} = - \text{div} \, \rho \, \vec{u} ,$$

$$(3.36) \qquad \text{div grad} \, \delta\psi = - 4\pi G \, \delta\rho .$$

A. G. Pacholczyk

L'equazione (3.31) sotto l'ipotesi (3.30) diventa

$$(3.37) \qquad \text{grad } \psi = (V_s^2 + \frac{1}{2} V_A^2) \text{ grad } \ln\rho$$

poichè

$$(3.38) \qquad (4\pi)^{-1} \vec{H} \wedge \text{rot } \vec{H} = (8\pi)^{-1} (H_y^2)_{,z} [0,0,1] = \frac{1}{2} V_A^2 \text{ grad} \rho$$

Le equazioni (3.37) e (3.32) si sintetizzano nell'unica equazione :

$$(3.39) \qquad \text{div grad } \ln\rho = - \frac{4\pi G}{V_s^2 + \frac{1}{2} V_A^2} \rho \quad,$$

la quale ha la soluzione seguente

$$(3.40) \qquad \rho = \rho_0 \cosh^{-2} 2\alpha_z \quad,$$

dove

$$(3.41) \qquad \alpha = \sqrt{\frac{\pi G \rho_0 / 2}{V_s^2 + \frac{1}{2} V_A^2}}$$

A. G. Pacholczyk

L'equazione (3.33) per lo stato critico $(\vec{u} = 0)$ si riduce alla

$$\text{grad}\,(\delta\psi - \Theta) + (4\pi)^{-1}\,\rho^{-2}\,\delta\rho\,\vec{H} \wedge \text{rot}\,\vec{H} +$$

(3.42)

$$- (4\pi)^{-1}\,\rho^{-1}\left\{\vec{h} \wedge \text{rot}\,\vec{H} + \vec{H} \wedge \text{rot}\,\vec{h}\right\} = 0\ ,$$

dove

(3.43)
$$\Theta = V_s^2\,\frac{\delta\rho}{\rho}$$

Siccome nel caso considerato dalla (3.34) segue

(3.44)
$$\vec{h} = \left[\,0,\ h_y,\ 0\,\right]\ ,$$

l'equazione (3.42), (3.44), (3.30) e (3.37) danno

(3.45)
$$\text{grad}\,\chi + \frac{1}{2}V_A^2\,V_s^{-2}\,\Theta\,\text{grad}\,\ln\rho - (4\pi)^{-1}\,\rho^{-1}\,\text{grad}\,(H_y\,h_y) = 0\ ,$$

dove

(3.46)
$$\chi = \delta\psi - \Theta\ .$$

A. G. Pacholczyk

Dalla   (3.45) segue

$$(3.47) \qquad \chi_{,x} - (4\pi)^{-1} \rho^{-1} H_y h_{y,x} = 0 \,,$$

come pure

$$(3.48) \qquad \chi_{,z} + \frac{1}{2} V_s^{-2} V_A^2 \, \Theta \, (\ln \rho)_{,z} - (4\pi)^{-1} \rho^{-1} (H_y h_y)_{,z} = 0 \,.$$

Integrando la (3.47) e sostituendo nella (3.48) si ha

$$(3.49) \qquad \chi_{,z} + \frac{1}{2} V_s^{-2} V_A^2 \, \Theta \, (\ln \rho)_{,z} - \rho^{-1} (\rho \chi)_{,z} = 0 \,.$$

Allora

$$(3.50) \qquad \chi - \frac{1}{2} V_s^{-2} V_A^2 \, \Theta = 0 \,.$$

Dalle (3.46) e (3.50) segue

$$(3.51) \qquad \delta \psi = \tilde{\Theta}$$

A. G. Pacholczyk

dove

$$(3.52) \qquad \widetilde{\Theta} = \Theta \left\{ 1 + \frac{1}{2} V_A^2 V_s^{-2} \right\} .$$

Sostituendo (3.51) nella (3.36) si ha l'equazione per la $\widetilde{\Theta}$

$$(3.53) \qquad \text{div grad } \widetilde{\Theta} = - \frac{4 \pi G \rho}{V_s^2 + \frac{1}{2} V_A^2} \widetilde{\Theta}$$

cioè

$$(3.54) \qquad \widetilde{\Theta}^*_{,zz} + \left\{ \frac{4 \pi G \rho}{V_s^2 + \frac{1}{2} V_A^2} - k^2 \right\} \widetilde{\Theta}^* = 0 ,$$

dove $\rho(z)$ è dato dalla (3.40) e

$$(3.55) \qquad \widetilde{\Theta}(x,z) = \widetilde{\Theta}^*(z) \exp ikx .$$

Dopo la sostituzione della (3.40) nella (3.54) si ha l'equazione per i polinomi associati di Legendre

A. G. Pacholczyk

$$(3.56) \qquad \widehat{\omega}^{+}_{,qq} - \frac{2q}{1-q^2} \, \widehat{\omega}^{*}_{,q} + \left\{ \frac{2}{1-q^2} - \frac{\gamma^2}{(1-q^2)^2} \right\} \widetilde{\omega}^{*} = 0 \, ,$$

dove

$$(3.57) \qquad q = \text{th} \;\; 2 \alpha z \, .$$

e

$$(3.58) \qquad \gamma = \frac{k}{2\alpha}$$

La soluzione dell'equazione (3.56), simmetria rispetto al piano $z = 0$, è l'autofunzione corrispondente all'autovalore

$$(3.59) \qquad \gamma = 1$$

cioè

$$(3.60) \qquad k = 2 \sqrt{ \frac{\pi G \, \rho_0 / 2}{V_s^2 + \frac{1}{2} V_A^2} }$$

Allora la lunghezza critica λ_* della perturbazione è uguale a

A. G. Pacholczyk

$$(3.61) \qquad \lambda_* = \pi \sqrt{\frac{V_s^2 + \frac{1}{2} V_A^2}{\pi G \, \rho_\Theta / 2}} \, .$$

Ora possiamo formulare il seguente

Teorema 4

Se la lunghezza d'onda λ della perturbazione piana, propagantesi nella direzione perpendicolare alle linee di forza magnetica ed al gradiente di densità del mezzo, è superiore al suo valore critico λ_*, dato da

$$\lambda_* = \pi \sqrt{\frac{V_s^2 + \frac{1}{2} V_A^2}{\pi G \, \rho_0 / 2}}$$

il mezzo stratificato, dotato da un campo magnetico con le linee di forza perpendicolari al gradiente di densità e con l'intensità proporzionale alla radice di densità del mezzo, può essere considerato come instabile gravitazionalmente.

A. G.   Pacholczyk

8.   Il sistema cilindrico.

Ora fisseremo la nostra attenzione verso il problema dell'instabilità di un cilindro compressibile indefinito, dotato di un campo magnetico con le linee di forza parallelé all'asse della simmetria.
Come al solito, supporremo che l'intensità del campo magnetico sia proporzionale alla radice della densità del cilindro. Nel caso in esame abbiamo

$$(4\pi)^{-1}\ \vec{H} \wedge \text{rot } \vec{H} = (8\pi)^{-1}\left[(H^2_z)_{,r}, 0, 0\right] = \frac{1}{2} V^2_A\, \rho_{,r}\left[1, 0, 0\right] =$$

(3.62)

$$= \frac{1}{2}\ V^2_A\ \text{grad}\rho\quad,$$

la quale dopo la sostituzione nella (3.31) conduce alla :

$$\text{grad }\psi\ = V^2_s\ \text{grad } \ln\rho\ +\frac{1}{2}V^2_A\ \text{grad } \ln\rho\ =$$

(3.63)

$$= (V^2_s + \frac{1}{2}\ V^2_A)\ \text{grad } \ln\ \rho\quad.$$

Sostituendo (3.63) nella (3.32) si ha l'equazione di equilibrio

$$(3.64)\qquad (V^2_s + \frac{1}{2}V^2_A)\ \text{div grad } \ln\rho\ = -4\pi\, G\, \rho\quad,$$

A. G. Pacholczyk

la soluzione della quale è

$$(3.65) \qquad \rho = \rho_0 \left\{ \alpha \, r^2 + 1 \right\}^{-2} ,$$

sotto le condizioni

$$(3.66) \qquad \rho(0) = \rho_0$$

e

$$(3.67) \qquad \rho_{,r}(0) = 0$$

La costante α viene determinata dalla

$$(3.68) \qquad \alpha = \sqrt{\frac{\pi G \, \rho_0 / 2}{V_s^2 + \frac{1}{2} V_A^2}} ,$$

Una perturbazione propagantesi nella direzione dell'asse del cilindro causa le variazioni del campo magnetico date dalla formula

$$(3.69) \qquad \vec{h} = \left[h_r, 0, h_z \right] ,$$

A. G. Pacholczyk

la quale segue dalla (3.34). Le equazioni (3.42), (3.69), (3.30) e (3.62)
nel caso considerato danno

$$\operatorname{grad} \chi + \frac{1}{2} V_s^{-2} V_A^2 \; (H) \; \operatorname{grad} \ln \rho \; -$$

(3.70)

$$- (4 \pi \rho)^{-1} \left[S_{z,r} - S_{r,zz}, 0, - (\ln H_z)_{,r} \, S_{r,z} \right] = 0,$$

dove

$$(3.71) \qquad S_{r,z} = H_z h_r ,$$

$$(3.72) \qquad S_z = H_z h_z ,$$

e χ , Θ sono date dalle (3.46) e (3.43) .

Dalla (3.70) segue

$$(3.73) \qquad \chi_{,r} + \frac{1}{2} V_A^2 V_s^{-2} (\ln \rho)_{,r} - (4 \pi \rho)^{-1} \left[S_{z,r} - S_{r,zz} \right] = 0$$

come pure

$$(3.74) \qquad \chi_{,z} - (4 \pi \rho)^{-1} (\ln H_z)_{,r} \, S_{r,z} = 0,$$

A. G. Pacholczyk

cioè

(3.75)
$$4\pi\rho\chi = - (\ln H_z)_{,r}\, S_r .$$

Tenendo conto delle (3.71), (3.72) e (1.7) si ha

(3.76)
$$- (\ln H_z)_{,r}\, S_r + r^{-1} (r\, S_r)_{,r} + S_z = 0 .$$

Introducendo S_r dalla (3.75) nella (3.76) si ricava:

(3.77)
$$S_z = - 4\pi\rho\chi + r^{-1}\left\{ 4\pi\rho r \chi\left[(\ln H_z)_{,r}\right]^{-1}\right\}_{,r} .$$

Dopo la sostituzione nella (3.73) di S_r dalla (3.74) e di S_z dalla (3.77), si ha:

(3.78)
$$\chi_{,r} + \frac{1}{2} v_A^2\, v_s^{-2}\,\Theta\,(\ln\rho)_{,r} + \rho^{-1}\left\{\rho\chi - r^{-1}\left[r\rho\,\frac{\chi}{(\ln H_z)_{,r}}\right]_{,r}\right\}_{,r}$$
$$\cdots\; \frac{\chi_{,zz}}{(\ln H_z)_{,r}} = 0 ,$$

A. G. Pacholczyk

cioè

$$- \frac{\rho}{(\ln H_z)_{,r}} \operatorname{div} \operatorname{grad} \chi + \left\{ 2\rho - 2 \left[\frac{\rho}{(\ln H_z)_{,r}} \right]_{,r} \right\} \chi_{,r} +$$

$$(3.79) \qquad + \left\{ \rho - r^{-1} \left[r \frac{\rho}{(\ln H_z)_{,r}} \right]_{,r} \right\}_{,r} \chi + \frac{1}{2} V_A^2 V_s^{-2} \Theta_{,r} = 0 .$$

Dalle (3. 27) e (3. 30) seguono:

$$(3.80) \qquad \rho - r^{-1} \left\{ r \frac{\rho}{(\ln H_z)_{,r}} \right\}_{,r} = 0 ,$$

$$(3.81) \qquad \rho - \left\{ \frac{\rho}{(\ln H_z)_{,r}} \right\}_{,r} = 2 r^{-1} \rho^2 (\rho_{,r})^{-1} ,$$

$$(3.82) \qquad \frac{\rho}{(\ln H_z)_{,r}} = 2 \rho^2 (\rho_{,r})^{-1} .$$

A. G. Pacholczyk

Sostituendo le (3.80), (3.81) e (3.82) nella (3.79) si ricava:

$$(3.83) \qquad \text{div grad } \chi - 2r^{-1} \chi_{,r} - \frac{1}{4} V_A^2 V_s^{-2} \left[(\ln \rho)_{,r} \right]^2 \Theta = 0 \, ,$$

Tenendo conto delle (3.46), (3.43) e (3.36) si ha

$$(3.84) \qquad \text{div grad } \chi + \text{div grad } \Theta = - \frac{4 \pi G}{V_s^2} \Theta$$

Combinando (3.83) e (3.84) si può scrivere

$$(3.85) \qquad \text{div grad } \Theta + \left\{ \frac{4 \pi G \rho}{V_s^2} + \frac{1}{4} V_A^2 V_s^{-2} \left[(\ln \rho)_{,r} \right]^2 \right\} \Theta = - 2r^{-1} \chi_{,r}$$

cioè

$$\text{div grad } \left\{ \text{div grad } \Theta + \left[\frac{4 \pi G \rho}{V_s^2} + \frac{1}{4} V_A^2 V_s^{-2} \left(\ln \rho \right)_{,r} \right)^2 \right] \Theta \right\} +$$

$$+ \frac{1}{2} r^{-1} \left\{ V_A^2 V_s^{-2} \left[(\ln \rho)_{,r} \right]^2 \Theta \right\}_{,r} = 0 \, .$$

A. G. Pacholczyk

Introducendo la nuova variabile ς data alla

$$(3.87) \qquad \varsigma = \alpha \, r,$$

dove:

$$(3.88) \qquad \alpha = \sqrt{\dfrac{\pi\, G\, \rho_0/2}{V_s^2 + \dfrac{1}{2}\, V_A^2}}$$

e tenendo conto della

$$(3.89) \qquad \left[(\ln \varsigma)_{,r}\right]^2 = 16\, \alpha^4\, r^2\, \rho_0^{-1}\, \rho$$

si ha:

$$(3.90) \qquad \begin{aligned}
&\operatorname{div\,grad}_\varsigma \left\{ \operatorname{div\,grad}_\varsigma \Theta + \left[8\,(\varsigma^2+1)^{-2} + 4\,\varkappa^2\,(\varsigma^2+1)^{-1}\right]\Theta \right\} + \\
&+ 2\,\varsigma^{-1}\left[\, 4\,\varkappa^2\,\varsigma^2\,(\varsigma^2+1)^{-2}\,\Theta\right]_{,\varsigma} = 0,
\end{aligned}$$

dove:

$$(3.91) \qquad \varkappa = V_A\, V_s^{-1}$$

A.G. Pacholczyk

e

$$(3.92) \qquad \text{div grad}_s \; f = s^{-1} (\, sf_{,s} \,)_{,s} - \ell^2 f \, ,$$

con

$$(3.93) \qquad \ell^2 = \frac{k^2}{\alpha^2} \, ,$$

$$(3.94) \qquad k = \frac{2\pi}{\lambda} \, ,$$

f - funzione arbitraria. Dunque:

$$(3.95) \qquad \lambda_* = 2\pi \left\{ \ell(\varkappa^2) \right\}^{-\frac{1}{2}} \alpha^{-1} \, ,$$

Sostituendo ora nella (3.95) gli autovalori massimi della equazione (3.85), calcolati col metodo di Rayleigh - Ritz, si ha:

$$(3.96) \qquad \lambda_* = 3.94 \; \sqrt{q(\varkappa^2)} \; \sqrt{\frac{V_s^2 + \frac{1}{2} V_A^2}{\pi G \, \rho_0 \, / 2}} \, ,$$

A. G.   Pacholczyk

dove

$$(3.97) \qquad q(\varkappa^2) = \frac{\ell(0)}{\ell(\varkappa^2)} \, ,$$

la funzione decrescente del coefficiente $\varkappa^2$, caratterizzata dalle relazioni :

$$(3.98) \qquad q(\varkappa^2) \sim (\varkappa^2)^{-1} \text{ per } \varkappa^2 \to \infty$$

$$(3.99) \qquad \lim_{\varkappa^2 = 0} q(\varkappa^2)\, \varkappa^2 = 0.69 \, ,$$

è data dalla Tabella I .

A. G. Pacholczyk

TABELLA I

Valori della funzione $q(\varkappa^2)$

$\varkappa^2 = \dfrac{V_A^2}{V_s^2}$	$q(\varkappa^2)$
0	1.00
0.1	0.93
0.3	0.78
1	0.51
3	0.70
10	0.74
10^3	0.70
∞	0.69

In tale modo abbiamo dimostrato il seguente

Teorema 5

Se la lunghezza d'onda λ della perturbazione propagantesi

nella direzione dell'asse del cilindro è superiore al suo va-

A. G. Pacholczyk

lore critico, dato da

$$\lambda_* = 3.94 \ \sqrt{q(\mathcal{H}^2)} \ \sqrt{\frac{V_s^2 + \frac{1}{2}\,V_A^2}{\pi\,G\,\rho_0\,/2}} \ ,$$

il cilindro compressibile, dotato di un campo magnetico parallelo all'asse del cilindro, con l'intensità proporzionale alla radice di densità del mezzo, può essere considerato come instabile gravitazionalmente.

Bisogna osservare qui che la lunghezza critica della perturbazione diminuisce quando l'intensità del campo magnetico cresce, poichè α^{-1} è determinata dalle dimensioni del cilindro, essendo uguale al raggio del cilindro contenente la metà della massa totale.

A. G. Pacholczyk

IV. ALCUNE APPLICAZIONI ASTROFISICHE

9. La distribuzione delle masse di stelle.

La condizione di Jeans (2.8) mostra che la contrazione causata dalla propria gravità può avere luogo solo quando le dimensioni della perturbazione sorpassano il valore critico λ_* dato da:

$$(4.1) \qquad \lambda_* = \frac{V_s}{\sqrt{4\pi G \rho}} .$$

Così le stelle formate da questo meccanismo non possono avere la massa più grande di m_*,

$$(4.2) \qquad m_* \sim \rho \lambda_0^3 = \left(\frac{V_s}{\sqrt{4\pi G}} \right)^3 \rho^{-\frac{1}{2}} = 6,6.10^{-10} \, V_s^3 \, \rho^{-\frac{1}{2}} ,$$

dove le unità ammesse sono: massa solare, velocità: 1 chilometro per sec., densità: $1 \, g/cm^3$. Dalla (4.2) segue che la distribuzione delle masse di stelle possiede un taglio presso il valore m_* dipendente dalla densità e dalla velocità del suono. Si può determinare questa distribuzione delle masse di stelle assumendo che la densità del mezzo indefinito e omogeneo viene perturbata dalla perturbazione avente lo spettro indipendente dalla frequenza ν,

$$(4.3) \qquad \nu = \frac{2\pi}{\lambda} .$$

A. G. Pacholczyk

Soltanto le perturbazioni caratterizzate dalle frequenze inferiori a ν_* , dove:

$$(4.4) \qquad \nu_* = \frac{2\pi}{\lambda_*} \, ,$$

provocano l'instabilità, la distribuzione iniziale delle masse di stelle ha la forma seguente.

$$(4.5) \qquad \mathcal{H}(\mathfrak{M})\,d\mathfrak{M} = \frac{1}{2}\,\mathfrak{M}^2\exp(-\mathfrak{M})\,d\mathfrak{M} \, ,$$

dove:

$$(4.6) \qquad \mathfrak{M} = \ln\frac{m}{m_0}$$

e

$$(4.7) \qquad m_0 \leqslant m \leqslant \infty$$

La funzione $\mathcal{H}(\mathfrak{M})$ viene rappresentata nella fig. 4 per il valore della m uguale a $0.07\,m_\odot$. Nella stessa fig. 4 la funzione $\mathcal{H}(\mathfrak{M})$ viene comparata con la distribuzione delle masse di stelle osservata nel-

A. G. Pacholczyk

la vicinanza del Sole.

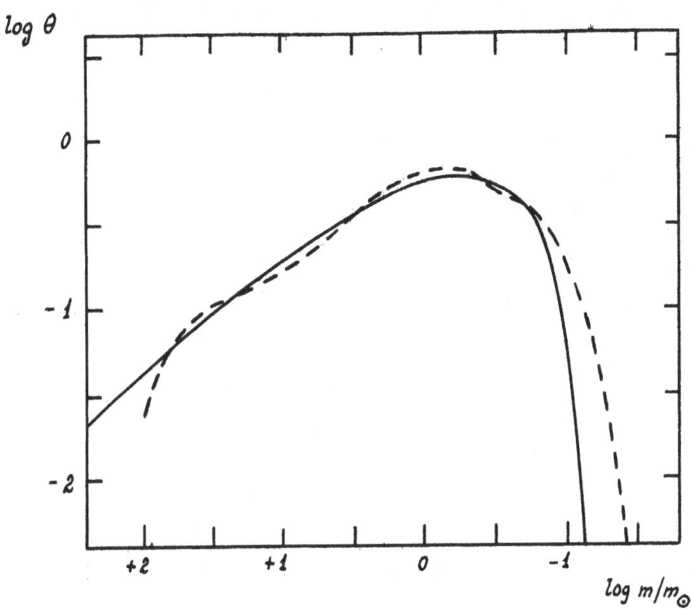

Fig. 4. La distribuzione delle masse di stelle, data dalla
(4. 5) (curva a tratto continuo) e osservata nella vicinanza
del Sole (punteggiato).

La distribuzione teorica differisce da quella osservata solo per le stelle con
$m > 100\ m_{\odot}$, le quali in generale non sono stabili, come pure per le stelle
con $m = 0\dot{\ }1\ m_{\odot}$, in questo ultimo caso la differenza può essere causata
dalla deviazione nella massa minima m_0.

A. G. Pacholczyk

10. Il limite superiore dell'intensità del campo magnetico in una protogalassia.

Diversi argomenti conducono a ritenere l'esistenza di un campo magnetico generale galattico, con le linee di forza dirette lungo le braccia spirali, aventi il quadro generale presentato nella fig. 5.

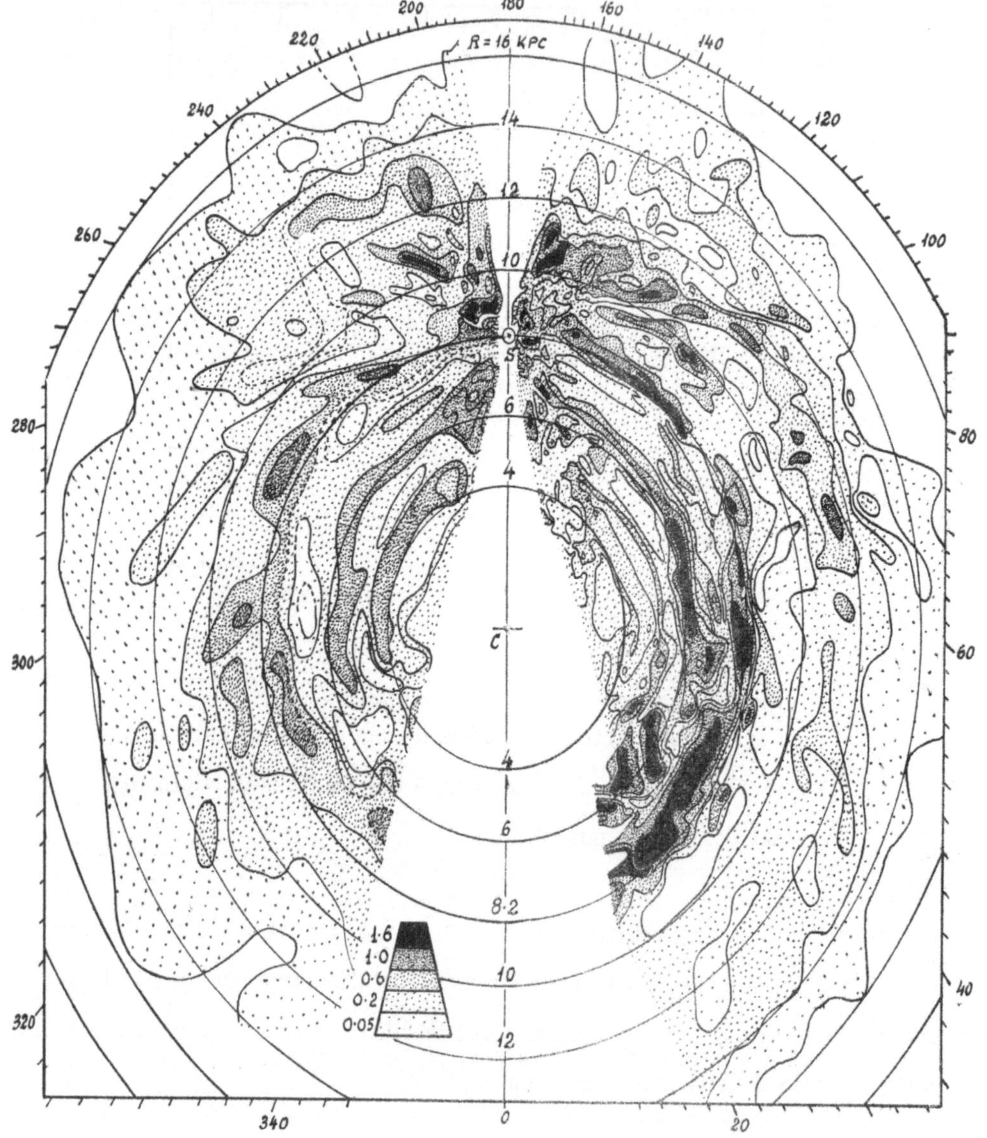

Fig. 5. Distribuzione dell'idrogeno neutro nella

A. G. Pacholczyk

Fra questi argomenti il più importante è quello della polarizzazione della materia interstellare. Accertando così l'esistenza nella Galassia di un campo magnetico e assumendo che il meccanismo di instabilità magneto-gravitazionale sia responsabile della formazione delle braccia spirali, si può determinare il valore massimo dell'intensità di questo campo. Se l'intensità di questo campo è più grande del valore critico risultante dalla condizione di instabilità, le braccia spirali di dimensioni date non possono essere formate da questo meccanismo di instabilità. Combinando le condizioni dell'instabilità (3. 28) e (3. 61) si può scrivere per un modello della galassia rotante

$$(4.8) \qquad 2\pi G \rho_0 = \frac{4\pi^2 V_s^2}{\lambda_*^2} + \frac{1}{2}\,\frac{4\pi^2 V_A^2}{\lambda_*^2} + 2\Omega\left[\frac{d}{dr}(\Omega r) + \Omega\right] \quad ,$$

dove Ω è la velocità angolare di rotazione, r è la coordinata perpendicolare all'asse di simmetria. Volendo ora l'interpretazione meccanica dei termini dell'equazione (4. 8) osserviamo intanto che il termine proporzionale al $2\pi G \rho_0$ rappresenta chiaramente la forza gravitazionale agente su un elemento di gas scostato dalla posizione di equilibrio per effetto della perturbazione. In quanto ai termini $\dfrac{4\pi^2 V_s^2}{\lambda_*^2}$ e $\dfrac{1}{2}\,\dfrac{4\pi^2 V_A^2}{\lambda_*^2}$ osserviamo che essi sono proporzionali alle forze : compressionale e magnetica, siccome il termine $2\Omega\left[\dfrac{d}{dr}(\Omega r) + \Omega\right]$ è proporzionale alla forza causata dalla rotazione non uniforme del sistema. Dunque l'equazione (4. 8) rappresenta la somma delle forze agenti su un elemento di gas scostato dalla posizione di equilibrio per effetto della perturbazione. La condizione (4. 8) può essere applicata alla determinazione del limite superiore del campo magnetico in un modello della protogalassia stratificata, rotante non uniformemente e dotata di un campo magnetico trasversale. Nella Tabella II, come pure nella fig. 6, sono rappresentati i valori del campo magnetico, risultanti dall'equazione (4. 8) per diversi valori della densità e della lunghezza d'onda critica.

A. G. Pacholczyk

TABELLA II

Valori del campo magnetico H $(10^{-6}$ gauss) dati dalla (4. 8)
come la funzione della densità ρ $(10^{-24}$ g cm^{-3}) e della lunghezza d'onda critica λ_* (hpc) , per il valore del coefficiente 2 Ω F uguale a - $1\cdot5\cdot10^{-30}$ sec^{-2} e della velócità del suono uguale a 2, 3 km / sec.

ρ_0 \ λ_*	0.5	1.0	2.0	3.0	4.0
3.76	0.0	0.0	1.8	3.8	5.5
3.93	0.0	0.0	3.3	5.5	7.6
4.10	0.0	0.7	4.3	6.9	9.4
4.27	0.0	1.5	5.1	8.1	11.1
4.44	0.0	2.1	5.9	9.3	12.6
4.61	0.0	2.5	6.7	10.4	14.0
4.78	0.0	2.9	7.2	11.2	15.0

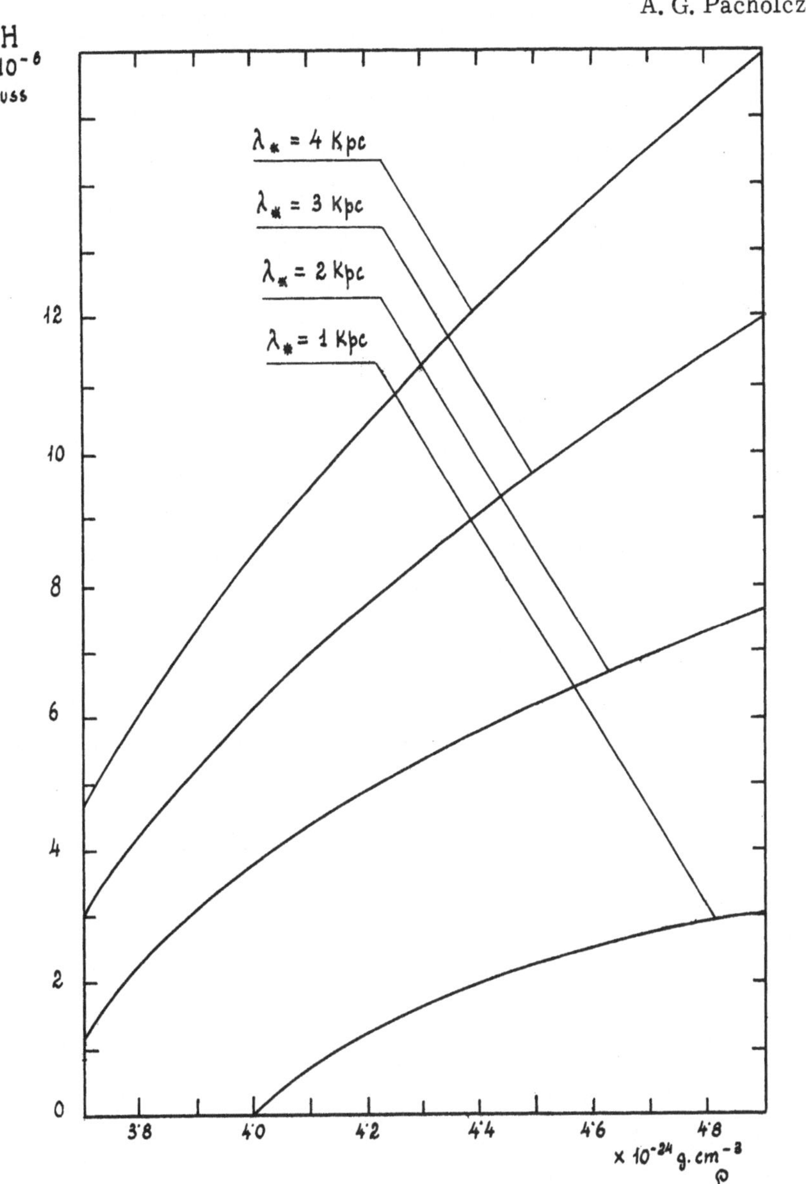

Fig. 6. Il campo magnetico H (10^{-6} gauss) come la funzione della densità ρ (10^{-24} g. cm^{-3}) e della lunghezza d'onda critica λ_* (kpc), per il valore del coefficiente $2\,\Omega F$ uguale a $-1.5\ 10^{-30}$ sec^{-2} e per la velocità del suono uguale a 2,3 km/sec.

A. G. Pacholczyk

Per le dimensioni osservate delle braccia spirali dell'ordine di 1 kpc e per le densità del gas della protogalassia in vicinanza del Sole dell'ordine di $4,2 \cdot 10^{-24}$ g . cm^{-3} questo limite superiore del campo magnetico della protogalassia è uguale a

$$(4.9) \qquad H = 4,8 \cdot 10^{-6} \text{ gauss}$$

Ora bisogna fare qualche osservazione sul carattere di questo limite superiore del campo magnetico.

1. La forma della condizione di instabilità (3. 61), (4. 8), dipendente in generale dalla relazione tra il campo magnetico e la densità del mezzo, è stata ottenuta nel caso della relazione $H \sim \rho^n$ con $n = 1/2$, la quale corrisponde alla proporzionalità della pressione magnetica e della pressione gassosa. Il valore massimo del campo magnetico nel caso $n = 1$ è uguale allo stesso valore.

2. Le dimensioni dei condensamenti formati da parte della instabilità dipendono soprattutto dallo spettro di Fourier della perturbazione e dal tipo della funzione caratterizzante il tempo di sviluppo dei condensamenti stessi. Siccome la lunghezza critica λ_* è la più corta lunghezza d'onda, capace di cagionare l'instabilità, si può aspettare che il campo magnetico nella protogalassia è più piccolo di quello dato dalla (4. 9).

3. Il valore (4. 9) si rivolge ad un modello della protogalassia gassosa nella quale le braccia spirali si formano da parte della instabilità magneto-gravitazionale. Lo sviluppo delle braccia spirali gassosi può condurre ad un certo aumento del campo magnetico, stringendo le linee di forza magnetica "congelate" nel gas. Le investigazioni radioastronomiche eseguite recentemente a Jodrell Bank mostrano che il campo magnetico galattico non sorpas-

A. G. Pacholczyk

sa attualmente il valore di $5 \cdot 10^{-6}$ gauss.

11. L'instabilità delle braccia spirali galattiche

Dalla condizione dell'instabilità di un cilindro (3.96) segue che per il valore della densità centrale ρ_o uguale a $1,80 \cdot 10^{-24}$ g . cm^{-3} le dimensioni sono quelle date nella Tabella III.

TABELLA III

Valori della lunghezza critica d'onda nel cilindro compressibile, data dalla (3.96) per il valore della densità centrale uguale a $1,80 \cdot 10^{-24}$ g . cm^{-3}.

H_o (10^{-6} gauss)	λ_* (kpc)
0.0	2.2
1.0	2.2
2.0	1.9
2.5	1.8
3.0	1.6
3.5	1.3
4.0	1.0
4.5	0.73
5.0	0.28

A. G. Pacholczyk

I valori rappresentati nella Tabella III corrispondono ai valori delle dimensioni dei condensamenti osservati nelle braccia spirali della Galassia (vedi p. es. fig. 5). Quindi questi condensamenti stessi hanno potuto essere formati da parte dell'instabilità gravitazionale delle braccia spirali.

A. G. Pacholczyk

OSSERVAZIONI BIBLIOGRAFICHE

I. Il fenomeno dell'instabilità gravitazionale.

1. L'idea del fenomeno dell'instabilità gravitazionale proviene da Newton.

> i.   I. Newton, Letter to Bentley dated December 10, 1962 (vede:
> J. H. Jeans, The universe around us , New York - Cambridge,
> 1931; pp 191 - 192).

La formulazione matematica di questo problema è stata fatta da:

> 2. J. H. Jeans, "The stability of a spherical nebula" , Phil .
> Trans. Roy. Soc. (london), 199, 1 - 53 (1902).

Le rassegne dedicate esclusivamente all'instabilità gravitazionale e magnetogravitazionale sono state scritte da:

> 3. A. G. Pacholczyk, "Problemy grawitacyjnej niestabilności
> ośrodków ściśliwych", Postepy Astronomii, 10 , 113-124
> (1962).

> 4. A. G. Pacholczyk, "Problems of gravitational instability of
> compressible systems", Prace Wroclawskiego Towarzystwa
> Naukowego (in corso di stampa) .

> 5. A. G. Pacholczyk, " Problemi dell'instabilità gravitazio -
> nale dei sistemi compressibili " (in russo), in corso di stampa.

Alcuni problemi dell'instabilità gravitazionale sono stati discussi nelle rassegne dedicate ai fenomeni della stabilità idrodinamica e idromagnetica più generali:

A. G. Pacholczyk

6. S. Chandrasekhar, " Problems of stability in hydrodynamics and hydromagnetic", George Darwin Lecture delivered on 1953 November 13, Mon. Not. Roy. Astr. Soc., 113, 667--678 (1953).

7. S. Chandrasekhar, Hydrodynamic and hydromagnetic stability , Oxford, At the Clarendon Press, 1962.

2. Per il metodo dell'esame di problemi dell'instabilità gravitazionale e magnetogravitazionale vede p.es.

8. P. Ledoux, "Stellar stability", Encyclopedia of physics , 51, 605 - 688 (1958) .

9. K. Hain, R. Lüst , A. Schluter , "Zur Stabilität eines Plasmas" , Z. f. Naturforschung, 12a, 833 - 841 (1957)

10. I. B. Bernestein, E. A. Frieman, M. D. Kruskal and R. M. Kulsrud, "An energy principle for hydromagnetic stability problems ", Proc. Roy. Soc. (London), A 244, 17-40 (1958).

3. Per le equazioni della magnetofluidodinamica vede p. es.

11. H. Alfvén, Cosmical Electrodynamics, International Series of Monographs on Physics, Oxford, England, 1950.

12. T. G. Cowling, Magnetohydrodynamics, Interscience Tracts on Physics and Astronomy, No 4, Interscience Publishers, Inc., New York, 1957.

A. G. Pacholczyk

13.   J. W. Dungey, <u>Cosmical Electrodynamicis</u>, Cambridge, At
the University Press, 1958.

14.   A. G. Pacholczyk, ''Wybrane zagadnienia magnetohydrody-
namiki ruchu laminarnego'', <u>Postepy Astronomii</u>, $\underline{6}$, 127-
-140 (1958), idem, $\underline{7}$, 3 - 19 (1959), idem, $\underline{7}$, 67 - 109
(1959).

15.   S. B. Pickelner, ''Fondamenti dell'elettrodinamica cosmica'' Ediz. Statali di Letteratura Fisico-Matematica, Mosca, 1961, (in russo).

II. Il mezzo omogeneo.

4. La condizione di Jeans è stata ottenuta nel lavoro (2). Vede anche:

16.   J. H. Jeans, <u>Astronomy and Cosmogony</u>, Cambridge, England, 1929.

Teorema 1 è stato enunciato da J. H. Jeans.
L'effetto di turbolenza è stato esaminato da

17.   S. Chandrasekhar, ''The gravitational instability of an infinite homogeneous turbolent medium'', <u>Pro. Roy. Soc.</u>
(London), $\underline{A}$, $\underline{210}$, 26 - 29 (1951).

18.   E. N. Parker, ''Gravitational instability of a turbulent medium'', <u>Nature</u>, 170, 1030 (1952).

A. G. Pacholczyk

L'effetto di rotazione è stato considerato da:

19.   S. Chandrasekhar, "The gravitational instability of an infite homogeneous medium when a Coriolis acceleration is acting", Vistas in Astronomy, 1 , 344 - 347 (1955) .

20.   N. Bel and E. Schatzman, "On the gravitational instability of a medium in nonuniform rotation", Revs Mod. Phys., 30, 1015 - 1016 (1958) = Centr. Inst. Astrophys. Paris No B 174.

L'effetto della conduttività termale finita è stato esaminato da:

21.   S. Kato and S. S. Kumar, "On gravitational instability. I", Publs. Astron. Soc. Japan, 12, 290 - 292 (1960).

5.   L'effetto stabilizzatore del campo magnetico uniforme è stato considerato da:

22.   S. Chandrasekhar and E. Fermi, "Problems of gravitational stability in the presence of a magnetic field", Astrophys. J. 118 , 116 - 141 (1953).

23.   A. B. Severny, Intervento alla 2^a riunione sui problemi delle cosmologie   (19-20 maggio 1952). "Atti della 2^a riunione sui problemi delle cosmologie" editi dalla Acc. Sc. URSS, Mosca 1953, pp. 363-369, (in russo) .

Teorema 2 è stato dimostrato da S. Chandrasekhar, E. Fermi ed A. B. Severny .

A. G. Pacholczyk

I diagrammi rappresentati nelle fig. 1, 2 e 3 sono stati ottenuti prima
nel lavoro:

24.　A. G. Pacholczyk and J. S. Stodólkiewicz, "On the gravitational instability of some magnetohydrodynamical systems
of astrophysical interest", Acta Astronomica, 10, 1 - 29
(1960) = Warsaw University Observatory Reprint No 98.

L'instabilità magneto-gravitazionale nella presenza delle forze di Coriolis
è stata esaminata nel lavoro (24) come pure nei lavori:

25.　S. Chandrasekhar, "The gravitational instability of an infinite homogeneous medium when Coriolis force is acting and
a magnetic field is present ", Astrophys. J., 119, 7 - 9
(1954).

26.　A. G. Pacholczyk and J. S. Stodólkiewicz, "The magnetogravitational instability of a medium in nonuniform rotation",
Bulletin de l'Académie Polonaise des Sciences, Série des
sci. math., astr. et phys., 7, 503 - 507 (1959) = Warsaw
University Observatory Reprint No 90.

Gli effetti dissipativi (viscosità, conduttività elettrica finita) sono stati considerati nel lavoro (24) come pure nei lavori seguenti:

27.　A. G. Pacholczyk and J. S. Stodólkiewicz, "The magnetogravitational instability of an infinite homogeneous medium
when a Coriolis force is acting and viscosity is taken into ac-

A.G. Pacholczyk

count", Bulletin de l'Académie Polonaise des Sciences, série des sci. Math., astr. et Phys., 7, 429 - 434 (1959) = Warsaw University Observatory Reprint No 89.

28. A.G. Pacholczyk and J. S. Stodólkiewicz, "The magnetogravitational instability of the medium of finite electrical conductivity", Bulletin de l'Académie Polonaise des Sciences, série des sci. math. astr. et phys., 7, 681 - 685 (1959) = Warsaw University Observatory Reprint No 91.

29. K. Kossacki, "On the magnetogravitational instability of a homogeneous, infinite viscous and rotating medium with finite eletrical conductivity", Acta Astronomica, 11, 83 - - 85 (1961) = Warsaw University Observatory Reprint No 115.

<u>III. I sistemi non uniformi</u>.

6. L'instabilità magneto-gravitazionale del sistema in rotazione non uniforme è stata considerata da:

30. A. G. Pacholczyk, "Sulla instabilità magneto-gravitazionale di un mezzo compressibile non uniforme con rotazione anche non uniforme", Atti della Accademia Nazionale dei Lincei, Rend. della Classe di Scienze fis., mat. e nat., ser. VIII, 28, 357 - 363 (1960) = Warsaw University Observatory Reprint No 95.

A. G. Pacholczyk

Le considerazioni nella sezione 6 seguono il lavoro (30).

Teorema 3 è stato dimostrato da A. G. Pacholczyk.

7. L'instabilità gravitazionale di un mezzo stratificato è stata esaminata da:

31.   P. Ledoux, "Sur la stabilité gravitationnelle d'une nébu-
        leuse isotherme", Ann. d'Astrophys., 14, 438 - 447 (1951),

come pure nel caso di un campo magnetico da:

32.   A. G. Pacholczyk, "Sulla instabilità magneto-gravaziona-
        le di un mezzo stratificato", Atti della Accademia Naziona-
        le dei Lincei, Rend. della Classe di Scienze fis., mat. e
        nat., ser. VIII 30, 738 - 743 (1961). = Warsaw University
        Observatory Reprint No 121.

33.   .A. G. Pacholczyk, " On the gravitational instability of same
        magnetohydrodynamical systems of astrophysical interest",
        Part II, Acta Astronomica, 12 (1962), nel corso di stampa.

Le considerazione nella sezione 7 seguono il lavoro (33).

Teorema 4 è stato dimostrato da A.G. Pacholczyk.

8. L'instabilità magneto-gravitazionale di una configurazione cilindrica
è stata considerata da:

34.   J. S. Stodólkiewicz, " The gravitational instability of e self-
        -gravitating gaseous cylinder in the presence of magnetic

A. G. Pacholczyk

field parallel to the axis of the cylinder '', <u>Bulletin de l'A-
cadémie Polonaise des Science</u>s, Série des sci. math. astr.
et phys. , 10 , 159-164 (1962) = Warsaw University Observatory Reprint No 128.

35.   J. S. Stodólkiewicz, '' On the gravitational instability of so.-
me magnetohydrodynamical systems of astrophysical interest'', Part III, <u>Acta Astronomica</u> , (in corso di stampa) .

Le considerazioni nella   sezione 8 seguono il lavoro (35) .
Teorema 5 è stato dimostrato da J. S. Stodólkiewicz.

IV.   Alcune applicazioni astrofisiche.

9.   La distribuzione delle masse di stelle (4.5) è stata ottenuta da:

36.   A. Kruszewski, ''Expected shape of the mass spectrum for
stars formed by gravitational contraction'', <u>Acta Astronomica</u>,
11 , 199 - 203 (1961) = Warsaw University Obsevatory Reprint No 124 .

La distribuzione iniziale delle masse di stelle osservata nella vicinanza
del Sole è stata compilata da

37.   D. N. Limber, ''The universality of the initial luminosity
function '', <u>Astrophys. J.</u> ,131, 168 - 201 (1960).

Le considerazioni nella sezione 9 seguono il lavoro (36).

A. G. Pacholczyk

10. Il valore massimo del campo magnetico galattico è stato determinato da:

38. A. G. Pacholczyk, "Sul limite superiore dell'intensità del campo magnetico in una protogalassia", Atti della Accademia Nazionale dei Lincei, Rend. Classe di sci. fis. math. e nat., (8) 30, 889 - 891 (1961) = Warsaw University Observatory Reprint No 122.

39. A.G. Pacholczyk, " On the upper limit of the galactic magnetic field " Annales d'Astrophys., 24, 326 - 327 (1961) = Warsaw University Observatiry Reprint No 123.

40. A. G. Pacholczyk, "Powstawanie ramion spiralnych w Galaktyce a mechanizm magnetograwitacyjnej niestabilności", Postepy Astronomii , 9, 147 - 155 (1961) .

Le considerazioni nella sezione 10 seguono il lavoro (38).
La fig. 5 è stata presa dal lavoro di

41. F. J. Kerr, "Galactic velocity models and the interpretation of 21-cm surveys ", Mon. Not. Roy. Astr. Soc., 123 , 327 - 345 (1962) .

11. L'instabilità delle braccia spirali della Galassia è stata esaminata da:

42. J. S. Stodólkiewicz, " The gravitational instability of gaseous spiral arms of the galaxy", Bulletin de l'Académie Polonaise des Sciences, Sér. des sci. math. astr. et phys., 10, 285- -286 (1962) = Warsaw University Observatory Reprint No 129.

CENTRO INTERNAZIONALE MATEMATICO ESTIVO

(C. I. M. E.)

ALDO M. PRATELLI

ANALOGIA TRA "VISCOSITA' MAGNETICA"
E "CONDUCIBILITA' TERMICA" NELLE
PICCOLE PERTURBAZIONI DI FLUIDI COMPRIMIBILI

Roma, Istituto Matematico dell'Università

ANALOGIA TRA "VISCOSITA' MAGNETICA"

E "CONDUCIBILITA' TERMICA" NELLE

PICCOLE PERTURBAZIONI DI FLUIDI COMPRIMIBILI.

di Aldo M. Pratelli

Quando ci troviamo di fronte a un problema nuovo, quando, (in ter
mini più precisi) dobbiamo risolvere un sistema di equazioni un pò complicato, è umano cercare di sfruttare la rassomiglianza con qualche sistema già risolto, già integrato.

I sistemi di equazioni che si incontrano in Magnetofluidodinamica
non si possono dire semplici, almeno in generale. Sarà utile precisare che
allorchè un sistema di equazioni della m. f. d. può farsi coincidere con un
sistema di equazioni della ordinaria meccanica dei fluidi, il problema si
dice "riducibile", e si sfrutta la fortunata circostanza. Sono numerosi gli
esempi di "riduzione", ma nella quasi totalità si riferiscono a fluidi ideali,
senza dissipazioni: si vedano ad es. gli articoli di GRAD e IMAI nel volume "Magnetofluiddynamicas" (Atti del Simposio tenuto a Washington nel
1960). Qualora si voglia tener conto della dissipazione, il procedimento
di riduzione è più arduo.

Ricordo che tutte le volte che fenomeni in campi diversi obbediscono allo stesso sistema di equazioni indefinite e di condizioni al contorno, si
ha una "analogia" e si può costruire un "modello analogico". Qui però,
piuttosto che presentare il progetto di un nuovo modello, voglio richiamare
l'attenzione sul fatto che ancor prima della nascita della m. f. d. era stato
costruito (in un certo senso) almeno un "modello analogico" che ci mostra quale influenza abbia la viscosità magnetica sulla propagazione del suo
no. Soprattutto vorrei dare un'idea del come risultati ormai classici ri-

Aldo M. Pratelli

guardanti la propagazione del suono in un gas viscoso e termicamente conduttore possano venire utilizzati, o quanto meno possano offrire lo spunto,
per lo studio della propagazione del suono in un gas viscoso ionizzato e di
conducibilità elettrica limitata.

Non ho intenzione di presentare (anche per la ristrettezza del tempo) l'analogia nella sua formulazione più vasta, nè mi preoccupo di distinguere i casi in cui, invece di vera analogia, si tratta di "quasi-analogia" o
i casi in cui si tratta di "analogia generalizzata"; rinuncio a dare un elenco
completo dei risultati ottenuti o di quelli in programma. Vorrei solo cercare di rendere lo spirito , l'idea schematica della analogia.

1. Il Sistema di Kirchhoff.

Esperimenti fatti da KUNDT nel 1867 (riguardanti la propagazione
del suono in un tubo) offrirono a KIRCHHOFF (1868) l'occasione per stabilire e risolvere un sistema di 5 equazioni lineari alle derivate parziali
aventi per incognite la concentrazione s, la variazione di temperatura e
le 3 componenti della velocità.

Si suppongono costanti (ipotesi non essenziale) i coefficienti che e-
sprimono le caratteristiche fisiche del gas: la viscosità cinematica ν ,
la conducibilità termica o interna k, i calori specifici (c_p a pressione
costante, c_v a volume costante, mentre $\gamma = c_p/c_v$ indica il loro rap
porto). E' tradizione che le grandezze adimensionali si distinguono con a-
sterischi: qui dovrei usarne troppi, cosìcchè preferisco indicare la densità
materiale con $\rho_0 \rho$, la pressione con $p_0 p$, la temperatura assoluta
con $T_0 T$, la velocità con $a_0 \vec{v} = a_0 (u_1 \vec{i} + u_2 \vec{j} + w \vec{k})$, le coordinate
cartesiane ortogonali con $l_0 x$, $l_0 y$, $l_0 z$, il tempo con $t l_0/a_0$; ρ_0 ,

Aldo M. Pratelli

p_0, T_0, a_0, l_0 sono grandezze caratteristiche aventi dimensioni fisiche; tutte le funzioni incognite dipendono dal posto e dal tempo.

Le equazioni della gasdinamica sono, se supponiamo che la pressione obbedisca alla legge dei gas perfetti:

$$(1a) \qquad p = \frac{(c_p - c_v)\; \rho_0\, T_0}{p_0}\; \rho\, T$$

$$(1b) \qquad \frac{d\rho}{dt} + \rho\,\text{div}\,\vec{v} = 0$$

$$(1c) \qquad \rho\,\frac{d\vec{v}}{dt} + \frac{p_0}{\rho_0\, a_0^2}\,\text{grad}\, p = \frac{\nu}{l_0\, a_0}\left(-\frac{1}{3}\,\text{grad div} + \Delta\;\right)\vec{v}$$

$$(1d) \qquad \rho_0\, T_0\, \rho\,\frac{d(c_v\, T)}{dt} + p_0 p\,\text{div}\,\vec{v} = T_0\,\frac{k}{a_0\, l_0}\,\Delta\, T + D$$

ove gli operatori grad, div rot, $\Delta \equiv$ divgrad sono anch'essi adimensionali; nella equazione della quantità di moto (1c) sono state trascurate le forze di massa; nell'equazione della energia (1d) non sono stati presi in considerazione gli scambi di calore per irraggiamento, e D indica la dissipazione dovuta alla viscosità cinematica. Si tratta ora di scegliere opportunamente i valori delle grandezze caratteristiche: se ρ_0, p_0, T_0, sono quelli corrispondenti allo stato imperturbato, il numero $(c_p - c_v)\,\rho_0\, T_0/p_0$ è uguale ad 1. Se scelgo come velocità caratteristica la celerità del fronte d'onda sonoro quale si avrebbe in assenza di qualsiasi dissipazione, cioè se pongo $a_0 = \sqrt{\gamma\, p_0/\rho_0}$, allora il numero $p_0/\rho_0\, a_0^2$ diventa $1/\gamma$.

Con queste premesse le variabili di KIRCHHOFF s (concentrazione = "condensation") e θ risultano definite da

Aldo M. Pratelli

$$s \;\; \overset{def}{=\!=} \;\; \rho - 1 \;\; ; \;\;\;\; \theta \overset{def}{=\!=} (T - 1)/(\gamma - 1)$$

Trattando le perturbazioni come infinitesime (come è nella tradizio-ne per le perturbazioni acustiche) della (1a) segue

$$(2a) \qquad\qquad p = 1 + s + \theta \; (\gamma - 1).$$

La (1b) (conservazione della massa) diventa

$$(2b) \qquad\qquad \frac{\partial s}{\partial t} + \operatorname{div} \vec{v} = 0$$

Se indichiamo con U_0 un particolare valore del modulo della velo-cità adimensionale del fluido, il numero

$$\frac{a_0 \, l_0 \, U_0}{\nu} \cdot \frac{1}{U_0} = \frac{l_0 \, a_0}{\nu}$$

esprime il rapporto tra il numero di REYNOLDS e il numero di MACH. Per brevità lo indico con Re (numero di REYNOLDS riferito alla cele-rità del suono). La (1c) diventa allora

$$(2c) \qquad \frac{\partial \vec{v}}{\partial t} + \frac{1}{\gamma} \operatorname{grad} s + \frac{\gamma - 1}{\gamma} \operatorname{grad} \theta = \frac{1}{Re} \left(\frac{1}{3} \operatorname{grad} \operatorname{di} v + \Delta \right) \vec{v}$$

Al secondo membro dell'equazione dell'energia (1d), dopo aver di-viso la stessa per $c_v (\gamma - 1) \; \rho_0 \, T_0$, troviamo il reciproco del nume-ro

$$\frac{a_0 \, l_0 \, c_v \, \rho_0}{k} = \frac{c_v}{c_p} \; \frac{c_p \, \nu \, \rho_0}{k} \; \frac{a_0 l_0 U_0}{\nu} \; \frac{1}{U_0} = \frac{Pr \, Re}{\gamma} = \frac{P\acute{e}}{\gamma}$$

(Pr indica il numer di PRANDTL, Pé il numero di PÉCHLET): lo dico brevemente con Ki (numero di KIRCHHOFF). Cosìcchè l'equa-

Aldo M. Pratelli

zione (1d), sempre trascurando gli infinitesimi di ordine superiore, diven
ta

$$(2d) \qquad \frac{\partial \theta}{\partial t} + \text{div } \vec{v} = \frac{1}{ki} \Delta \theta$$

Le (2b) (2c) (2d) costituiscono un sistema di cinque equazioni nel
le cinque funzioni incognite $s = s\ (x,\ y,\ z,\ t)$, $\theta = \theta\ (x,\ y,\ z,\ t)$,
$u_1 = u_1\ (x,\ y,\ z,\ t)$, $u_2 = u_2\ (x,\ y,\ z,\ t)$, $w = w\ (x,\ y,\ z,\ t)$. Super-
fluo aggiungere che implicitamente KIRCHHOFF tratta còme infinitesimi
dello stesso ordine le variazioni (qui rese adimensionali) della velocità
della densità, della temperatura.

2. Perturbazioni in un gas ionizzato.

Consideriamo un gas ionizzato in cui si possa trascurare la conducibilità termica. Supporremo costanti i coefficienti che esprimono le carat
teristiche fisiche del gas: sia ν la viscosità cinematica, σ la conducibilità elettrica e μ_e la permeabilità magnetica. Le grandezze elettromagnetiche vengono misurate nel sistema GIORGI (M. K. S. Q.), cosìc-
ché le dimensioni fisiche di ν còincidono con quelle di $1/\sigma \mu_e$.

Supponiamo il gas ionizzato in condizioni barotropiche; i valori caratteristici, distinti con l'indice 1, siano quelli corrispondenti alle condi -
zioni di quiete. La pressione $p_1 p$ e la densità $\rho_1 \rho$ siano legati dal
l'equazione complementare, finita,

$$(3a) \qquad f\ (p_1 p,\ \ \rho_1 \rho\ ) = 0$$

La celerità del fronte d'onda sonoro, quale si avrebbe in assenza di
viscosità e in assenza di campo magnetico, è data da

Aldo M. Pratelli

$$a_1 = \sqrt{d\,(p_1 p)/d\,(\,\rho_1 \rho\,)}$$

Calcolando la derivata in corrispondenza a $\rho = 1$ e $p = 1$, si ottiene (come ha dimostrato il prof. NARDINI nella sua 1a lezione) il valore approssimato

$$a_1 = \sqrt{(p_1/\rho_1)(d\,p/d\rho)_1} \,\,\alpha\,\, a.$$

In condizioni di quiete, supponiamo che il campo magnetico esterno sia uniforme e perpendicolare al piano (xy); cioè sia dato da $B_1 \vec{k}/\mu_e$. In corrispondenza alle perturbazioni acustiche, anche l'induzione magnetica si discosterà dal valore costante e sarà espressa in generale da $B_1 \vec{B}$ ove

$$\vec{B} \overset{def}{=\!=\!=} \beta_1 \vec{i} + \beta_2 \vec{j} + (1 + \beta)\vec{k}\,.$$

Posto $b_1 = B_1/\sqrt{\rho_1 \mu_e}$, la celerità effettiva del fronte d'onda sonoro nel gas ionizzato non viscoso e perfettamente conduttore dell'elettricità è data (a meno di infinitesimi) da

$$a_e = \sqrt{a_1^2 + b_1^2}$$

come si deduce facilmente da quanto il prof. FERRARO ha esposto nella 5a e 6a lezione.

Scelgo questa a_e come velocità caratteristica; scelgo poi una lunghezza caratteristica l_1, e un tempo caratteristico t_1 tale che $t_1 a_e = l_1$. L'equazione vettoriale della quantità di moto, presentata nella 2a lezione del prof. FERRARO (in cui trascuro le forze di massa che non sono di natura elettromagnetica) è invece

Aldo M. Pratelli

$$(3c) \qquad \rho \, \frac{d\,v}{d\,t} + \frac{p_1}{\rho_1 \, a_e^2} \, (\frac{d\,p}{d\,\rho})_1 \ \text{grad} \ \rho \ - \frac{B_1^2}{a_e^2 \, \rho_1 \, \mu_e} \, \text{rot} \, \vec{B} \wedge \vec{B} =$$

$$= \frac{\bar{\nu}}{l_1 \, a_e} \, (\frac{1}{3} \ \text{grad div} + \Delta \ ) \ \vec{v}$$

Valendosi del numero $Na = b_1 / a_1$ (numero di m. lle J. NAZE) i rapporti adimensionali nel 2° e nel 3° addendo possono scriversi

$$\frac{p_1}{\rho_1 \, a_e^2} \, (\frac{d\,p}{d\,\rho})_1 = \frac{a_1^2}{a_e^2} = \frac{1}{1 + Na^2} \ ; \quad \frac{B_1^2}{a_e^2 \, \rho_1 \, \mu_e} = \frac{b_1^2}{a_e^2} = \frac{Na^2}{1 + Na^2} \ .$$

Sempre trascurando gli infinitesimi d'ordine superiore, il prodotto vettoriale può scriversi

$$- \text{rot} \, \vec{B} \wedge \vec{B} = (\frac{\partial \beta}{\partial x} - \frac{\partial \beta_z}{\partial z}) \, \vec{i} + (\frac{\partial \beta}{\partial y} - \frac{\partial \beta_z}{\partial z}) \, \vec{j}$$

Posto infine $Re = l_1 \, a_e / \bar{\nu}$ (numero di REYNOLDS riferito alla celerità effettiva del suono) la (3c) diventa

$$(5c) \quad \frac{\partial \vec{v}}{\partial t} + \frac{1}{1 + Na^2} \ \text{grad} \ s + \frac{Na^2}{1 + Na^2} \left\{ (\frac{\partial \beta}{\partial x} - \frac{\partial \beta}{\partial z}) i + (\frac{\partial \beta}{\partial y} - \frac{\partial \beta_z}{\partial z}) j \right\} =$$

$$= \frac{1}{Re} \left\{ \frac{1}{3} \text{grad div} + \Delta \right\} \vec{v}$$

L'eredità delle equazioni di MAXWELL e della legge di OHM, come s'è visto nella 2a lezione del prof. FERRARO, tenuto conto del diverso sistema di unità di misura e ricorrendo alla forma adimensionale, diventa

Aldo M. Pratelli

$$(3d) \qquad \frac{\partial \vec{B}}{\partial t} + \text{rot}\,(\vec{B} \wedge \vec{v}) = \frac{1}{\sigma \mu_e\, l_1\, a_e}\,\Delta \vec{B}$$

con la condizione

$$(3f) \qquad \text{div}\ \vec{B} = 0.$$

Il numero $Rm = \sigma \mu_e\, l_1\, a_e$ è il numero di REYNOLDS magne_
tico riferito alla celerità effettiva del suono.

La (3f) è sostituita da

$$(4f) \qquad \frac{\partial \beta_1}{\partial x} + \frac{\partial \beta_2}{\partial y} + \frac{\partial \beta}{\partial z} = 0\,,$$

mentre la (3d) si proietta in

$$(4g) \qquad \frac{\partial \beta_i}{\partial t} - \frac{\partial u_i}{\partial z} = \frac{1}{Rm}\,\Delta \beta_i \qquad (i = 1,\, 2)$$

$$(5d) \qquad \frac{\partial \beta}{\partial t} + \frac{\partial \beta_1}{\partial x} + \frac{\partial \beta_2}{\partial y} = \frac{1}{Rm}\,\Delta \beta$$

Nelle eliminazioni fatte sopra ho supposto tacitamente che le variazioni adimensionali della velocità, del campo magnetico, della concentrazione, siano infinitesimi dello stesso ordine.

3. Analogia nel caso piano.

Dal confronto tra il sistema (2c) (2d) e il sistema (5c) (5d) si
conclude che questi coincidono quando tutte le grandezze sono funzioni soltanto di x, y, t e a condizione che siano soddisfatte le eguaglianze

$$(6a)\ \ \theta = \beta\ ;\quad (6b)\ \ \gamma = 1 + Na^2;\quad (6c)\ \ Re = R\bar{e};\quad (6d)\ \ Ki = Rm.$$

Aldo M. Pratelli

Nel seguito supporrò che la velocità sia parallela al piano (x y), cioè mi limiterò a studiare l'analogia nel caso piano.

Avevo avvertito che l'analogia è completa se sono coincidenti anche le condizioni al contorno: in particolare, trattandosi di fluido viscoso nell'uno e nell'altro caso, la velocità del fluido e quella della parete dovranno coincidere sul contorno. Per la condizione riguardante θ e quella riguardante β si dovrà tener conto della conducibilità termica di una parete e della conducibilità elettrica della corrispondente parete, e qui bisognerà distinguere caso per caso. Le incognite β_i intervengono solo nelle (4f) (4g) e non nelle rimanenti. E' indifferente, ai fini dell'analogia, che esistano o meno altre soluzioni oltre alla soluzione banale β_i = cost.

Le equazioni (6b), (6c), (6d) sono tra loro compatibili. Ove si tenga conto del fatto che nei gas μ_e praticamente coincide col valore nel vuoto, e che ordinariamente per l'aria $Re \simeq 10^9$ (se scegliamo $l_0 = 20$ m), $Ki \simeq Re / 2$, $\gamma \simeq 1, 4$ si comprende come non sia agevole per uno sperimentatore costruire con un gas ionizzato un modello analogico per lo studio della propagazione del suono in un gas ordinario. Ma se teniamo presente che il sistema di equazione di KIRCHHOFF è collegato con un certo numero di esperimenti, possiamo dire che ognuno di questi costituisce un "modello analogico" della propagazione del suono in un gas ionizzato.

Guardando l'analogia con occhio matematico, avverto che la soluzuine "generale" data da KIRCHHOFF nel 1868 e ripresa da lord RAYLEIGH nel 1896 può adattarsi al gas ionizzato; lo studio di RAYLEIGH del 1901 (propagazione del suono tra piani paralleli) rende anch'esso utili servigi allo studio della propagazione del suono tra piani paralleli in un

Aldo M. Pratelli

gas ionizzato!

L'eliminazione della s tra la (2b) e le rimanenti non presenta difficoltà: si ottiene il sistema di KIRCHHOFF

$$(7a) \quad \frac{\partial^2 \vec{v}}{\partial t^2} - \frac{1}{\gamma} \, \text{grad div} \, \vec{v} + \frac{\gamma - 1}{\gamma} \, \text{grad} \, \frac{\partial \theta}{\partial t} =$$

$$= \frac{1}{Re} \, \frac{\partial}{\partial t} \left(\frac{1}{3} \text{grad div} + \Delta \right) \vec{v}$$

$$(7b) = (2d) \qquad \frac{\partial \theta}{\partial t} + \text{div} \, \vec{v} = \frac{1}{Ki} \Delta \theta$$

e altrettanto per il sistema che riguarda la m. f. d.

E' interessante studiare separatamente l'ufficio della conducibilità termica e quello della viscosità. Se supponiamo (con STOKES) che la conducibilità termica sia trascurabile di fronte alla viscosità, dovremo porre $Ki = \infty$; nel gas ionizzato dovremo allora porre $Rm = \infty$, cioè la viscosità magnetica sarà trascurabile di fronte alla viscosità cine matica.

Dalla (7b) = (2d) in cui si ponga $Ki = \infty$ segue div $\vec{v}$ = $= - \partial \theta / \partial t$; sostituendo nella (7a) troviamo l'unica equazione vettoriale

$$(8) \qquad \frac{\partial^2 \vec{v}}{\partial t^2} - \text{grad div} \, \vec{v} = \frac{1}{Re} \, \frac{\partial}{\partial t} \left(\frac{1}{3} \text{grad div} + \Delta \right) \vec{v}$$

Essa costituisce l'estensione al piano dell'equazione monodimensionale di STOKES. Si osservi che per far coincidere il sistema di equazioni di KIRCHHOFF col sistema di equazioni cui obbediscono le perturbazioni di m. f. d. , occorre siano soddisfatte le tre eguaglianze: (6b) (6c) (6d).

Aldo M. Pratelli

Se invece $Ki = Rm = \infty$, la (6d) è ancora soddisfatta, dobbiamo obbedire solo alla (6c) $Re = R\bar{e}$, mentre della (6b) non troviamo più traccia. La costruzione di un modello analogico (con la dovuta attenzione per le condizioni al contorno) è sensibilmente facilitata.

Se $Ki = Rm$ è finito, l'eliminazione di $\theta = \beta$ è possibile, anche se più riposta. Si trova così la seguente equazione vettoriale del 5° ordine, con termini tutti cinematici,

$$(9) \quad \frac{\partial^3 \vec{v}}{\partial t^3} - \frac{\partial}{\partial t} \text{ grad div } \vec{v} - \frac{\partial^2}{\partial t^2} \left\{ \left(\frac{1}{Re} + \frac{1}{Ki} \right) \Delta + \frac{1}{3\,Re} \text{ grad div} \right\} \vec{v} + \frac{1}{\gamma Ki} \Delta \text{ grad div } \vec{v} - \frac{1}{Re\,Ki} \frac{\partial}{\partial t} \left(\Delta \text{ grad div} + \Delta\Delta \right) \vec{v}$$

oppure la (9) con la solita sostituzione $Na^2 = \gamma - 1$, $Rm = Ki$, $R\bar{e} = Re$.

La (9) non si integra certo più facilmente del sistema di provenienza; ma oltre a tranquillizzarci sul contributo inessenziale recato dalle β_i, permette di vedere di colpo la presenza o l'assenza di superfici di discontinuità (fronti d'onda).

Distinguiamo 4 casi :

I) $Re = R\bar{e}$ finito; $Ki = Rm$ finito: nessun fronte d'onda che si propaghi con celerità finita, perchè l'equazione è parabolica del 5° ordine.

II) $Re = R\bar{e}$ finito; $Ki = Rm = \infty$: l'equazione è del 4° ordine; ma anche qui niente varietà caratteristiche reali, niente fronti d'onda che si propaghino con celerità finita.

III) $Re = R\bar{e} = \infty$; $Ki = Rm$ finito: l'equazione è ancora del 4°

Aldo M. Pratelli

ordine; ma questa volta le varietà caratteristiche sono reali e così si ha propagazione ondosa, con celerità adimensionale $1/\sqrt{\gamma} = 1/\sqrt{1 + Na^2}$. Cioè, se ricordiamo la scelta fatta per le unità di misura, nel caso del gas ordinario la celerità è $a_0/\sqrt{\gamma} = \sqrt{p_0/\rho_0}$ (DUHEM,[*] 1903) e nel caso del gas ionizzato la celerità è $a_e/\sqrt{1 + Na^2} = a_1$ (NARDINI, 1956, con procedimento diverso).

IV) $Re = R\bar{e} = \infty$; $Ki = Rm = \infty$: l'equazione scende dal $3°$ ordine (e si riduce immediatamente al $2°$); le caratteristiche sono reali, la celerità adimensionale del fronte d'onda è 1. Nel caso del gas ordinario la celerità è quindi $a_0 = \sqrt{p_0/\rho_0}$, nel caso del gas ionizzato è invece $a_e = \sqrt{a_1^2 + b_1^2}$.

4. Analogie nelle piccole perturbazioni dipendenti da una sola coordinata.

Un cenno su questo argomento è indispensabile, anche perchè la maggior copia dei risultati (utilizzabili o estendibili alla m. f. d.) è stata ottenuta quando le incognite delle equazioni di KIRCHHOFF e di STOKES sono funzioni di x e di t. D'altra parte taluni risultati recentemente ottenuti in m. f. d. sono trasferibili ai gas viscosi ordinari.

Nel gas ordinario, chiamata $u = u(x, t)$ la componente della velocità parallela all'asse delle x, il sistema di KIRCHHOFF diventa

$$(10a) \qquad \frac{\partial s}{\partial t} + \frac{\partial u}{\partial x} = 0$$

$$(10b) \qquad \frac{\partial u}{\partial t} + \frac{1}{\gamma} \frac{\partial s}{\partial t} + \frac{\gamma - 1}{\gamma} \frac{\partial \theta}{\partial t} - \frac{4}{3 Re} \frac{\partial^2 u}{\partial x^2} = 0$$

$$(10c) \qquad \frac{\partial \theta}{\partial t} + \frac{\partial u}{\partial x} = \frac{1}{Ki} \frac{\partial^2 \theta}{\partial x^2}$$

(*) il quale però supponeva il gas in condizioni isoterme.

Aldo M. Pratelli

L'eliminazione di ϑ ed s dà luogo all'unica equazione del 5° ordine

$$(11) \quad \frac{\partial^3 u}{\partial t^3} - \frac{\partial^3 u}{\partial x^2 \partial t} - \left(\frac{1}{Ki} + \frac{4}{3\,Re} \right) \frac{\partial^4 u}{\partial x^2 \partial t^2} + \frac{1}{\gamma\,Ki} \frac{\partial^4 u}{\partial x^4} - \frac{4}{3\,Re\,Ki} \frac{\partial^5 u}{\partial x^4 \partial t} = 0.$$

Nel caso $Ki = \infty$ si trova l'equazione di STOKES

$$(12) \quad \frac{\partial^2 u}{\partial t^2} - \frac{\partial^2 u}{\partial x^2} - \frac{4}{3\,Re} \frac{\partial^3 u}{\partial x^2 \partial t} = 0.$$

Per lo studio delle perturbazioni nel gas ionizzato, conviene distinguere due casi: 1) La direzione di propagazione (cioè quella dell'asse delle x) è perpendicolare alla direzione del campo magnetico esterno (quella dell'asse delle z); 2) la direzione di propagazione è parallela alla direzione del campo magnetico esterno (quella dell'asse delle z).

1° CASO) Se l'asse della z è scelto parallelo al campo magnetico esterno, si constata che il posto del sistema (10a), (10b), (10c) è preso dal sistema, che chiamo $(\overline{10}a)$, $(\overline{10}b)$, $(\overline{10}c)$ anche senza scriverlo per esteso, costruito tramite le sostituzioni (6a), (6b), (6c), (6d).

Parimenti il posto dell'equazione del 5° ordine (11) è preso da un'equazione, che chiamo $(\overline{11})$, costruita mediante le citate sostituzioni.

Infine, il posto dell'equazione di STOKES (12) è preso da un'equazione, che chiamo $(\overline{12})$, costruita mediante la sola sostituzione di Re con $\overline{Re}$.

Le componenti β_i delle perturbazioni magnetiche obbediscono

Aldo M. Pratelli

invece al sistema

$$\frac{\partial \beta_i}{\partial t} = \frac{1}{Rm} \frac{\partial^2 \beta_i}{\partial x^2} \qquad (i = 1, 2)$$

(13)

$$\frac{\partial \beta_1}{\partial x} = 0 \qquad \qquad (\text{donde} \ \ \beta_1 = \text{cost})$$

Anche qui le (13) non interferiscono con le (16) e non hanno alcun interesse ai fini dell'analogia.

2° CASO) Il campo esterno sia parallelo all'asse delle z e tut - te le grandezze variabili dipendono dalla z oltre che dal tempo.

Mentre nell'analogia studiata precedentemente (1° caso) venivano messi in relazione fra loro piccoli moti paralleli all'asse della coordinata libera (moti od onde di compressione e rarefazione), questo 2° caso met- te in relazione un piccolo moto parallelo all'asse della coordinata libera (vibrazione longitudinale) con uno perpendicolare all'asse della coordinata libera (vibrazione trasversale).

Se $\vec{v} = \vec{v} (z, t) = u_1 \vec{i} + u_2 \vec{j} + w \vec{k}$ indica la velocità adimensio nale, l'equazione di conservazione della massa diventa

(14b)
$$\frac{\partial s}{\partial t} + \frac{\partial w}{\partial z} = 0.$$

Essa coincide con la (10a) con la ovvia sostituzione di u con w e di x con z.

Scelte come grandezze caratteristiche i valori di B_1, ρ_1, p_1, che corrispondono allo stato di quiete, come velocità caratteristica la velo cità di ALFVÉN $b_1 = B_1 / \sqrt{\rho_1 \mu_e}$ come lunghezza caratteristica

Aldo M. Pratelli

una l_2, e come tempo $t_2 = l_2 / b_1$, il numero di REYNOLDS magnetico, (anzi il numero di REYNOLDS diviso per il numero di ALFVÉN) sarà dato da $R\dot{m} = \sigma \mu_e l_2 b_1$ mentre il numero di REYNOLDS ordinario (anch'esso diviso per il numero di ALFVÉN) sarà $R\acute{e} = l_2 b_1 / \bar{\nu}$.

L'equazione (3c) della quantità di moto, si proietta in

$$(14c) \qquad \frac{\partial u_i}{\partial t} - \frac{\partial \beta_i}{\partial z} = \frac{1}{R\acute{e}} \frac{\partial^2 u_i}{\partial z^2} \qquad (i = 1, 2)$$

$$(15c) \qquad \frac{\partial w}{\partial t} + \frac{1}{Na^2} \frac{\partial s}{\partial z} = \frac{4}{3 R\acute{e}} \frac{\partial^2 w}{\partial z^2}$$

D'altra parte la (3d) equivale alle

$$(14d) \qquad \frac{\partial \beta_i}{\partial t} - \frac{\partial u_i}{\partial z} = \frac{1}{R\dot{m}} \frac{\partial^2 \beta_i}{\partial z^2} \qquad (i = 1, 2)$$

$$(15d) \qquad \frac{\partial \beta}{\partial t} = \frac{1}{R\dot{m}} \frac{\partial^2 s}{\partial z^2}$$

mentre la condizione (3f) (il campo magnetico è solenoidale) dà luogo a $\partial \beta / \partial z = 0$ che insieme alla (15d) dà $\beta = $ cost.

L'eliminazione di s tra (14b) e (15c) dà luogo alla

$$(16) \qquad \frac{\partial^2 w}{\partial t^2} - \frac{1}{Na^2} \frac{\partial^2 w}{\partial z^2} - \frac{4}{3 R\acute{e}} \frac{\partial^3 w}{\partial z^2 \partial t} = 0$$

Dal confronto della (16) con l'equazione di STOKES (12) si rileva che esse coincidono (tenuto conto delle unità scelte) se $\nu / l_o a_o = \bar{\nu} Na / l_2 b_1 = \nu / l_2 a_1$ (si tratta quindi di consueta similitudine dinamica, come se il campo magnetico fosse assente).

Dalle (14c), (14d), mediante semplici derivazioni e sostituzioni

Aldo M. Pratelli

otteniamo:

$$(17) \qquad \frac{\partial^2 u_i}{\partial t^2} - \frac{\partial^2 u_i}{\partial x^2} - \left(\frac{1}{R_e^\circ} + \frac{1}{R_m^\circ} \right) \frac{\partial^3 u_i}{\partial x^2 \, \partial t} + \frac{1}{R_m^\circ R_e^\circ} \frac{\partial^4 u_i}{\partial x^4} = 0$$

$$(i = 1, 2).$$

Si osservi che si passa dalle (14c) alle (14d) scambiando u_i con β_i e R_e° con R_m°; si deduce che le β_i obbediscono anch'esse all'equazione (17).

Il confronto della (17) con la (11) e la (12) permette di concludere che le due sole analogie possibili sono dovute alla coincidenza dell'equazione (12) con una delle due seguenti, le quali si deducono dalla (17) ponendo $R_m^\circ = \infty$ oppure $R_e^\circ = \infty$

$$(18) \qquad \frac{\partial^2 u_i}{\partial t^2} - \frac{\partial^2 u_i}{\partial x^2} - \frac{1}{R_e^\circ} \frac{\partial^3 u_i}{\partial x^2 \, \partial t} = 0 \qquad (i = 1, 2)$$

$$(19) \qquad \frac{\partial^2 u_i}{\partial t^2} - \frac{\partial^2 u_i}{\partial z^2} - \frac{1}{R_m^\circ} \frac{\partial^3 u_i}{\partial z^2 \, \partial t} = 0 \qquad (i = 1, 2)$$

In altre parole si possono stabilire due analogie:
quando $3R_e/4 = R_e^\circ$ se ne stabilisce una tra i piccoli moti (longitudinali) di un gas ordinario viscoso in cui si possa trascurare la conducibilità termica e i piccoli moti (trasversali) di un gas ionizzato non viscoso e imperfetto conduttore della elettricità; quando $3R_e/4 = R_m^\circ$ se ne stabilisce un'altra tra gli stessi piccoli moti (longitudinali) e quelli (trasversali) di un gas ionizzato viscoso e perfetto conduttore dell'elettricità.

Senza venir meno alla promessa di non dare un elenco completo dei risultati, non posso astenermi dal segnalare che il sistema di KIRCHHOFF

Aldo M. Pratelli

(7a) (7b) oppure (10a) (10b) (10c) e l'equazione di STOKES (12) sono stati studiati dagli stessi, da RAYLEIGH, da ROY (che ha introdotto nel 1913 il concetto di "quasi-onda") da CAGNIARD (1937) da POSSIO (che ha sostituito nel 1943 il concetto di "strato" a quello di "quasi-onda") da WU (1956): tutti risultati che sono utilizzabili, con qualche precauzione, per le equazioni interessanti la m. f. d.

D'altra parte le equazioni (18) e (19) non son nuove in m. f. d. : esse erano state ottenute e studiate nell'ipotesi che il fluido fosse incompri‾mibile e la perturbazione finita. Ciò ricordato, possiamo trasferire all'equazione di STOKES (14), oltre che alle (18) e (19), alcuni dei risultati ottenuti da NARDINI (1953 e 1961) dalla Sig. na MARRA (1957) da KAUTZLEBEN (1958) e da OLIVIERI (1959).

Aldo M. Pratelli

Il testo completo verrà pubblicato nei Rendiconti dell'Istituto Lom-
bardo, Classe di Scienze (A), (seduta del 15 novembre 1962 e successi
ve) in Note dai titoli:

1) Analogia tra "viscosità magnetica" e "conducibilità termica" nelle pic
cole perturbazioni di fluidi comprimibili (Nota I e Nota II).

2) Sulla propagazione per onde piane delle piccole perturbazioni in un gas
ionizzato, viscoso, termicamente conduttore.

I lavori sono eseguiti nell'ambito dell'attibità dei gruppi di ricerca
matematici del C. N. R.

CENTRO INTERNAZIONALE MATEMATICO ESTIVO

(C. I. M. E.)

287

U. SCHMIDT

WAVE PROPAGATION IN M. F. D.

Roma - Istituto Matematico dell'Università

WAVE PROPAGATION IN M. F. D.

U: Schmidt

I. <u>The basic equations and their generalisation.</u>

The basic equations of Magnetofluiddynamics are :

$$(1) \qquad \rho \frac{d}{dt} \vec{v} = \frac{1}{c} \vec{j} \times \vec{B} - \text{grad } p$$

$$(2) \qquad \frac{1}{\sigma} \vec{j} = \vec{E} + \frac{1}{c} \vec{v} \times \vec{B}$$

$$(3) \qquad \frac{\partial}{\partial t} \rho = - \text{div } \rho \vec{v} \quad ; \qquad \frac{d}{dt} (p \, \rho^{-\gamma}) = 0$$

$$(4) \qquad \frac{1}{c} \frac{\partial}{\partial t} \vec{B} = - \text{curl } \vec{E}$$

$$(5) \qquad \frac{4\pi}{c} \vec{j} = \text{curl } \vec{B} \; .$$

They contain 14 scalar variables : 4 vector $\vec{v}$, $\vec{j}$, $\vec{E}$, $\vec{B}$ i. e. velocity, current density, electric and magnetic field, and 2 scalars p, ρ i. e. pressure and mass density. (σ is the electric conductivity, γ the ratio of the specific heats, and c the velocity of light; heat conduction and viscosity is neglected).

Even following for the fact, that we may eliminate from the equations as they stand $\vec{E}$, $\vec{j}$ and p there are 7 scalar time derivatives left.

This then means we deal with a system of high order which should possess many modes of wave type solutions.

Furthermore the fact that the time derivatives of the electric current and the electric field don't appear in the equations of M. F. D. is by no means trivial. M. F. D. as it stands is just a very useful simplifical method to handle the whole range of slowes phenomena in an ionized gas, for which there time derivatives may be neglected.

U. Schmidt

But dealing with waves it is useful to include there derivatives and some other terms in the discussion for two reasons. Such a discussion furnishes the actual conditions, for which the M. F. D. approximation holds and it gives a more realistic picture of the possible wave modes.

Therefore we will in the following discussion include the effects of Maxwell's displacement current and of the generalized Ohm's law, which is furnished by the two model. This model is another fluiddynamical approach which handles the positively and the negatively charged components of an ionized gas separately. It so furnishes an reliable equation for the relative flow of the two components, i. e. for the electric current, whereas in M. F. D.

Ohm's law is written without reguard to electromotoric forces other than the electric field in a comoving system.

We assume the two fluids to consist of protons and electrons of equal number density $N \left[\text{cm}^{-3}\right]$, so that the fluid is quasineutral and we use indices p and e respectively. The concept of quasineutrality is applicable as long as $N_p - N_e \ll N_p + N_e$.

$$(6) \quad N\, m_p \frac{d_p}{dt}\, \vec{v}_p = Ne\left(\vec{E} + \frac{\vec{v}_p}{c} \times \vec{B}\right) - \operatorname{grad} p_p - N \frac{m_p m_e}{m_p + m_e}\, \nu\, (\vec{v}_p - \vec{v}_e)$$

$$(7) \quad N\, m_e \frac{d_e}{dt}\, \vec{v}_e = - Ne\left(\vec{E} + \frac{\vec{v}_e}{c} \times \vec{B}\right) - \operatorname{grad} p_e + N \frac{m_p m_e}{m_p + m_e}\, \nu\, (\vec{v}_p - \vec{v}_e).$$

The two substantial time derivatives are different, since they have to be formed with the velocity of the respective fluid :

$$\frac{d_i}{dt} = \frac{\partial}{\partial t} + (\vec{v}_i \operatorname{grad})$$

The two equations are coupled electrodynamically by $\vec{E}$ and $\vec{B}$

U. Schmidt

and further by a friction term opposing relative motions $\vec{v}_p - \vec{v}_e$. The coefficient ν is an average collision frequency between the e and p particles. Addition of (6) and (7) often gives the normal equation of motion in M. F. D. (1), if we use the proper averages

$$\rho = N(m_p + m_e), \quad p = p_p + p_e,$$

$$(8) \qquad \vec{v} = \frac{m_p \vec{v}_p + m_e \vec{v}_e}{m_p + m_e}, \quad \vec{j} = Ne(\vec{v}_p - \vec{v}_e),$$

and that means

$$(9) \qquad \vec{v}_p = \vec{v} + \frac{m_e}{e\rho} \vec{j}, \qquad \vec{v}_e = \vec{v} - \frac{m_p}{e\rho} \vec{j}.$$

Also the substantial derivatives combine to the proper substantial derivatives taken with the average velocity $\vec{v}$, if we neglect terms of the order $\left(\frac{m_e}{m_p} j^2\right)$, $m_p \frac{d_p \vec{v}_p}{dt} + m_e \frac{d_e \vec{v}_e}{dt} = (m_p + m_e) \frac{d\vec{v}}{dt} +$

$$+ \frac{m_p m_e}{m_p + m_e} \left(\frac{\vec{j}}{Ne} \text{ grad}\right) \frac{\vec{j}}{Ne}.$$

We get Ohm's law if we take a weighted difference of the two equations, i. e. $\left[(6) m_e - (7) \cdot m_p\right] \cdot \dfrac{1}{Ne(m_p + m_e)}$:

$$(10) \qquad \frac{m_p m_e}{e(m_p + m_e)} \left[\frac{d'}{dt}\left(\frac{\vec{j}}{Ne}\right) + \nu \frac{\vec{j}}{Ne}\right] = \vec{E} + \frac{\vec{v}}{c} \times \vec{B} - \frac{m_p - m_e}{epc} \vec{j} \times \vec{B} +$$

$$+ \frac{m_p \, \text{grad} \, p_e - m_e \, \text{grad} \, p_p}{e\rho}$$

Here we have written the friction term to the left hand side. The derivative turns out to be :

- 4 -

U. Schmidt

$$(10a) \quad \frac{d'}{dt}\left(\frac{\vec{j}}{Ne}\right) = \frac{\partial}{\partial t}\frac{\vec{j}}{Ne} + (\vec{v}\,\text{grad})\frac{\vec{j}}{Ne} + (\frac{\vec{j}}{Ne}\,\text{grad})\vec{v} -$$

$$- \frac{m_p - m_e}{m_p + m_e}\left(\frac{\vec{j}}{Ne}\,\text{grad}\,\frac{\vec{j}}{Ne}\right)$$

We may now introduce some characteristic frequencies : the Plasmefrequency ω_p , the Gyrationfrequencies ω_{gp} , ω_{ge} of the p and e particles and a quantity σ which terms out to be scalar conductivity :

$$\omega_p^2 = \frac{4\pi Ne^2}{m_p m_e}(m_p + m_e), \quad \omega_{gp} = \frac{eB}{m_p c}, \quad \omega_{ge} = \frac{eB}{m_e c}, \quad \sigma = \frac{\omega_p^2}{4\pi\nu}$$

With these quantities we riwrite Ohm's law :

$$(11) \quad \frac{4\pi}{\omega_p^2}\,\rho\,\frac{d'}{dt}\frac{\vec{j}}{\rho} + \frac{1}{\sigma}\vec{j} = \vec{E} + \frac{1}{c}\,\vec{v}\times\vec{B} - \frac{4\pi\omega_{ge}}{\omega_p^2}\frac{c}{B}\left(\frac{1}{c}\vec{j}\times\vec{B} - \text{grad}\frac{p}{2}\right)$$

Here we have assumed $p_p = p_c$ and $\dfrac{m_e}{m_p}$ terms are neglected.

The additional term on the left hand of the generalised Ohm's law (10) or (11) is due to those parts of the mass of the fluids, which oppose changes in relative motion, and the terms on the right hand side describe the net electromotoric forces due to the fact that Lorentz force and pressure gradient cause different accelerations of the two opposite charged fluids. Further the electric conductivity is determined in this model by the plasma frequency ω_p and the frequency ν of collision between particles of opposite charge as a scalar quantity.

Some numerical values should be given at this point :

plasma frequency : $\omega_p\left[\sec^{-1}\right] \simeq 10^{4.7}\sqrt{N\left[cm^{-3}\right]}$

collission frequency : $\nu\left[\sec^{-1}\right] \approx 10^{1.4}\;\;N\left[cm^{-3}\right]\,T^{-\frac{3}{2}}\left[°K\right]$

(for proton acceleration)

U. Schmidt

conductivity : $\sigma\left[\sec^{-1}\right] = 10^{7.0}\, T^{\frac{3}{2}}\left[°K\right]$ (for proton acceleration)

gyrofrequency :

of protons : $\omega_{gp}\left[\sec^{-1}\right] = 10^{4} \cdot B\left[Gau\beta\right]$

of electrons : $\omega_{ge}\left[\sec^{-1}\right] = 10^{7.2}\, B\left[Gau\beta\right]$

The conditions for which the M. F. D. approximation becomes invalid, may now be discussed.

a) Obviously in (5) the displacement current $\dfrac{1}{c}\dfrac{\partial \vec{E}}{\partial t}$ may not be neglected, if electromagnetic waves i. e. transverse waves with relativistic velocities are to be described.

Further it may not be neglected for frequencies in the range of the plasme frequency ω_p and above, because in this range the inertia term in Ohm's law may control the electric field and the displacement will then be of the same order as the conduction current :

$$\frac{4\pi}{\omega_p^2}\frac{d}{dt}\vec{j} \sim \frac{4\pi}{\omega_p}\vec{j} \sim \vec{E} \sim \frac{1}{\omega_p}\frac{\partial}{\partial t}\vec{E}$$

b) In order to judge the relative importance of the different terms in Ohm's law (10, 11) we linearize the equations around an equilibrium state with constant p_o, ρ_o, $\vec{B}_o$ and $\vec{E}_o = \vec{j}_o = \vec{v}_o = 0$ and solve for the distribution p_1, ρ_1, $\vec{B}_1$, $\vec{E}_1$, $\vec{j}_1$, $\vec{v}_1$.

Further we describe the solutions in terms of plane Waves with a phase factor $e^{i(\omega t - \vec{K}\vec{r})}$

(ω frequency, $\vec{K}$ wave vector, $\vec{r}$ space coordinate vector).

U. Schmidt

This means

$$\text{grad } a = - i k \vec{a}$$

$$\text{div } \vec{a} = - i \vec{k} \cdot \vec{a}$$

$$\text{curl } \vec{a} = - i \vec{K} \times \vec{a}$$

$$\frac{\partial}{\partial t} a = i \omega a$$

and therewith we get from (1) - (5) and (11) including $\dfrac{1}{c} \dfrac{\partial \vec{E}}{\partial t}$ in (5)

$$i \omega \rho_0 \vec{v}_1 = \frac{1}{c} \vec{j}_1 \times \vec{B}_0 + i \vec{K} p_1$$

$$(i\omega + \gamma) \frac{4\pi}{\omega_p^2} \vec{j}_1 = \vec{E}_1 + \frac{1}{c} \vec{v}_1 \times \vec{B}_0 - \frac{4\pi \omega_{ge}}{\omega_p^2} \frac{c}{B_0} \left(\frac{1}{c} \vec{j}_1 \times \vec{B}_0 + \frac{i \vec{K} p_1}{2} \right)$$

$$\omega \rho_1 - \rho_0 \vec{k} \vec{v}_1 = 0$$

(12)

$$p_1 = \gamma \frac{p_0}{\rho_0} \rho_1$$

$$\frac{i\omega}{c} \vec{B}_1 = i \vec{k} \times \vec{E}_1$$

$$\frac{i\omega}{c} \vec{E}_1 + \frac{4\pi}{c} \vec{j}_1 = - i \vec{k} \times \vec{B}_1$$

We use the equation of motion, to get an estimate of v_1 in terms of j, infering a parameter β for the ratio of the disturbed pressure gradient and the disturbed Lorentz force :

$$\beta \frac{1}{c} \left| \vec{j}_1 \times \vec{B}_0 \right| \simeq \left| i \vec{k} p_1 \right| \; ; \quad \beta \simeq \begin{cases} 0 & \text{for transverse wave} \\ 8\pi \dfrac{p_0}{B_0^2} & \text{for longitudinal } \perp B_0 \\ \infty & \text{for longitudinal } \parallel B_0 \end{cases}$$

U. Schmidt

$$v_1 = (1 + \beta)\, \frac{\omega_{gp}}{\omega}\, \frac{4\pi\omega_{ge}}{\omega_p^2} \cdot \frac{c^2}{B_o^2}\left(\frac{1}{c}\,\vec{j} \times \vec{B}_o\right)$$

So we get the following estimates :

$$\vec{E}_1 = \frac{4\pi}{\omega_p^2}\left(\frac{\partial}{\partial t}\,\vec{j}_1 + \gamma\,\vec{j}_1\right) - \frac{1}{c}\,\vec{v}_1 \times \vec{B}_o + \frac{4\pi\omega_{ge}}{\omega_p^2}\,\frac{c}{B}\left(\frac{\vec{j}_1}{c} \times \vec{B}_o - \operatorname{grad} p_1\right)$$

<table>
<tr><td>inestice
term</td><td>dumping
term</td><td>induction
term</td><td>electromotoric
Hall-term</td><td>electromotoric
pressure term</td></tr>
</table>

$$\underset{\sim}{} 4\pi\,\frac{\omega}{\omega_p^2}\,j \simeq 4\pi\,\frac{\gamma}{\omega_p^2}\,j \simeq (1+\beta)\,4\pi\,\frac{\omega_{gp}\,\omega_{ge}}{\omega_p^2\,\omega}\,j \simeq \left(1+\frac{\beta}{2}\right)4\pi\,\frac{\omega_{ge}}{\omega_p^2}\,j$$

The following scheme runs up the comparison between the diffe-

rent terms :

	inertia	dumping	induction	Hall	pressure
with respect to indice	1	$\dfrac{\gamma}{\omega}$	$(1+\beta)\,\dfrac{\omega_{ge}\,\omega_{gp}}{\omega^2}$	$\dfrac{\omega_{ge}}{\omega}$	$\dfrac{\beta}{2}\,\dfrac{\omega_{ge}}{\omega}$
damping	$\dfrac{\omega}{\gamma}$	1	$(1+\beta)\,\dfrac{\omega_{ge}\,\omega_{gp}}{\omega\,\gamma}$	$\dfrac{\omega_{ge}}{\gamma}$	$\dfrac{\beta}{2}\cdot\dfrac{\omega_{ge}}{\gamma}$
induction	$\dfrac{1}{1+\beta}\,\dfrac{\omega^2}{\omega_{ge}\,\omega_{gp}}$	$\dfrac{1}{1+\beta}\,\dfrac{\omega\,\gamma}{\omega_{ge}\,\omega_{gp}}$	1	$\dfrac{1}{1+\beta}\,\dfrac{\omega}{\omega_{gp}}$	$\dfrac{\beta}{2}\,\dfrac{1}{1+\beta}\,\dfrac{\omega}{\omega_{gp}}$
Hall	$\dfrac{\omega}{\omega_{ge}}$	$\dfrac{\gamma}{\omega_{ge}}$	$(1+\beta)\,\dfrac{\omega_{gp}}{\omega}$	1	$\dfrac{\beta}{2}$
pressure	$\dfrac{2}{\beta}\,\dfrac{\omega}{\omega_{ge}}$	$\dfrac{2}{\beta}\,\dfrac{\gamma}{\omega_{ge}}$	$\dfrac{2}{\beta}\,(1+\beta)\,\dfrac{\omega_{gp}}{\omega}$	$\dfrac{2}{\beta}$	1

The scheme may be used to find out what neglections in the generalised Ohm's law are allowed in certain case e. g. we see that
for frequencies small compared to the Gyrofrequency of the protons we may generally neglect the added non M. F. D. terms.

U. Schmidt

II. <u>Waves with small amplitudes.</u>

1. - <u>Hydromagnetic waves 3)</u>

We will esclude dissipation effects throughout the following discussion, i. e. $\gamma \ll \dfrac{\omega_{ge}\,\omega_{gp}}{\omega}$. Then the unchanged M. F. D. equations allow elimination of $\vec{E}$, $\vec{J}$, and the magnetic field is completely froozen into the fluid. This then means, that a discussion of the material velocity $\vec{v}_1$, must reveal all essential effects. Further we know, that the only restoring forces left are the pressure gradient and the magnetic stresses i. e. the pressure $\dfrac{B^2}{8\pi}$ on surfaces across $\vec{B}$, which opposes compression of fieldlines and the drawing stress $-\dfrac{B^2}{8\pi}$ along fieldlines, opposing bending in the fieldlines. Successive elimination of $\vec{J}_1$, $\vec{B}_1$, $\vec{E}_1$, p_1 and ρ_1 furnish :

$$(1) \quad 4\pi\omega^2\rho_0\vec{v}_1 = (4\pi\,\gamma p_0 + B_0^2)(\vec{k}.\,\vec{v}_1)\vec{k} - (\vec{B}_0\vec{v}_1)(\vec{B}_0\vec{k})\vec{k} - (\vec{k}\vec{v}_1)(\vec{B}_0\vec{k})\vec{B}_0 + (\vec{B}_0.\vec{k})^2\vec{v}_1$$

We see, that Hydromagnetic waves show no dispersion at all, consistent to the fact, that the M. F. D. equations dont't allow for resonance oscillation. The determinant of the system (1) must vanish and give the possible phasevelocity v_p terms of the two characteristic velocities $v_A^2 = \dfrac{B_0^2}{4\pi\rho_0}$ (Alfvénvelocity-) and $v_s^2 = \gamma\dfrac{p_0}{\rho_0}$ (sound velocity) and the angle ϑ between $\vec{B}_0$ and $\vec{K}$:

$$(2) \qquad (v_p^2 - v_A^2\cos^2\vartheta)\left[v_p^4 - (v_s^2 + v_A^2)v_p^2 + v_s^2 v_A^2\cos^2\vartheta\right] = 0$$

There are always three rootes for v_p^2 the first describing the purely transerve Alfvén waves $(\vec{k}\vec{v}_1) = (\vec{B}_0\vec{v}_1) = 0$ with $\dfrac{\omega}{k} = v_A\cos\vartheta$, moving B_0 $(\text{grad}_k\,\omega = \pm v_A\dfrac{B_0}{B_0})$, the two other describing mixed modes with $(\vec{k},\,\vec{v}_1,\,\vec{B}_0)$ being coplanar. For the latter one can derive from (1) a very

U. Schmidt

simple relation between the angles τ $(\vec{B}_o, \vec{v}_1)$ and θ $(\vec{B}_o, \vec{K})$

$$(3) \qquad \operatorname{tg} \tau = \frac{v_p^2}{v_p^2 - v_A^2} \operatorname{tg} \theta$$

which furnishes the complete information about the nature of movements in these modes. (Diagram on next side).

$$(4) \qquad \begin{aligned} v_p^o &= + v_A \cos \theta \\ (v_p^{\pm})^2 &= \frac{v_A^2 + v_s^2}{2} \pm \frac{1}{2} \sqrt{(v_A^2 + v_s^2) - 4 v_A^2 v_s^2 \cos^2 \theta} \end{aligned} \qquad \begin{aligned} (v_p^+)^2 &\geqslant \text{Maximum}(v_A^2, v_s^2) \\ (v_p^-)^2 &\leqslant \text{Minimum}(v_A^2, v_s^2) \end{aligned}$$

v_p^+ is the velocity of the socalled fast waves,

v_p^- is the velocity of the socalled slow waves.

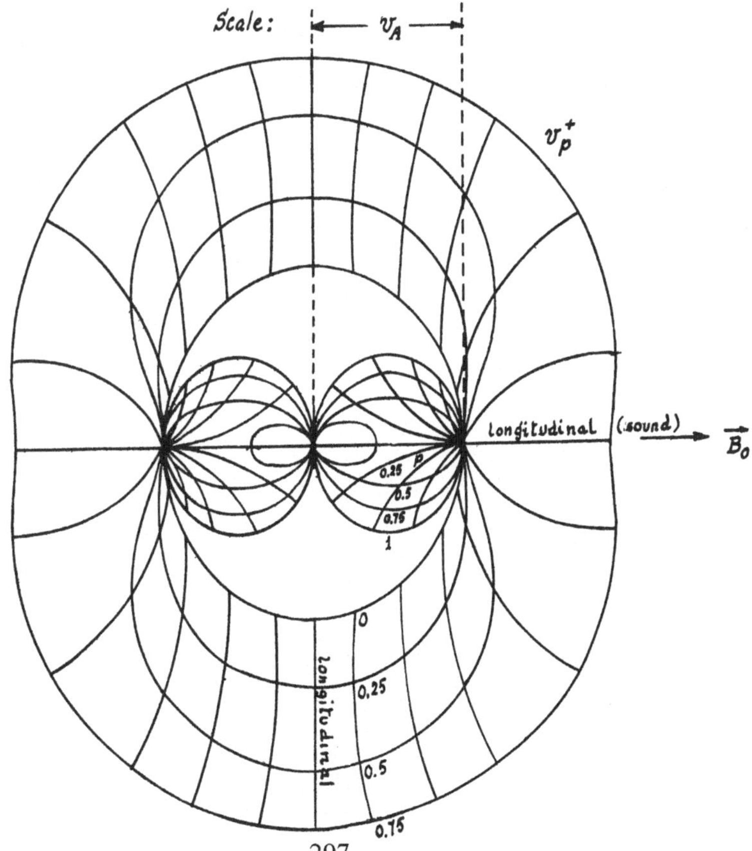

U. Schmidt

The 2 Koplanar modes of Hydromagnetic waves $(\vec{v}_1 . \vec{k} \times \vec{B}_o = 0)$
Polar Diagramm of phase velocities $v_p^\pm$ and corresponding directions of material displacements and velocities $\vec{v}_1$

$$\text{Parameter}: \quad \frac{v_s^2}{v_s^2 + v_A^2} \quad \begin{array}{l} (v_s = \text{sound velocity}) \\[1em] (v_A = \text{Alfvén velocity}) \end{array}$$

v_p^- (slow mode)

v_p^+ (fast mode)

$\left\{ \begin{array}{l} \text{The direction of the radiusvector from the o-} \\ \text{origin to these waves is always parallel to the} \\ \text{direction of } \vec{K} \end{array} \right.$

these curves are tangential to $\vec{v}_1$ for the corresponding v_p.
They are determined by equation II (3).

<u>NOTE</u> : The red curve $\vec{v}_p$ for the parameter valve 1 gives the phase velocity v_p^o of the purely transverse Alfvén wave.

U. Schmidt

2. - <u>Electrostatic waves</u> (1)

In a twofluid composite we espect two different kinds of longitudinal waves. In the previous section we got one sound mode in which the fluids move essentially together, so that we don't find a large $\vec{J}$ disturbation . So the other mode should show such a relative movement of the two fluids. But we will only describe it correctly; if we include the inertia term in Ohm's law and the displacement current. If we may neglect the magnetic field $(B=0)$ the temperature $(P_o = 0)$ and the damping we simply get

$$\frac{4\pi}{\omega_p^2} \frac{\partial}{\partial t} \vec{j} = \vec{E}$$

$$\frac{4\pi}{c} \vec{j} = -\frac{1}{c} \frac{\partial \vec{E}}{\partial t}$$

with a purely oscillating solution $\vec{E} \sim i\vec{j} \sim e^{i\omega_p t}$. Of corse we have to allow for a finite pressure of both fluids in order to describe propagating longitudinal waves. So we add into the picture the pressure gradient of both fluids. From equations I , (1) - (5), (10) :

$$\rho_o \frac{\partial}{\partial t} \vec{v}_1 = -\,\text{grad}\,(p_{e_1} + p_{p_1}) \quad ; \quad p_{p_o} = p_{e_o} = \frac{p_o}{2}$$

$$\frac{4\pi}{\omega_p^2} \frac{\partial}{\partial t} \vec{j}_1 = \vec{E}_1 + \frac{1}{\rho_o e}\,\text{grad}(m_p p_{e_1} - m_e p_{p_1})$$

$$\frac{\partial}{\partial t} p_{p_1} = -\gamma\, p_{p_o}\,\text{div}(\vec{v}_1 + \frac{m_e}{e\rho_o}\vec{j}_1) \quad ; \quad \vec{v}_{p_1} = \vec{v}_1 + \frac{m_e}{e\rho_o}\vec{j}_1$$

$$\frac{\partial}{\partial t} p_{e_1} = -\gamma\, p_{e_o}\,\text{div}(\vec{v}_1 - \frac{m_p}{e\rho_o}\vec{j}_1) \quad ; \quad \vec{v}_{e_1} = \vec{v}_1 - \frac{m_p}{e\rho_o}\vec{j}_1$$

$$0 = -\,\text{curl}\,\vec{E}_1$$

$$\frac{1}{c} \frac{\partial \vec{E}_1}{\partial t} + \frac{4\pi}{c} \vec{j}_1 = 0$$

U. Schmidt

plane wave analysis and

elimination furnishes in this case a dispersion relation

$$(5) \qquad v_p^4 - v_p^2(v_{sp}^2 + v_{se}^2 + \frac{\omega_p^2}{K^2}) + \frac{\omega_p^2}{K^2}(v_{sp}^2 + \frac{m_e}{m_p}v_{se}^2) + v_{sp}^2 v_{se}^2 = 0$$

with : $\quad v_{sp}^2 = 8\frac{p_o}{2\rho_o}\frac{m_p+m_e}{m_p}$

$$v_{se}^2 = \frac{m_p}{m_e}v_{sp}^2 \gg v_{sp}^2 \quad,$$

so that the quadratic equations has two solutions since the sqare of second coefficient is large compared to last coefficient.

$$(v_s^2 = \frac{m_e}{m_p+m_e}v_{se}^2 + \frac{m_p}{m_p+m_e}v_{sp}^2)$$

The approximate solutions are therefore :

$$(6) \qquad v_p^{+2} = \frac{\omega_p^2}{K^2} + v_{se}^2 \quad, \qquad v_p^{-2} = v_{sp}^2\frac{2\frac{\omega_p^2}{K^2} + v_{se}^2}{\frac{\omega_p^2}{K^2} + v_{se}^2}$$

or $\quad v_p^{-2} = v_{sp}^2\frac{2 + \gamma d^2K^2}{1 + \gamma d^2K^2}\quad$ where d is the Debye shielding distance

$$d^2 = \frac{v_{se}^2}{\gamma\omega_p^2}$$

i. e. the distance over which the electrostatic interaction of single particles is acting.

$$v_s \simeq \sqrt{2}\cdot v_{sp}$$

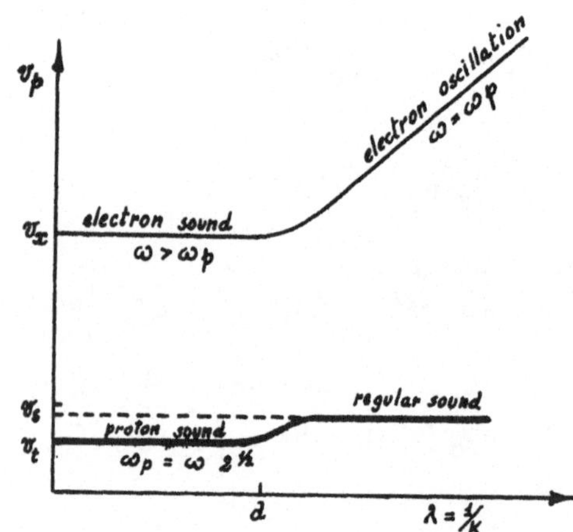

U. Schmidt

These solutions may be generalized for different undisturbed pressures, γ , and of course the mode splitting effects of a magnetic field $\vec{B}_o$. Now we will discuss briefly the effects of $\vec{B}_o$ upon the transverse electromagnetic waves where we ought to final a connection with the transverse hydromagnetic waves. For this propose we neglect the temperature effects, i. e. the pressure gradients (β = 0) and as before the damping, but we allow for vortices in the electromagnetic fields.

3. - <u>Electromagnetic waves.</u>

From the equations I (12) and with the assumption we get :

$$i\omega \rho_o \vec{v}_1 = \frac{1}{c} \vec{J}_1 \times \vec{B}_o$$

$$i\omega \frac{4\pi}{\omega_p^2} \vec{J}_1 = \vec{E}_1 + \frac{1}{c} \vec{v}_1 \times \vec{B}_o - \frac{4\pi\omega_{ge}}{\omega_p^2} \vec{J}_1 \times \frac{\vec{B}_o}{B_o} \quad ,$$

$$\frac{i\omega}{c} \vec{B}_1 = i\vec{k} \times \vec{E}_1$$

$$\frac{i\omega}{c} \vec{E}_1 + \frac{4\pi}{c} \vec{J} = -i\vec{k} \times \vec{B}_1 \; .$$

By successive elimination, and using $\vec{b}_o = \frac{\vec{B}_o}{B_o}$, $\vec{k} = \frac{\vec{K}}{K}$:

$$(7) \quad \frac{\omega^2}{\omega_p^2} \vec{J}_1 = \frac{1}{1 - \frac{c^2}{v_p^2}} \left[\vec{J}_1 - \frac{c^2}{v_p^2} \vec{k} (\vec{J} \vec{k}) \right] + \frac{\omega_{ge}\omega_{gp}}{\omega_p^2} \left[\vec{J} - \vec{b}_o (\vec{J} \vec{b}_o) \right] + \frac{i\omega \, \omega_{ge}}{\omega_p^2} \vec{J}_1 \times \vec{b}_o.$$

For $\vec{j}_1 \times \vec{b}_o = 0$ we get the plasma oscillation for vanishing pressure, which we found before.

We will not discuss this equation extensively for all the possible

U. Schmidt

modes, but restrict ourselves to the transverse mode along the field $\vec{k} \times \vec{b}_o = \vec{j} \cdot \vec{k} = 0$:

$$\left(1 - \frac{\omega_{ge}\,\omega_{gp}}{2} - \frac{1}{1 - \dfrac{c^2}{v_p^2}}\,\frac{\omega_p^2}{\omega^2} \right) \vec{j}_1 = \frac{\omega_{ge}}{\omega}\, i\,\vec{j} \times \vec{b}$$

This equation implies circulary polarized waves :

$$\vec{j}_1 = \pm\, i\,\vec{j}_1 \times \vec{b}_o \quad \text{for} \quad \frac{\text{ordinary}}{\text{extraordinary}} \quad \text{waves}$$

and the dispersion relation

$$(8) \qquad \frac{c^2}{v_p^2} = n^2 = 1 - \frac{\omega_p^2}{\omega^2}\left(1 \pm \frac{\omega_{ge}}{\omega} - \frac{\omega_{ge}\,\omega_{gp}}{\omega^2} \right)^{-1}$$

For all frequencies high above the gyrofrequencies we get the Eccle relation : $n^2 = 1 - \dfrac{\omega_p^2}{\omega^2}$ **)** in the intermediate ranges $\omega \sim \omega_g$ we get resonance effects (at ω_{ge} and even ω_{gp} if ω_p is small compared to the frequencies **)**. At very law frequencies $\omega \ll \omega_{gp}$, ω_p

$$\frac{c^2}{v_p^2} = 1 + \frac{\omega_p^2}{\omega_{ge}\,\omega_{gp}} = 1 + \frac{c^2}{v_A^2}$$

i. e. transverse waves with Alfvén speed as long as it is small compared to the spead of light. Since they don't have a dispersion their phase velocity must be always smaller than c. **)**

)

    See diagram on next side.

U. Schmidt

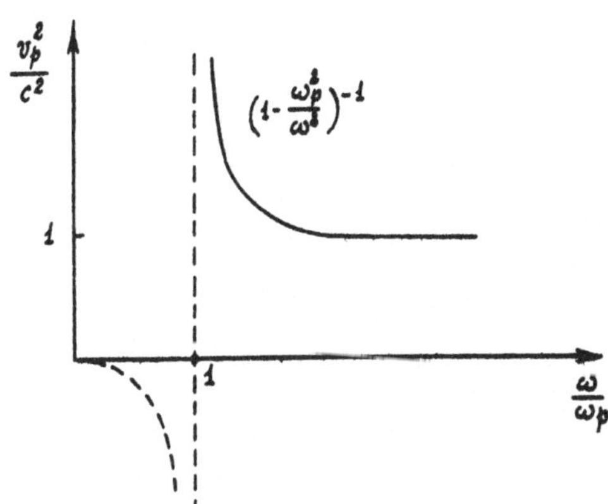

1. Eccle-relation for $\omega \gg \omega_{ge}(\gg \omega_{gp})$

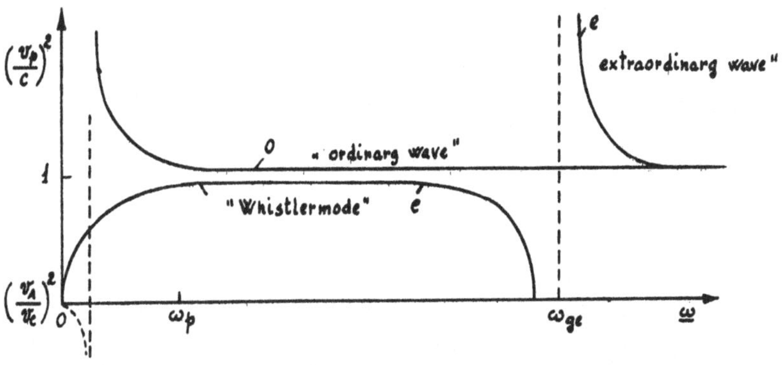

2. Example of intermediate region : $\omega_p \sim 0.2\, \omega_{ge}$

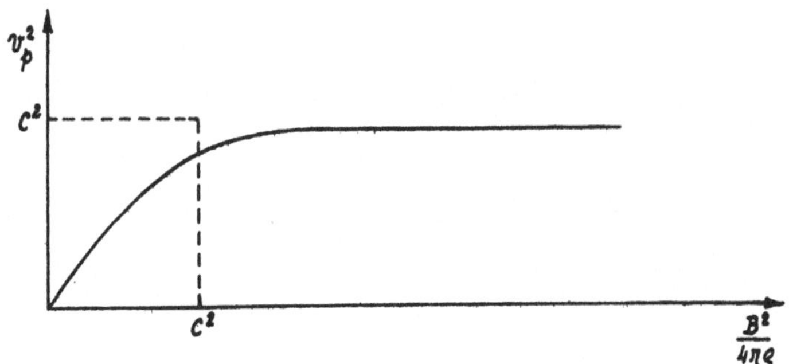

3. Dispersion free case for $\omega \ll \omega_{gp},\ \omega_p$

U. Schmidt

III. <u>Alfvén waves with finite amplitudes.</u>

The equations of M. F. D. contain nonlinear terms and we expect interesting effects in wave type solutions from this fact E.g.. as in ordinary fluid mechanism sound waves should steepen up into shock waves since the velocity of longitudinal waves v_s (or $\sqrt{v_s^2 + v_A^2}$ across the field) in a compressed region is higher than in an expanded region. But things are more complicated now. In ordinary fluidmechanics we know that the thickness of a shochwave may not fall beyond the length of a mean free path due to the effects of viscosity. In M. F D. there exist two move characteristic path lengths. i. e. besides the mean free path $\dfrac{v_s}{\sqrt{\gamma}\, \nu} = \ell$ and these are the mean gyroradius $\dfrac{v_s}{\sqrt{\gamma}\, \omega_\gamma} \simeq r_g$ and the Debye length $\dfrac{v_s}{\sqrt{\gamma}\, \omega_p} = d$ which we have used earlies. So the most interesting and still unsettled question is what happens if these other path length's are smaller than the mean free path.

1. Further, since we have found in M. F. D. tranverse waves due to the restoring forces of bended fieldlines we may be interested in the question, what happens to these Alfvén waves if they possess finite amplitude. For incomprensibility this question is answered by several authors and we will discuss it here using the equations in a form, where $\vec{E}$, $\vec{j}$ are eliminated :

$$(1) \qquad \rho \frac{\partial}{\partial t} \vec{v} + \rho \, (\vec{v}\,\mathrm{grad})\vec{v} = \frac{1}{4\pi} \, \mathrm{rot}\ \vec{B} \times \vec{B} - \mathrm{grad}\ p$$

$$\frac{\partial}{\partial t} \vec{B} = \mathrm{rot}\,(\vec{v} \times \vec{B})$$

$$\mathrm{div}\ \vec{v} = 0$$

$$\mathrm{div}\ \vec{B} = 0$$

We look for stationary solutions, i. e.

U. Schmidt

$$(2) \qquad \rho \ \text{rot} \ \vec{v} \times \vec{v} + \rho \ \text{grad} \ \frac{v^2}{2} = 4\pi \ \text{rot} \ \vec{B} \times \vec{B} - \text{grad} \ p$$

$$\text{rot} \ (\vec{v} \times \vec{B}) = 0$$

We try $\quad \vec{v} \times \vec{B} = 0$, and find

$$\vec{B} = \pm \sqrt{4\pi\rho} \ \ \vec{v}$$

$$(3) \qquad \text{grad} \ (\ \rho \ \frac{v^2}{2} + p) = 0$$

This means, that we may choose any source force vector field $\vec{v}$ or $\vec{B}$ as a solution. (3b) is Bernoulli's equation for whirl free flow in classical hydrodynamics, but here are many have even arbitrary whirls in the flow.

From this class of stationary solutions we get more general time dependent solutions by Galilei-transformations. We assure as boundary condition, that $\vec{v}$ and $\vec{B}$ become homogeneous fields at large distances

$$\lim_{r \to \infty} \vec{B} = \vec{B}_{\infty} = \pm \sqrt{4\pi\rho} \ \vec{v}_{\infty} = \text{cost.}$$

For the deviations from these fields we may write :

$$\vec{B} = \vec{B}_{\infty} + \vec{B}_1 = \pm \sqrt{4\pi\rho} \ (\vec{v}_{\infty} + \vec{v}_1)$$

In the coordinate systems, which moves with the fluid at infinity, i. e. with the velocity $\vec{v}_{\infty}$ these solutions transform to

$$(4) \qquad \vec{v}' = \vec{v} - \vec{v}_{\infty} = \vec{v}_1 \ (\vec{r}' + \vec{v}_{\infty} \ t') = \pm \frac{1}{\sqrt{4\pi\rho}} \ \vec{B}_1 \ (\vec{r}' + \vec{v}_{\infty} \ t')$$

$$\vec{B}' = \vec{B} = \vec{B}_{\infty} + \vec{B}_1 \ (\vec{r}' + \vec{v}_{\infty} \ t')$$

which are now an instationary solutions, which become static at infinity. At finite distance (4) describes finite amplitude disturbations $\vec{v}_1$, $\vec{B}_1$ of the sta·

U. Schmidt

tic solution $\vec{B}_{\infty}$, $\vec{v}'_{\infty}$ = 0 . These disturbations move along the observer without any change in shape and with a constant velocity, i. e. the Alfvén velocity :

$$v_{\infty} = \frac{1}{\sqrt{4\pi\rho}} \; B_{\infty} \; .$$

So even with finite amplitude the Alfvén waves don't show any dispersion.

2. - Stability of finite amplitude Alfvén waves [5].

Finally we will consider the question whether Alfvén waves with finite amplitude are stable solutions. Stability would mean neighbourhood solutions tend to stay in the neighbourhood of the solution in question when time goes on. Only such a stable solution has a change to exist in nature. We use a transformation originally found by Lundquist

$$(5) \qquad \vec{P} = \vec{v} + \frac{1}{\sqrt{4\pi\rho}} \; \vec{B} \quad ; \quad \vec{v} = \frac{1}{2} (\vec{P} + \vec{Q})$$

$$\vec{Q} = \vec{v} - \frac{1}{\sqrt{4\pi\rho}} \; \vec{B} \quad ; \quad \frac{\vec{B}}{\sqrt{4\pi\rho}} = \frac{1}{2} (\vec{P} - \vec{Q})$$

The Alfvén waves are characterized by either $\vec{P}$ = 0 or $\vec{Q}$ = 0.

The equation (1) can be written in components as :

$$\frac{\partial}{\partial t} v_i = - \frac{\partial \Pi}{\partial x_i} - \frac{\partial}{\partial x_k} \left(v_i v_k - \frac{1}{4\pi\rho} B_i B_k \right) \; ; \quad \Pi = \frac{1}{\rho} \left(P + \frac{B^2}{8\pi} \right)$$

$$(6) \qquad \frac{\partial}{\partial t} B_i = \frac{\partial}{\partial x_k} (v_i B_k - v_k B_i) \; ;$$

$$\frac{\partial}{\partial x_k} v_k = 0 \; ;$$

$$\frac{\partial}{\partial x_k} B_k = 0 \; ;$$

U. Schmidt

The transformation yields

$$\frac{\partial}{\partial t} P_i = - \frac{\partial}{\partial x_k} P_i Q_k - \frac{\partial \Pi}{\partial x_i}$$

(7)

$$\frac{\partial}{\partial t} Q_i = - \frac{\partial}{\partial x_k} P_k Q_i - \frac{\partial \Pi}{\partial x_i}$$

and other multiplying by P_i and Q_i

$$\frac{\partial}{\partial t} P^2 = - \frac{\partial}{\partial x_k} P^2 Q_k - 2 \frac{\partial}{\partial x_i} P_i \Pi$$

(8)

$$\frac{\partial}{\partial t} Q^2 = - \frac{\partial}{\partial x_k} P_k Q^2 - 2 \frac{\partial}{\partial x_i} Q_i \Pi$$

$$\frac{\partial}{\partial t} (P^2 + Q^2) = - \frac{\partial}{\partial x_i} \left\{ P^2 Q_i + Q^2 P_i + 2(P_i + Q_i) \Pi \right\}$$

Since $P^2 + Q^2 = \frac{4}{\rho} \left(\rho \frac{v^2}{2} + \frac{B^2}{8\pi} \right)$ represents the energy density the last equation is a conservation law of energy.

The Alfvén waves are represented in these variables by

$$\Pi = \text{const. and either } \vec{P} = 0 \text{ and } \frac{\partial Q_i}{\partial t} = 0$$

$$\text{or} \quad \vec{Q} = 0 \text{ and } \frac{\partial P_i}{\partial t} = 0 .$$

We choose $\vec{P} = 0$ and look for the changes in a neighbourhood solution $\vec{P}_1$ with $\vec{P}_1 \simeq 0$ but $\vec{P}_1 = 0$ at the boarder of, and outside a finite Volume V. The conservation law for P^2 then gives :

(10)
$$\frac{d}{dt} \int_V d^3 x \, P^2 = 0$$

so that the disturbation P_1 should stay to be small as time goes on, unless local singularities are built up.

U. Schmidt

IV. <u>Compression waves with finite amplitudes</u> [6]

We turn now to a class of stationary longitudinal waves with finite amplitudes, which can exist in a dissipation free magnetic fluid. Such waves are of interest, since we get don't know a shock wave looks like in a rarified plasma with a large mean free path compared to, say the Gyration radius of the individual particles. Such waves, which exist even for the case of infinite mean free path might give us some hints to the structure of shock layers in a rarified plasma.

We assume stationarity and besides the damping we include all terms of the generalized Ohm's law since we want to discuss all gyration effects at $\omega \sim \omega_g$:

$$\rho\,(\vec{v}\,\mathrm{grad})\,\vec{v} = \frac{\vec{\jmath}}{c}\,\times\,\vec{B} - \mathrm{grad}\,p$$

$$(1)\quad \rho\,\frac{4\pi}{\omega_p^2}\left\{(\vec{v}\,\mathrm{grad})\,\frac{\vec{\jmath}}{\rho} + (\frac{\vec{\jmath}}{\rho}\,\mathrm{grad})(\vec{v} - \frac{m_p - m_e}{m_p + m_e}\,\frac{\vec{\jmath}}{Ne})\right\} = \frac{\vec{v}}{c}\,\times\,\vec{B} -$$

$$-\,\frac{4\pi}{\omega_p^2}\,\omega_{ge}\,\frac{c}{B}\left\{\frac{\vec{\jmath}}{c}\,\times\,\vec{B} - \mathrm{grad}\,\frac{p}{2}\right\}$$

$$\mathrm{div}\,(\rho\,\vec{v}) = 0$$

$$\vec{v}\,.\,\mathrm{grad}\,p = \gamma\,\frac{p}{\rho}\,\vec{v}\,.\,\mathrm{grad}\,\rho$$

$$\frac{4\pi}{c}\,\vec{\jmath} = \mathrm{curl}\,\vec{B}$$

$$0 = \mathrm{curl}\,\vec{E}$$

the current may be eliminated immediately.

We look for plane waves : $\frac{\partial}{\partial y}$, $\frac{\partial}{\partial t} \equiv 0$, $\vec{B} \equiv \vec{B}_z$, and get scalar equations for $B = B_z$, $j = j_y$, $v = v_x$, $E = E_y$, ρ , p. We disregard the x component of ohm's low, since we don't need E_x, which can't make

U. Schmidt

contributions to curl $\vec{E}$.

$$\rho \, v \, \frac{dv}{dx} = -\frac{1}{4\pi} B \frac{dB}{dx} - \frac{dp}{dx} \qquad (\, j = -\frac{c}{4\pi} \frac{dB}{dx} \,)$$

$$-\frac{4\pi}{\omega_p^2} v \frac{c}{4\pi} \rho \frac{d}{dx} \left(\frac{1}{\rho} \frac{dB}{dx}\right) = E - \frac{1}{c} v B$$

(2)
$$\frac{d}{dx} (\rho \, v) = 0$$

$$\frac{d}{dx} \left(\frac{p}{\rho^\gamma}\right) = 0$$

$$\frac{d}{dx} E = 0$$

4 of these equations may be immediately integrated to conservation laws for the flow of mass and momentum, for the entropy, and for the perpendicular electric field :

$$\rho \, v = F = \text{const.}$$

$$Fv + p + \frac{B^2}{8\pi} = \text{const.}$$

(3)
$$\frac{p}{\rho^\gamma} = S = \text{const.}$$

$$E = \text{const.}$$

The only differential equation left is Ohm's law, which must describe the energy conservation law. We may write it as

(4)
$$-\frac{c}{\omega_p^2} \frac{d}{dx} \left(v \frac{dB}{dx}\right) = E - \frac{1}{c} v B \qquad (v \frac{d}{dx} \text{ is the substantial time de-}$$
$$\text{rivative for stationary conditions)}$$

We have to consider, too; that ω_p^2 depends on ρ :

$$\omega_p^2 = \frac{4\pi N e^2}{m_e} = \frac{4\pi e^2}{m_p m_e} \rho = \frac{4\pi e^2 F}{m_p m_e} \frac{1}{v} \qquad \text{and we get :}$$

U. Schmidt

$$(5) \qquad - \frac{c \, m_p m_e}{4 \pi \, e^2 F} \, v \, \frac{d}{dx} \left(v \, \frac{d}{dx} \, B \right) = E - \frac{1}{c} \, v \, B \, .$$

In order to get an energy conservation law we have to multiply this equation of electromotoric forces by the current which is driven by these forces :

$$\left(\frac{c}{4 \pi e} \right)^2 \frac{m_p m_e}{F} \, \frac{dB}{dx} \, v \, \frac{d}{dx} \left(v \, \frac{d}{dx} \, B \right) + \frac{c}{4 \pi} \, E \, \frac{dB}{dx} - \frac{1}{4 \pi} \, v \, \frac{dB}{dx} \, . \, B = 0$$

and further

$$\left(\frac{c}{4 \pi e} \right)^2 \frac{m_p m_e}{F} \, \frac{d}{dx} \left(\frac{1}{2} \left(v \, \frac{d}{dx} \, B \right)^2 \right) + \frac{c}{4 \pi} E \, \frac{d}{dx} \, B - v \, \frac{d}{dx} \, \frac{B^2}{8 \pi} = 0$$

The last term on the left hand side also terms out to be integrable if we use the equations of motion, of state and $F = \rho v$:

$$- v \, \frac{d}{dx} \, \frac{B^2}{8 \pi} = + v \, \frac{dp}{dx} + F \, \frac{d}{dx} \, \frac{v^2}{2}$$

$$= \frac{\gamma}{\gamma - 1} \, \frac{d}{dx} \, pv + F \, \frac{d}{dx} \, \frac{v^2}{2} \, ,$$

$$\text{since} \quad \frac{d}{dx} \, pv \quad = v \, \frac{dp}{dx} + p \, \frac{dv}{dx}$$

$$= v \left(\frac{dp}{dx} + p \, \frac{d \ln v}{dx} \right)$$

$$= v \left(\frac{dp}{dx} - p \, \frac{d \ln \rho}{dx} \right)$$

$$= v \, \frac{dp}{dx} \left(1 - \frac{1}{\gamma} \right)$$

So we have the result :

flow of energy stored in currents, Poynting vector all material energy flow

$$(6) \qquad \frac{d}{dx} \left[\left(\frac{c}{4 \pi e} \right)^2 \frac{m_p m_e}{F} \left(\frac{v \, \frac{d}{dx} \, B}{2} \right)^2 + \frac{c}{4 \pi} \, E \, . \, B + \frac{\gamma}{\gamma - 1} \, pv + F \, \frac{v^2}{2} \right] = 0$$

U. Schmidt

i. e. the energy conservation with the constant flux of Energy :

$$(7) \qquad W = \left(\frac{c}{4\pi e}\right)^2 \frac{m_p m_e}{F} \left(\frac{v \frac{d}{dx} B}{2}\right)^2 + \frac{c}{4\pi} E.B + \frac{\gamma}{\gamma-1} pv + F\frac{v^2}{2} = \text{const.}$$

We infer two observations for the content of the first and for the sums of the other three contributions to W

$$(8) \qquad \phi = \frac{c}{4\pi} E B + \frac{\gamma}{\gamma-1} pv + F\frac{v^2}{2}$$

$$\alpha^2 = \left(\frac{c}{4\pi e}\right)^2 \frac{m_p m_e}{F}$$

and an another abbreviation for the substantial time derivative $\quad = v\frac{d}{dx}$. With these symbols we get :

$$0 = \left(\alpha^2 \frac{B^2}{2} + \phi\right) = \alpha^2 BB + \phi \; ,$$

and, if we think of ϕ as being a function of B , not of x :

$$(9) \qquad \alpha^2 \dot{B} = -\frac{d\phi}{dB}$$

This is the equation for an ankarmonic oscillator with a potential $\frac{\phi}{\alpha^2}$ (B).

We have now to evaluate the potential ϕ in terms of B . Using (8) and (3) :

$$(10) \qquad \phi = \frac{c}{4\pi} E B + \frac{\gamma}{\gamma-1} S v^{-(\gamma-1)} + \frac{E}{2} v^2$$

The connection between v and B is given by the conservation laws (3), too :

$$(11) \qquad F v + S v^{-\gamma} + \frac{1}{8\pi} B^2 = \Pi$$

U. Schmidt

These equations are solved numerically for the case $\gamma = 2$ and different values of S . Here we will just discuss the general features of these solutions for the case S = 0 , i. e. for negligible temperatures. For this case we may eliminate v immediately :

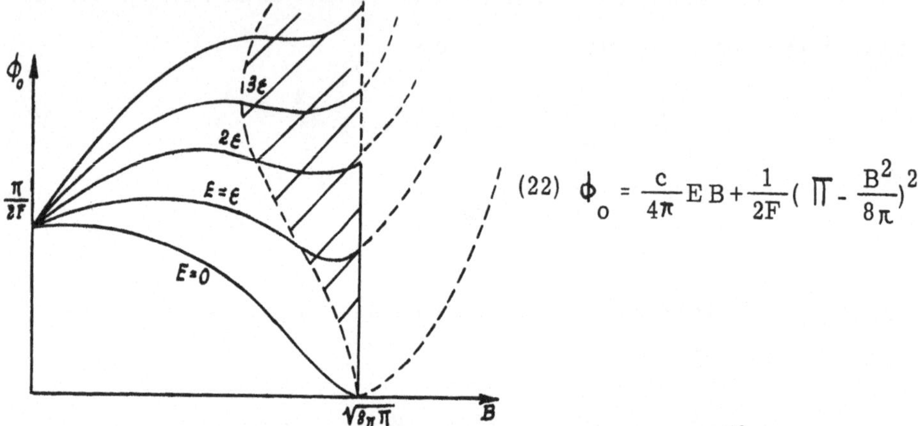

$$(22) \quad \phi_o = \frac{c}{4\pi} E B + \frac{1}{2F} (\Pi - \frac{B^2}{8\pi})^2$$

Since v must not be negative, B must be less then $\sqrt{8\pi\Pi}$. Allowing for this condition we find a limited range of potential troughs, which can give rise to oscillatory solutions for B (x). With growing electrical field E the slopes will gradually fall until the condition for B_{max} becomes unimportant. Then the solutions are limited by a solitary wave starts right at the west of the potential.

The slopes will determine the 2 derivative $v \frac{d}{dx} (v \frac{d}{dx} B)$ and therefore the wavelength in space. The steepest slopes originate from the term $\frac{1}{2F} (\frac{B^2}{8\pi})^2$ in the potential, so that a characteristic length will be given by :

$$L^2 = (\frac{8\pi\alpha v}{B})^2 \, 2F = 8 \frac{c^2 v^2 m_p m_e}{e^2 B^2} = 8 v^2 (\omega_{ge} \, \omega_{gp})^{-1},$$

so L is approximately given by geometrical average over the radii of gyration of electrons and protons. The minimum field strenght that can be reached without collapse to a vanishing field give maximum velocities v

U. Schmidt

twice as large as the Alfvén velocity.

This tells us, that in a strong magnetic field, where the gyration radii are small compared to the mean free path which determines the thickness of a shock front, this front will have a time structure of a oscillations with caracteristic dimensions given by the gyration of the particles. But unless we infer a damping mechanism with a comparable characteristic length, the shock front as a whole can't contract into these small dimensions.

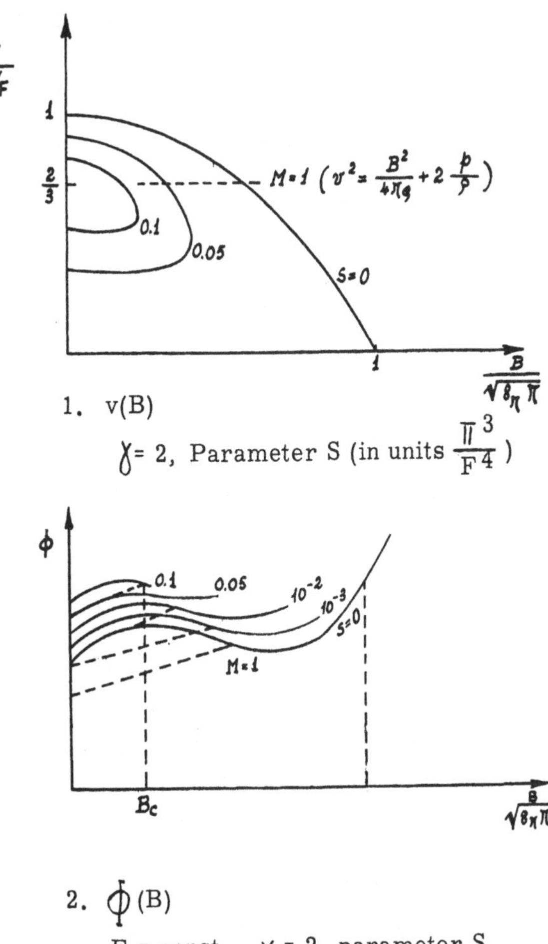

1. v(B)

γ = 2, Parameter S (in units $\dfrac{\Pi^3}{F^4}$)

2. $\oint$ (B)

E = const., γ = 2, parameter S

U. Schmidt

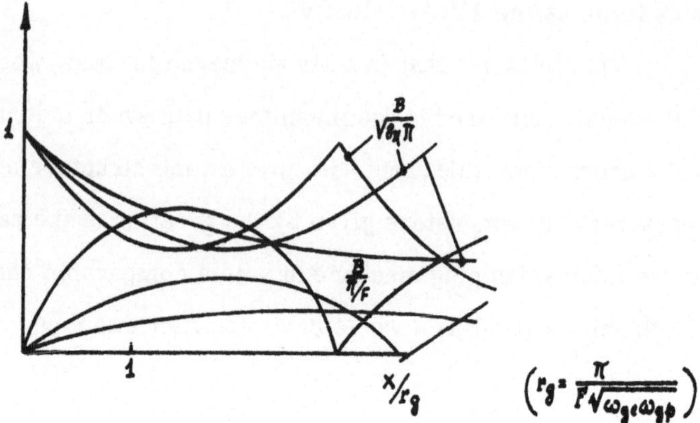

3. Examples of solutions for S = 0, M maximum

$$M^2 = \frac{v_{max}^2}{\dfrac{B_{min}^2}{4\pi \rho_{min}}} \leq 2^2$$

U. Schmidt

BIBLIOGRAPHY

1) - R. LÜST,   Fortschritte der Physik   7, 503 (1959)

                                                         (general review)

2) - A. SCHLÜTER,   Z. Naturforschung   6a, 73 (1951)

3) - R. LÜST,   Z. Naturforschung   8a, 277 (1953)

4) - W. M. ELSASSER, Phys. Rev.   79, 183 (1950)

5) - S. LUNDQUIST,   Ark. Fys.   5, Nr. 15 (1952)

6) - A. SCHLÜTER,   (unpublished)

7) - J. H. ADLAM,

    J. E. ALLEN,   Phil. Mag.   3, 448 (1958)

    L. DAVIS, R. LÜST, A. SCHLÜTER, Z. Naturforschung

                                                13a, 916 (1958)

    K. HAIN, R. LÜST, A. SCHLÜTER,

          Rev. of Mod. Physics   32, 967 (1960)

other work on shock wave structure in a rarefied plasma :

C. S. GARDNER, H. GEERTZEL, H. GRAD, C. S. MORAWETZ,

M. H. ROSE, H. ROBIN,

Institute of Mathematical Sciences, NYU Rpt. NYO 2538 (1959)

C. S. MORAWETZ   "   "   " NYO 8677 (1959)

General treatment of small amplitude wave modes using BOLTZMANN

Equations :

R. L. LIBOFF Inst. of Math. Sc. , NYO Rpt. NYO 9762 (1961)

(to appear in Physics of Fluids)

CENTRO INTERNAZIONALE MATEMATICO ESTIVO

(C. I. M. E.)

TINO ZEULI

SU MOTI STAZIONARI IN MAGNETOFLUIDODINAMICA

ROMA - Isituto Matematico dell'Università

SU MOTI STAZIONARI IN MAGNETOFLUIDODINAMICA

Tino   Zeuli

I. - E' noto l'interesse che in tutta la Fisica Matematica presentano le soluzioni " stazionarie ", sia per i risultati particolari che esse
offrono, sia perchè esse sono punto di partenza per lo studio delle piccole oscillazioni e,   quindi, quello di questioni relative alla loro stabilità o
meno.

Così nella Magnetofluidodinamica presentano particolarè
interesse le soluzioni stazionarie, in cui gli elementi del campo e del moto dipendono solo dalla posizione delle particelle fluide e non dal tempo; e di
particolare importanza per lo studio del moto di masse stellari è il caso in cui si
tratti di moti rotatori assiali di masse fluide ad alta conduttività elettrica, in condizioni adiabatiche.

II. - Nell'ipotesi di un fluido perfetto, omogeneo, di conduttività elettrica infinita, in cui si generi un campo magnetico, le equazioni
da considerare, col ben noto significato dei simboli, sono:

$$(1) \qquad \rho \left(\operatorname{rot} \vec{v} \wedge \vec{v} + \frac{1}{2} \operatorname{grad} \vec{v} \right) = \frac{1}{\mu} \operatorname{rot} \vec{B} \wedge \vec{B} - \operatorname{grad} p + \rho \operatorname{grad} U \ ,$$

$$(2) \qquad \operatorname{div} (\rho \vec{v}) = 0 \ ,$$

$$(3) \qquad p = C \rho^{\gamma} \ ,$$

$$(4) \qquad \operatorname{rot} (\vec{B} \wedge \vec{v}) = 0,$$

$$(5) \qquad \operatorname{div} \vec{B} = 0 \ .$$

Considerando i moti <u>simmetrici</u> attorno ad un asse, che as-
sumeremo come asse z di un sistema di coordinate cilindriche (r, φ , z),

T. Zeuli

la (5) porge

$$\frac{\partial}{\partial r}\left(rB_r\right) + \frac{\partial}{\partial z}\left(rB_z\right) = 0$$

e precisa, così, che dovrà esistere una funzione scalare $V\,(r,z)$, che diremo funzione del campo magnetico, tale che

$$(6)\qquad B_r = -\frac{1}{r}\frac{\partial V}{\partial z}\ ,\qquad B_z = \frac{1}{r}\frac{\partial V}{\partial r}\ .$$

In modo del tutto analogo la (2) precisa l'esistenza di un'altra funzione $W\,(r,z)$, che diremo funzione di corrente, tale che

$$(7)\qquad \rho v_r = -\frac{1}{r}\frac{\partial W}{\partial z}\ ,\qquad \rho v_z = \frac{1}{r}\frac{\partial W}{\partial r}\ .$$

La (4), poi, mostra che dovrà esistere una funzione scalare $F\,(r,z)$ tale che

$$(8)\qquad \vec{B}\wedge\vec{v} = \operatorname{grad} F$$

Da questa segue, anzitutto, che $\operatorname{grad} F\times\vec{B} = 0$: quindi le linee di forza magnetica giaceranno sulle superfici $F = $ cost. . Si ha inoltre $\operatorname{grad} F\times\vec{v} = 0$ e quindi le superfici $F = $ cost. sono anche superfici fluide.

La (4), poi, prendendone le componenti secondo le direzioni tangenti alle linee cordinate, porge le relazioni

$$(8')\qquad \begin{cases} v_z B_\varphi - v_\varphi B_z = \dfrac{\partial F}{\partial r}\ , \\[2mm] v_r B_z - v_z B_r = 0\ , \\[2mm] v_\varphi B_r - v_r B_\varphi = \dfrac{\partial F}{\partial z}\ . \end{cases}$$

T. Zeuli

La 2^a delle (8'), tenendo presente le (6) e le (7), porge

$$(9) \qquad \frac{\partial V}{\partial r} \frac{\partial W}{\partial z} - \frac{\partial V}{\partial z} \frac{\partial W}{\partial r} = 0 \, , \quad \text{ossia} \quad \frac{d(V, W)}{d(r, z)} = 0 \, ,$$

che precisa una dipendenza funzionale fra V e W: la funzione di corrente, W, sarà quindi una funzione della funzione del campo, V :

$$(10) \qquad W = W(V)$$

Con questo la 1^a e la 3^a delle (8') diventano

$$(11) \qquad \frac{\partial V}{\partial r} \left(\frac{1}{r\rho} \frac{dW}{dV} B_\varphi - \frac{v_\varphi}{r} \right) = \frac{\partial F}{\partial r} \, ,$$

$$\frac{\partial V}{\partial z} \left(\frac{1}{r\rho} \frac{dW}{dV} B_\varphi - \frac{v_\varphi}{r} \right) = \frac{\partial F}{\partial z}$$

da cui, posto

$$(12) \qquad \frac{1}{r\rho} \frac{dW}{dV} B_\varphi - \frac{v_\varphi}{r} = \Phi$$

segue, eliminando la F fra le (11),

$$\frac{d(\Phi, V)}{d(r, z)} = 0 \, ,$$

ossia anche la funzione Φ è una funzione, $\Phi = \Phi(V)$, della funzione del campo, V . E dalle (11) segue che $F = \int \Phi \, dV$.

T. Zeuli

Concludendo abbiamo

$$
(13) \quad
\begin{cases}
B_r = -\dfrac{1}{r}\dfrac{\partial V}{\partial z} \;, & B_z = \dfrac{1}{r}\dfrac{\partial V}{\partial r} \;, \\[3mm]
v_r = -\dfrac{1}{r\rho}\dfrac{dW}{dV}\dfrac{\partial V}{\partial z} \;, & v_z = \dfrac{1}{r\rho}\dfrac{dW}{dV}\dfrac{\partial V}{\partial r} \;,
\end{cases}
$$

$$
(14) \qquad v_\varphi = \frac{1}{\rho}\,\frac{dW}{dV}\,B_\varphi - r\,\Phi(V) \;,
$$

in cui W e Φ sono funzioni, per ora arbitrarie, di V.

3. - Prendiamo ora in considerazione l'equazione, (1), del moto divisa per ρ, notando che, per la (3) risulta

$$
\frac{1}{\rho}\,\mathrm{grad}\,p = \frac{C\gamma}{\gamma-1}\,\mathrm{grad}\,\rho^{\gamma-1} \;.
$$

Proiettando sulle direzioni tangenti alle linee coordinate otteniamo le seguenti equazioni scalari

$$
(17_1) \quad v_z\left(\frac{\partial v_r}{\partial z}-\frac{\partial v_z}{\partial r}\right)-\frac{1}{r}v_\varphi^2 = \frac{1}{\mu\rho}B_z\left(\frac{\partial B_r}{\partial z}-\frac{\partial B_z}{\partial r}\right)-\frac{B_\varphi}{\mu r\rho}\frac{\partial}{\partial r}(rB_\varphi)-
$$

$$
-\frac{\partial}{\partial r}\left[\frac{1}{2}(v_r^2+v_z^2)+\frac{C\gamma}{\gamma-1}\rho^{\gamma-1}-U\right] \;,
$$

T. Zeuli

$$(17_2) \quad \rho v_r \frac{\partial}{\partial r}(rv_\varphi) + \rho v_z \frac{\partial}{\partial z}(rv_\varphi) = \frac{1}{\mu} B_r \frac{\partial}{\partial r}(rB_\varphi) + \frac{1}{\mu} B_z \frac{\partial}{\partial z}(rB_\varphi) ,$$

$$(17_3) \quad -v_r \left(\frac{\partial v_r}{\partial z} - \frac{\partial v_z}{\partial r}\right) = -\frac{1}{\mu\rho} B_r \left(\frac{\partial B_r}{\partial z} - \frac{\partial B_z}{\partial r}\right) - \frac{B_\varphi}{\mu r \rho} \frac{\partial}{\partial z}(rB_\varphi) -$$

$$- \frac{\partial}{\partial z}\left[\frac{1}{2}(v_r^2 + v_z^2) + \frac{C\gamma}{\gamma - 1}\rho^{\gamma-1} - U\right] .$$

Notiamo anzitutto che, per le (13), la (17_2) si può scrivere

$$\frac{\partial V}{\partial r} \frac{\partial}{\partial z}\left(rv_\varphi \frac{dW}{dV} - \frac{1}{\mu} rB_\varphi\right) - \frac{\partial V}{\partial z} \frac{\partial}{\partial r}\left(rv_\varphi \frac{dW}{dV} - \frac{1}{\mu} rB_\varphi\right) = 0 ,$$

che, posto

$$(18) \qquad rv_\varphi \frac{dW}{dV} - \frac{1}{\mu} r B_\varphi = \Psi$$

porge

$$\frac{d(\Psi, V)}{d(r, z)} = 0$$

ossia anche la funzione Ψ è una funzione, $\Psi = \Psi(V)$, della funzione del campo, V.

Le (17_1) e (17_3), poi, posto

T. Zeuli

$$(19) \qquad \Pi = \frac{C\gamma}{\gamma-1}\, \rho^{\gamma-1} + \frac{1}{2\,r^2\rho^2}\; W'^2 \left[\left(\frac{\partial V}{\partial r}\right)^2 + \left(\frac{\partial V}{\partial z}\right)^2 \right] - U, \quad W' = \frac{dW}{dV},$$

per le (13) si possono scrivere

$$\frac{1}{r\rho}\, W'\, \frac{\partial V}{\partial r} \left[\frac{\partial}{\partial r}\left(\frac{1}{r\rho}\, W'\, \frac{\partial V}{\partial r}\right) + \frac{\partial}{\partial z}\left(\frac{1}{r\rho}\, W'\, \frac{\partial V}{\partial z}\right) \right] + \frac{1}{r}\, v_\varphi^2 -$$

$$- \frac{1}{r\rho\mu}\, \frac{\partial V}{\partial r}\left[-\frac{\partial}{\partial r}\left(\frac{1}{r}\, \frac{\partial V}{\partial r}\right) + \frac{\partial}{\partial z}\left(\frac{1}{r}\, \frac{\partial V}{\partial z}\right) \right] - \frac{B_\varphi}{\mu r\rho}\, \frac{\partial}{\partial r}(rB_\varphi) = \frac{\partial\Pi}{\partial r},$$

$$(20) \qquad \frac{1}{r\rho}\, W'\, \frac{\partial V}{\partial z}\left[\frac{\partial}{\partial r}\left(\frac{1}{r\rho}\, W'\, \frac{\partial V}{\partial r}\right) + \frac{\partial}{\partial z}\left(\frac{1}{r\rho}\, W'\, \frac{\partial V}{\partial z}\right) \right] -$$

$$- \frac{1}{r\rho\mu}\, \frac{\partial V}{\partial z}\left[\frac{\partial}{\partial r}\left(\frac{1}{r}\, \frac{\partial V}{\partial r}\right) + \frac{\partial}{\partial \bar z}\left(\frac{1}{r\rho}\, \frac{\partial V}{\partial z}\right) \right] - \frac{B_\gamma}{\mu r\rho}\, \frac{\partial}{\partial z}(rB_\varphi) = \frac{\partial\Pi}{\partial z},$$

Il sistema di equazioni (20), (18) e (14) costituisce un sistema di quattro equazioni nelle quattro funzioni incognite V , ρ , B_φ , v_φ in cui compaiono le funzioni arbitrarie di V : W(V), Φ (V), e Ψ(V). Fissate le funzioni W, Φ , Ψ , le (14) e (18) permettono di esprimere subito le componenti trasversali v_φ , B_φ della velocità e del campo magnetico in funzione della densità ρ e della funzione V. Sostituendole, poi, nelle (20) ci si riduce alla considerazione di due sole equazioni nelle due incognite V e ρ .

Possiamo quindi avere una estesa varietà di problemi stazionari di magnetofluidodinamica, che vanno risolti tenendo ancora conto di assegnate condizioni ai limiti.

T. Zeuli

4. - Ponendo per semplicità

$$(21) \qquad D(V, \rho) = r \left[\frac{\partial}{\partial r} \left(\frac{W'}{r\rho} \frac{\partial V}{\partial r} \right) + \frac{\partial}{\partial z} \left(\frac{W'}{r\rho} \frac{\partial V}{\partial z} \right) \right] ,$$

$$(22) \qquad \nabla_2 V = r \left[\frac{\partial}{\partial r} \left(\frac{1}{r} \frac{\partial V}{\partial r} \right) + \frac{\partial}{\partial z} \left(\frac{1}{r} \frac{\partial V}{\partial z} \right) \right] ,$$

(∇_2 è l'operatore differenziale di Beltrami associato al Δ_2 di Laplace) le (20) si possono scrivere

$$(20') \qquad \frac{1}{r^2\rho} \left[W' D(V, \rho) - \frac{1}{\mu} \nabla_2 V \right] \frac{\partial V}{\partial r} + \frac{1}{r} v_\varphi^2 - \frac{B_\varphi}{\mu r \rho} \frac{\partial}{\partial r} (rB_\varphi) = \frac{\partial \Pi}{\partial r} ;$$

$$\frac{1}{r^2\rho} \left[W' D(V, \rho) - \frac{1}{\mu} \nabla_2 V \right] \frac{\partial V}{\partial z} - \frac{B_\varphi}{\mu r \rho} \frac{\partial}{\partial z} (rB_\varphi) = \frac{\partial \Pi}{\partial z} ;$$

eliminando fra esse la funzione Π si ottiene la seguente <u>condizione di compatibilità</u>:

$$
\begin{aligned}
(23) \qquad & \frac{\partial}{\partial z} \left\{ \frac{1}{r^2\rho} \left[W' D(V,\rho) - \frac{1}{\mu} \nabla_2 V \right] \right\} \frac{\partial V}{\partial r} - \frac{\partial}{\partial r} \left\{ \frac{1}{r^2\rho} \left[W' D(V,\rho) - \right. \right. \\
& \left. \left. - \frac{1}{\mu} \nabla_2 V \right] \right\} \frac{\partial V}{\partial z} + \frac{1}{r} \frac{\partial v_\varphi^2}{\partial z} + \frac{1}{2\mu} \left[\frac{\partial}{\partial r} \left(\frac{1}{r^2\rho} \right) \frac{\partial}{\partial z} (rB_\varphi)^2 - \right. \\
& \left. - \frac{\partial}{\partial z} \left(\frac{1}{r^2\rho} \right) \frac{\partial}{\partial r} (rB_\varphi)^2 \right] = 0 .
\end{aligned}
$$

T. Zeuli

Concludendo:

" per l'esistenza di moti magnetofluidodinamici stazionari, simmetrici rispetto all'asse z della massa fluida considerata, la funzione, V , del campo e le componenti traversali, B_φ e v_φ , del campo magnetico e della velocità devono verificare le (14), (18) e (23) dove W, ϕ , ψ sono in generale funzioni arbitrarie di V ".

5. - Per presentare qualche risultato concreto consideriamo il caso in cui le particelle fluide hanno velocità di rotazione intorno all'asse z, v_φ , nulla e quindi si muovono in piani meridiani: essendo ora le superfici fluide i piani meridiani e contenendo esse (n. 2) le linee di forza magnetica, ne segue

$$B_\varphi = 0 ;$$

questo caso corrisponde quindi a $\phi = 0$, $\psi = 0$. Le (13) precisano allora, come legame fra $\vec{v}$ e $\vec{B}$, la relazione

$$\vec{v} = - W' \, \vec{B} ,$$

ossia, in questo caso, in ogni punto del piano meridiano i vettori $\vec{v}$ e $\vec{B}$ stanno nel piano e sono <u>paralleli</u> fra loro.

La condizione di compatibilità (23), posto

$$(24) \qquad \frac{1}{r^2 \rho} \left[W' \, D(V, \rho) - \frac{1}{\mu} \, \nabla_2 \, V \right] = K ,$$

porge

$$\frac{d\,(K,\ V)}{d\,(\,r,\ z)} = 0$$

e precisa che anche la funzione K è una funzione $K = K(V)$, della funzione del campo, V. Le equazioni del moto (20') divengono ora

$$K(V) \frac{\partial V}{\partial r} = \frac{\partial \Pi}{\partial r} \ , \quad K(V) \frac{\partial V}{\partial z} = \frac{\partial \Pi}{\partial z}$$

e quindi porgono l'integrale

$$\Pi = \int K(V) \, dV \ ,$$

ossia, ricordando il valore (19) di Π ,

$$(25) \qquad \frac{c\gamma}{\gamma - 1} \rho^{\gamma - 1} + \frac{W'^2}{2 \, r^2 \rho^2} (\text{grad } V)^2 - U = \int K(V) \, dV \ .$$

La (24), poi, ricordando l'espressione (21) di $D(V, \rho)$, si può scrivere

$$(26) \qquad \left(\frac{W'^2}{\rho} - \frac{1}{\mu} \right) \nabla_2 V + \left[\frac{\partial V}{\partial r} \frac{\partial}{\partial r} \left(\frac{W'}{\rho} \right) + \frac{\partial V}{\partial z} \frac{\partial}{\partial z} \left(\frac{W'}{\rho} \right) \right] W' =$$

$$= r^2 \rho \, K(V) \ .$$

Il problema è così ridotto alla determinazione della funzione del campo, V, e della densità, ρ , in modo che siano verificate le (25) e (26), nelle quali W' e K sono funzioni arbitrarie di V, mentre il potenziale U delle forze esterne è una funzione assegnata del punto.

Il caso più semplice è ovviamente quello in cui siano $W' = h_0$ e $K = k_0$ con h_0 e k_0 costanti. In questo caso le equazioni (25) e (26)

T.   Zeuli

diventano

$$(27) \quad \left(\frac{h_o^2}{\rho} - \frac{1}{\mu}\right) \nabla_2 V + h_o^2 \left[\frac{\partial V}{\partial r} \frac{\partial}{\partial r}\left(\frac{1}{\rho}\right) + \frac{\partial V}{\partial z} \frac{\partial}{\partial z}\left(\frac{1}{\rho}\right)\right] - k_o r^2 \rho = 0,$$

$$(28) \quad \frac{C\gamma}{\gamma - 1} \rho^{\gamma - 1} + \frac{h_o^2}{2 r^2 \rho^2} (\text{grad } V)^2 - U - k_o V = 0 .$$

Nel caso di masse fluide soggette alla propria gravitazione, applicando ad ambo i membri della (28) il Δ_2 di Laplace e ricordando l'equazione di Poisson, $\Delta_2 U = - 4 \pi f \rho$, essendo f la costante gravitazionale, si può eliminare il potenziale U delle forze newtoniane e si ottiene dalla (28)

$$\Delta_2 \left[\frac{C\gamma}{\gamma - 1} \rho^{\gamma - 1} + \frac{h_o^2}{2 r^2 \rho^2} (\text{grad } V)^2 - k_o V\right] + 4 \pi f \rho = 0 .$$